도시의 숲에서 인간을 발견하다

H U M A N

도시의 숲에서 인간을 발견하다

HUMAN

성장하고
기뻐하고
상상하라

김진애 지음

다산초당

도시는 여행,
인생은 여행

도시 3부작을 낸다. "도시란 모쪼록 이야기가 되어야 한다"는 마음으로 쓴 책들이다. 눈에 보이지 않는 콘셉트를 눈에 보이는 물리적 실체로 만들어서 인간들이 펼치는 변화무쌍한 이야기를 담아내는 공간이 도시다. 도시가 이야기가 되면 될수록 좋은 도시가 만들어질 가능성이 높아진다는 희망이 나에게는 있다.

오랜 시간 동안 해온 작업을 묶은 책들이다. 저자에게는 오랜 시간이지만 도시의 기나긴 역사에 비추어 본다면 아주 짧은 시간일 뿐이다. 도시의 긴 시간 속에서 이 책들이 어떤 의미를 가질지는 모르겠으나 하나의 흔적이 되면 충분할 것이다.

첫째 권, 『김진애의 도시 이야기: 12가지 '도시적' 콘셉트』는 3부작의 바탕에 깔린 주제 의식을 풀어놓은 책이다. 도시를 읽는 핵심적인 시각을 도시적 콘셉트로 제시하고자 한다. 이야기란 현상의 영역인지라 수없는 변조와 변용을 통해 너무나도 다채로워지고 끊임없이 진화하기 마련인데, 콘셉트의 얼개를 통하면 현상 아래에 깔려 있는 구조를 훨씬 더 선명하게 볼 수 있다. 내가 제시하는 열두 가지 도시적 콘셉트가 다채로운 도시 이야기들의 바탕에 숨어 있는 핵심 구조를 짚어내는 데 도움이 되기를 바란다.

둘째 권, 『도시의 숲에서 인간을 발견하다: 성장하고 기뻐하고 상상하라』는 『도시 읽는 CEO』를 개편한 책이다. 도시란 인간의 성장과 밀접한 관련이 있다는 나의 태도가 녹아 있는 제목이다. 인간이 만드는 가장 복합적인 문화체인 도시를 헤아리다 보면 인간과 인간세계에 대한 호기심과 통찰력, 느끼고 즐기는 역량, 미래를 상상하는 능력까지 우리 자신이 겪는 다채로운 성장 방식을 깨닫게 된다. 외국 도시들과 우리 도시를 대비하며 통찰하는 글쓰기를 시도했는데, 글을 쓰는 과정에서 나도 성장했다. 대비의 시각은 통찰의 깊이를 더해준다.

셋째 권, 『우리 도시 예찬: 그 동네 그 거리의 매력을 찾아서』는 21세기 초에 돌아봤던 그 동네, 그 도시의 진화를 담고 있는 책으로 클래식한 제목 그대로 낸다. '우리 도시 예찬'을 하는 태도는 아주 중요하다고 믿는다. 다른 문화권 도시들이 아무리 근사하면 뭣하랴, 막연하게 부러워할 필요가 없다. 우리 도시들을 구체적으로 들여다보면 볼수록 캐릭터와 특징과 장점과 약점이 오롯이 드러나면서 자연스럽게 우리 도시들을 예찬하게 된다. 우리의 이야기이기 때문이다.

도시가 보다 더 대중적인 관심 주제가 되었으면 한다. 어느 누구 하나 비껴갈 수 없는 도시적 삶, 그 안에 존재하는 탐욕, 비열함, 착취, 차별, 폭력과 같은 악의 존재를 의식하는 만큼이나 도시적 삶의 즐거움, 흥미로움, 두근두근함 그리고 위대함의 무한한 가능성에 대해서 공감하는 폭이 넓어지기를 바란다. 무엇보다도 도시적 삶이 자신의 삶과 어떤 상호작용을 하는지 일상에서 헤아려보기를 바란다.

인생이 여행이듯 도시도 여행이다. 인간이 생로병사生老病死하듯 도시도 흥망성쇠興亡盛衰한다. 인간이 그러하듯 도시 역시 끊임없이 그 안에서 생의 에너지를 찾아내고 새로워지고 자라고 변화하며 진화해나가는 존재다. 그래서 흥미진진하다. 도시를 새삼 발견해보자. 도시에서 살고 일하고 거닐고 노니는 삶의 의미를 발견해보자. 도시 이야기에 끝은 없다.

사람은 도시를 만들고,
도시는 사람을 만든다

10년 만에 개정판을 낸다. 초판 『도시 읽는 CEO: 도시의 숲에서 인간을 발견하다』에서 썼던 부제를 책 제목으로 끌어올렸다. 나의 저작 동기를 보여줄 뿐 아니라 독자들이 도시를 읽으면서 자신을 발견하기를 바라는 마음에서 고른 제목이다.

도시에는 인간의 생존과 욕망과 갈등과 오욕칠정이 고대로 버무려져 있다. 수많은 도전과 좌절, 희망과 절망이 도시에 있다. 성공만 있는 게 아니라 실패도 있고, 건설만 있는 게 아니라 파괴도 있다. 인간 사회가 저지르는 갖은 죄악이 펼쳐질 뿐 아니라 인간이 만드는 즐거움과 기쁨이 구석구석 숨어 있는 공간이 도시다. 그래서 도시는 교훈을 주지만 무엇보다도 자극을 준다. 지적 자극, 감성적 자극, 상상을 촉발하는 자극, 성장을 독려하는 자극 등, 그런 자극을 이 책에서 또한 도시에서 찾으시길 바란다.

주제에 따라 우리 도시와 세계의 여러 도시들을 대비하는 방식으로 전개한 글쓰기는 아주 흥미로웠고 쓰면서 나도 배웠다. 세계의 다른 도시들도 주제에 따라 나란히 놓고 대비해보니 또 새로운 면면이 보였다. 우리 도시도 세계의 도시 중 하나다. 유명한 세계 도시라 해서 그리 멀리 볼 것도 없고 그리 달리 볼 것도 없다. 그 도시들 역시 모두 저마다의 문제와 고민과 과제를 안고 있다. 도시의 모습은 서로 달라도 도시를 만든 사람들의 마음, 사람의 심성은 서로 통하는 데가 있다.

10년이면 강산도 변한다는 말처럼 도시는 크게 변하고 있다. 외관도 변하고 구조도 변한다. 21세기 초, 이 시대의 기저에서 근본적인 변화가 진행되고 있기 때문이다. 긍정적인 것도 있고 부정적인 것도 있다. 도시의 미래를 낙관만 할 수도 없고 비관에만 빠질 수도 없다.

도시에 관한 최신의 정보를 업데이트했다. 제일 크게 와닿은 것은 역시 인구 변화다. 대도시는 대체로 인구가 증가했다. 유럽과 미국 도시들은 약간 증가한 반면, 아시아 도시들 특히 중국의 도시 인구가 폭증했다는 점이 눈에 띈다. 자연 증가보다 개발에 따른, 특히 글로벌화와 양극화로 인한 증가 변수가 그만큼 컸다는 얘기다. 각 도시에서 일어나는 프로젝트들을 하나하나 자세히 쓸 수는 없었지만, 뉴욕의 9.11테러 현장인 그라운드 제로의 변신은 그중에서도 인상적이다.

도시는 변하지만 사람만큼은 크게 변하지 않는 듯하다. 우리는 여전히 알고 싶은 게 많고, 여전히 불안해하고, 그러나 더 자라고 싶어하고, 더 즐거운 삶을 바라며, 언제나 꿈을 꾼다. 각 장 마지막에 짧게 제시하는 인간의 성장에 대한 나의 메시지가 공감을 불러일으키기를 바란다.

도시는 흥미롭고 복잡다단하며 역동적이다. 사람은 더 흥미롭고 더 복잡다단하며 더 역동적이다. 우리는 희망으로 도시를 만들고, 욕망으로 도시를 채우며, 수많은 갈등과 시행착오와 문제로 도시를 시끄럽게 하고 그러나 또 다른 성찰과 통찰을 통해 도시의 미래를 그릴 수 있다.

도시의 숲에서 인간을 발견해보자. 사람은 도시를 만들고, 도시는 사람을 만든다.

2019년 11월

김진애

차 례

2부

성찰하며 선택하라

3부

몸을 담고 기쁨에 빠져라

4부

시공간을 넘나들며 상상하라

프롤로그

도시를 읽으면 인간이 보인다

도시를 읽으면 인간이 보인다. '人間', 즉 사람과 사람 사이가 보이는 것이다. 사람과 사람 사이의 보이지 않는 선을 이어주고 엮는 공간이 도시다. 사람과 사람 사이에서 일어나는 온갖 관계를 맺어주는 공간이 도시다.

도시에는 인간의 위대함과 인간 사회의 비열함이 한데 버무려져 있다. 도시는 그 안에 살고 있는 인간의 성격을 고스란히 드러낸다. 도시에는 인간의 장점과 단점이 동시에 나타난다. 도시에는 선함과 악함이 교차한다. 인간의 욕망이 들끓고 때로는 충돌과 갈등으로 이어지는가 하면, 사람들이 소중히 여기는 삶의 가치가 면면히 이어지기도 한다. 문제없는 도시란 이 세상에 없다. 문제는 없어지는 게 아니라 끊임없이 모습을 달리하며 도시에 나타난다. 도시란 온갖 것이다 모여드는 공간이다. 도시란 삶터이자, 일터이자, '놀터'다. 사람들이 모이고 물자가 모이고 정보가 모이고 일자리가 모임에 따라 인간이 만들어내는 온갖 흥밋거리들이 모여들고, 그 모인 모습이 흥겹고 쓸모 있어서 사람들이 또 모인다.

그래서 도시는 애증의 대상이다. 그래서 도시는 참 복잡한 '복합체'이자, 참 헤아리기 어려운 '복잡계'다. 하지만 그래서 도시는 끝없이 흥미로운 주제다. 이 복잡다단하고 오묘하며 갈등이 가득하고 흥밋거리가 넘쳐나는 도시를 읽어보자.

사람은 도시를 만들고 도시는 사람을 만든다. '도시는 전문가가 만들고 나는 살고 있을 뿐이다'라고 생각하면 오산이다. 한 도시의 시민으로서 당신이 하는 일상의 행위 하나하나가 도시를 만든다. 어떤 집을 선택하느냐, 어떤 길을 걷느냐, 어떤 일을 하느냐, 어떤 물건을 사느냐, 무엇을 먹느냐, 어떻게 노느냐 등 이 모든 행위들이 도시를 만든다. 도시는 수많은 사람들이 수많은 동기에 따라 매일매일 움직이면서 오랜 시간에 걸쳐 만든다는 점에서, 사람이 만드는 것 중에 가장 복잡한 대상이라고 할 만하다. '도시란 인간이 만드는 최고의 문화 형태'라는 말은 충분히 설득력이 있다.

'도시 전문가'이기 전에 나는 '도시 팬'이고, 도시 팬이기 전에 나는 '도시인'이다. 도시에 사는 게 좋고 도시가 흥미롭다. 수많은 문제와 수많은 갈등을 안고 있지만 또 수많은 가능성을 품고 있다는 점에서 도시에 한없이 매력을 느낀다. 도시를 통해서 나를 발견하고, 나 자신을 키우며, 사람 사이에서 일어나는 복잡다단하고 오묘한 관계를 배운다. 또한 인간세계의 경영을 배우고, 인간세계의 운명을 깨닫기도 한다. 도시란 나에게 영원한 주제다.

하지만 이 작은 한 권에 도시의 모든 것을 담을 수는 없다. 그래서 나는 '도시와 내가 어떻게 관계를 맺게 되었고, 어떻게 그 관계가 발전했나?'에 관한 이야기를 풀어 쓰는 방식으로 책을 전개하려 한다. 말하자면, '어쩌다가 도시에 호기심이 생겼나? 지금도 얼마나 갈등하면서 도시에 대한 선택의 고민을 하고 있는가? 이런 고민에도 불구하고 어떻게 도시를 한없이 즐기나? 도시에 대한 상상이란 얼마나 흥미로운가?'에 관한 이야기다.

사실 무엇이든 이렇게 전개되지 않을까? 어떠한 주제든, 어떠한 일이든, 어떠한 사업이든 간에 일단 호기심이 생겨야 한다. 제대로 고민하고 선택하고 실천해야 하며, 푹 빠지고 즐길 수 있어야 한다. 그리고 항상 새로운 가능성을 상상하며 신나할 수 있어야 한다. 나는 도시라는 주제를 다루지만, 독자들은 이 책 속에서 자신의 주제와의 관계를 발전시키는 단계를 찾아낼 수 있을 것이다. 각 꼭지 말미에서 '무엇을 어떻게 배울 것이냐'에 대한 나의 해석을 곁들이겠지만, 자신의 깨달음이 훨씬 더 중요하다.

이런 생각을 바탕으로 다음 순서로 내용을 전개한다.

1부에서는 '호기심'을 이야기한다.

호기심은 모든 것의 시작이다. 호기심이 없다면, 또 호기심이 유지되지 않는다면 활력이 줄어든다. 일을 더 하고 싶고 삶을 더 누리고 싶은 욕구도 줄어든다. 자기 안에서 피어오르는 호기심의 정체를 찾아내는 것은 아주 중요한 일이다. 도시를 처음 발견했던 순간, 매혹되었던 순간, 깨달던 순간을 떠올리며 그 정체를 파악해보자. 호기심은 무의식 속에서 홀연히 떠올라서 의식 속으로 번지고 드디어 지적인 영역에까지 피어오른다. 호기심의 수준도 자라는 것이다.

2부에서는 '성찰하며 선택하기'의 고민을 이야기한다.

알면 알수록 더 어려워진다고 했던가, 아는 만큼 더 행동하기 어렵다고 했던가. 생각이 아무리 많아도 행하지 않으면 소용이 없다던가. 인생이 끝없는 선택으로 이루어지듯, 우리의 일이 끝없는 선택으로 이루어지듯, 우리가 속한 사회는 끝없는 선택으로 돌아간다. 도시 역시 끝없는 선택으로 이루어진다. 이런 과정에서 어떻게 핵심을 파악할 것인가, 어떻게 결과가 초래할 위험부담을 예측하고 선택할 것인가, 어떻게 의제를 설정할 것인가, 지혜로운 선택을 위해서 어떻게 성찰의 힘을 키울 것인가? '행위'를 하는 모든 사람의 고민이 아닐 수 없다.

3부에서는 '푹 빠지는 기쁨'을 이야기한다.

머리로 아는 것 이상으로 중요한 것은 몸으로 아는 것이다. 푹 빠져보는 경험 없이는 어떤 주제에도 본격적으로 대할 태세가 되지 못한다. 몰입이나 집중이라는 말을 쓰고 싶지 않다. 이런 이성적인 말보다 "푹 빠지며 진정으로 기뻐하라"고 하고 싶다. 몸으로 알라는 뜻이다. 본능적으로, 원초적인 방식으로 당신이 관심을 갖는 주제에 빠져보라는 뜻이다. 그 기쁨의 순간을 맛본 사람은 또 다른 기쁨을 위해 일할 의욕이 충만해진다. 다행스럽게도 도시라는 주제는 푹 빠지기에 적격이다. 당신이 지금 바로 그 안에 있기 때문이다.

4부에서는 '상상하기'를 이야기한다.

상상의 단서는 언제 어디에서 올지 모른다. 하지만 상상의 즐거움은 언제 어디서나 누릴 수 있다. 인류 역사 내내 도시는 무한한 상상의 대상이었다. 상상에 그친 경우도 많지만, 현실에서 그 상상의 많은 부분들이 이루어지기도 했다. 시간을 넘나들고 동서고금을 넘나들며 펼치는 도시에 대한 상상의 가능성은 무한하다. 역사와 소통하고 미래와 교감하면서 인류가 만드는 가능성에 대한 상상을 펼쳐보는 것은 우리의 현재에 새로운 단서를 던져주는 일이다.

인정하건대, 도시란 만만찮은 주제다. 이 만만찮은 주제에 독자들이 선뜻 몸을 싣기 어렵다는 것도 필자로서 잘 알고 있다. 단지 바람이라면 독자들이 1부에서는 가볍게 자신을 탐색하고, 2부에서는 진지하게 도전해보며, 3부에서는 즐겁게 노니는 기쁨에 빠져본 뒤, 4부에서는 흥미진진한 꿈을 키우면서 자신을 돌아보는 자극의 계기를 찾기 바란다.

'호기심 발동하기, 성찰하며 선택하기, 몸으로 푹 빠지기, 넘나들며 상상하기'의 사이클에 익숙해지면 당신은 어떤 복잡한 일도 해내게 될 것이다. 도시에서 인간을 읽을 수 있듯, 어떤 주제에서도 인간이 펼쳐내는 역학과 스토리를 읽어낼 것이다. 어느새 당신의 깊은 속에서 그 무엇이 훌쩍 자라 있을 것이다.

행복하게도 도시는 항상 당신 주변에 있다. 도시는 오픈 북이다. 당신의 탐험은 지금 바로 시작될 수 있다. 도시를 통해 인간을 읽어보라. 도시 탐험을 통해 인간 탐험의 맛을 흠뻑 즐기라. 인생이 풍요로워지고, 할 일은 많아지며, 세상은 호기심 어린 눈을 통해 새로 태어날 것이다. 이 위대한, 그러나 일상공간에 불과한 도시에 얼마나 풍부한 단서가 숨어 있는지 놀라게 될 것이다. 정치, 경제, 사회, 기술, 문화, 예술, 산업, 자연, 구조물, 공간 그리고 인간들이 얽혀서 만드는 도시, 도시를 읽어보자.

2009년 7월

김진애

1부

호기심을 깨우라

호기심은 모든 것의 시작이다.
알고 싶다, 가고 싶다, 보고 싶다,
만나고 싶다, 만들고 싶다, 해보고 싶다 등
끝없는 '싶다' 시리즈로 이어진다.

호기심은 첫 순간의 생생한 느낌으로 시작되고
이어지는 깊은 생각을 통해 자란다.
왜? 어떻게? 무엇이? 누가? 언제? 어디에?

호기심은 발동하게 하는 힘이다.
호기심은 한 발자국 더 나아가게 하는 힘이다.
호기심은 지탱하게 하는 힘이다.
호기심을 잃으면 모든 것을 잃는다.
호기심은 어떻게 오고 어떻게 자라나?
호기심을 어떻게 유지하고 더 키울 것인가?

호기심은 당신 속에서 잠자고 있을 뿐이다.
그 생생한 호기심을 다시 깨우라.

첫 경험의 생생함을 기억하라

종로통 + 전주 + 보스턴

"인생에서 첫 경험이란 끝나지 않는다.
지금 우리 앞에도 무수한 첫 경험이 놓여 있다."

집에서 나고 골목에서 놀다 동네 학교에 간다. 어린 시절의 세계다. 아파트에서 나고 놀이터에서 놀다 단지 내 학교에 가는 요즘 세대도 엇비슷하다. 아이들의 세계는 아직 작다. 그 작은 세계를 헤쳐나가는 것만 해도 벅찬 시절이다.

그러다가 그 순간이 온다. 훨씬 더 큰 세계가 있음을 알게 되는 순간 말이다. 아직 이름을 붙이진 못하지만 바로 '도시'라는 존재를 발견하는 순간이다. 보지 못했던 세계, 알지 못하던 세계, 느끼지 못했던 체험이 성큼 다가온다.

첫 경험이 어디에서 어떻게 올지는 잘 모른다. 운명도 작용할 것이고, 우연도 있을 테다. 그 순간 작동하는 당신의 말랑말랑한 감수성이 큰 역할을 한다. 첫 경험은 의식 속에 떠올라 무의식 속에서 잠든다.

첫 경험을 떠올린다는 것은 이른바 초심의 그 두근두근함, 아직 뭣도 모르면서 저도 모르게 마음이 흔들리던 순간의 그 전율을 다시 기억해내는 것이다.

그 첫 경험은 당신의 기억 깊은 곳에서 잠자고 있다. 그 생생함을 다시 끄집어내 보자. 당신은 언제 도시를 처음으로 발견하였는가?

나의 첫 번째 도시, 종로통

아버지는 종로통에서 가게를 하고 계셨다. 엄마 손을 잡고 그곳에 가본 것은 초등학교 입학을 앞두고서였다. 눈이 펑펑 내리는 날이었다.

종로통에는 커다란 건물이 즐비했다. 큰 건물들이 이렇게나 많아? '이층 한옥'은 일곱 살 인생에서 처음 봤다. 신기했다. 이층 한옥은 왜 그리 커 보이던지, 연건동의 작은 한옥에 살던 나에게는 너무나도 낯선 모습이었다. 전차도 처음 봤다. 전차는 미끄러지듯 유유하게 눈이 펑펑 내리는 거리를 달렸다. 사람들은 또 어찌나 많던지, 거리는 붐볐고 사람들의 웅성거림이 가득했고 눈은 소리 없이 펄펄 날렸다.

아버지는 달라 보였다. 집에서 보는 아버지가 아니었다. 훨씬 더 커 보였다. 아버지는 앞섰다. 아버지 등짝이 어떻게나 넓어 보이던지, 거인처럼 보였다. 나는 엄마 손을 꼭 잡고 쫓아갔다. 평소 따뜻한 말 한마디 없던 아버지는 우리를 어느 뒷골목 중국집에 데리고 가서 요리를 사주셨다. 내 일곱 살 인생에 그렇게 맛있는 건 처음 먹어봤다. 겉은 바삭바삭하고 속은 말랑말랑 부드럽고 혀를 델 만큼 뜨겁고 달콤새콤한 즙이 흐르는, 천상의 맛이었다. 아주 나중에야 그 요리의 이름을 알았다. '난자완스'.

펄펄 날리던 눈발, 즐비하던 이층 한옥, 유유하게 달리던 전차, 수많은 사람들, 거인처럼 보이던 아버지의 뒷모습 그리고 천국 같은 맛의 요리. 나는 종로통을 통해 도시의 존재를 알게 된 것이다. 아직 무섭진 않았다. 엄마는 내 손을 꼭 잡아주었고 아버지는 우리를 가이드해 줬으니까. 그 세계는 컸다. 신기했다. 근사해 보였다. 호기심이 났다. 나는 어리바리했지만 종로통에는 코를 흠흠거리고 귀를 쫑긋할 그 무엇이 있었다.

종로통의 옛 이름은 운종가雲從街다. 운종가라니, 뜻이 너무 멋있잖은가? 구름처럼 몰려드는 사람들의 거리라니. 조선시대 운종가에는 가게들이 줄을 이었다. 가게의 어원은 '가가假家(가짜 집, 지금으로 말하면 노점상식)'이다. 지금 종로통에 이층 한옥은 한 채도 남아 있지 않다. 동대문을 벗어나면 그나마 몇 채 남아 있었는데, 이제는 한 채도 찾아보기 어렵다.

왜 아버지는 그렇게 커 보였을까? 왜 이층 한옥은 그리 커 보였을까? 왜 거리는 그렇게 웅성댔을까? 왜 나는 그렇게 흥분과 희열에 빠졌을까? 그 후 나는 부쩍 주변 동네들을 탐험하기 시작했다. 우리 집 마당에서 한옥 담장 뒤편으로 신비스럽게 보였던 탑을 찾아 동숭동으로 나섰고, 그건 서울대학교병원의 본관 탑이었음을 알게 되었다. 큰댁이 있던 이화동으로 원정을 가면 훨씬 더 큰 한옥들이 즐비한 골목들이 신기했다. 하루는 혜화동로터리 한 책방에서 괴도 뤼팽 시리즈 중 하나인 『기암성』을 내 돈으로 사서 돌아오면서 행복해했다. 아

＼

종로통을 그린 박재철 작가의 〈종로_여름〉은 종로에 대한 나의 첫 기억을 연상시킨다. 김준기 감독이 기획했던 애니메이션 영화 〈마지막 왕〉의 한 장면에 삽입 예정이었으나 영화 제작이 무산되었다.

주 나중에 그 서점이 고 장욱진 화백의 부인이 운영하던 서점이라는 것을 알았다. 혜화동로터리의 동그란 모습은 색달랐고, 빼곡히 늘어선 플라타너스가 신기했다.

일곱 살에 처음으로 도시의 존재를 발견한 후, 나에게 도시는 점점 커지기 시작했다.

다른 도시의 발견, 전주

하지만 열여덟이 되도록 서울을 벗어나 본 적이 별로 없었다. 산본 할머니 댁에는 자주 갔지만 그저 시골이었다. 지금은 고층 아파트로 천지개벽한 안양도 시골이긴 마찬가지였다. 고교 시절에 친척 따라 강원도 구석구석을 여행했었는데, 굽이굽이 고개를 넘어갈 때마다 펼쳐지던 작은 밭들은 아직도 눈에 선하다. 특히 옥수수밭의 풍경은 강렬했다. 꼬불꼬불 국도를 넘으면 또 산속, 산은 어찌나 깊은지 그 깊은 산속에도 어김없이 옥수수밭이 있다는 게 너무도 신기했던 기억이다.

새로 이사 간 오장동에서 서대문에 있는 이화여중·고까지 통학하면서 행동반경은 넓어졌지만 여전히 '사대문 안'이었다. 대한극장과 아테네극장이 있던 충무로가 사춘기 시절 나의 애호 공간으로 새로 등장했고 가끔 명동 뒷골목으로 원정 갔던 것이 고작이다.

학교에 갈 때는 항상 세종로를 돌아서 덕수궁 대한문 앞에서 내렸다. 세종로 한가운데 서 있던 은행나무를 끼고 버스가 유턴을 하는데, 당시 짓고 있던 정부종합청사를 매일매일 목격했다. 그 무렵 가장 신

\
전주 경기전과 전동성당. 검은 기왓장, 회색 전벽돌과 붉은 벽돌, 녹음이 어우러진 장면. 나의 첫 기억에 아로새겨진 장면이다. 늘씬하고 아리땁고 기품 있다.

기했던 것은 기둥이 마치 나무처럼 하루하루 자라듯 보이던 장면이었다. 나중에 알고 보니 각 층 바닥판을 놓기 전에 기둥부터 올리는 공법이었단다. 그 신기했던 경험이 내가 전공을 정할 때 잠재의식으로 작용했을지도 모를 일이다.

처음으로 다른 도시를 발견한 건 전주에서였다. 대학 초년 시절, 임실에 있던 친구 집에서 여름방학을 보내기로 했다. 이른바 '신작로'를 따라 집들이 늘어서 있는 전형적인 시골 읍이었다. 한가롭고 나른한

읍내 근방의 개울에서 고기를 잡고 멱을 감고 뒹굴며 놀다 하루는 전주로 놀러 나갔다.

전주는 지금도 성벽이 도시 한가운데 있는 아주 신기한 도시다. 일제강점기 동안 조선시대의 읍성 도시들이 대개 성벽을 허물고 길을 냈는데, 전주는 그 일부가 살아남았다. 풍남문은 위풍당당했다. 신기해서 두리번거리며 주변을 걷다가 드디어 발견한 장면은 경기전과 전동성당이 어우러진 모습이었다. 참으로 아름다웠다. 뭐라 할까? 기왓장과 벽돌과 푸르름이 한데 어우러진 한 폭의 풍경화라 할까? 기품 있는 그윽함이 풍겨 나왔다.

전동성당의 늘씬한 자태가 그렇게 인상에 남는다. 경기전 앞의 아름드리나무도 그렇게 늘씬해 보였다. 전동성당은 프랑스 신부가 로마네스크 양식으로 지었는데 회색과 벽돌색이 섞여서 이국적이면서도 완벽히 우리 것 같은 느낌이다. 전면부의 탑이 마치 늘씬한 여인네를 보는 듯하다. 왜 경기전 앞의 나무들이 그렇게 늘씬했다고 기억에 남아 있을까? 그래서 나는 한동안 버드나무로 기억을 하고 있었는데, 나중에 보니 아니었다. 아마도 그 하늘하늘한 초록색과 늘씬한 자태 때문에 버드나무로 생각하지 않았나 싶다.

8월의 찌는 폭염 속 나른한 오후, 기다란 그림자를 던지던 경기전 앞의 아름드리나무들과 전동성당의 탑은 한가롭고 느릿느릿한 아름다움을 풍겼다. 이곳은 전주 한옥마을이 있는 곳이다. 교동, 풍남동에 약 600여 채의 한옥이 남아 있다. 전주의 토종 자본이 만든 이 동네는 1930년대 한옥의 혁신이 이루어지던 동네로 이곳에는 전주의 자존심이 고스란히 남아 있다. 지금은 한옥보존지구로 한옥 보전에 각별한 노력이 기울여지고 있고 향기로운 찻집들, 맛깔스런 전통 음식점들, 『혼불』의 작가 최명희의 문학관, 전통술박물관, 전통한지박물관, 전통한옥여관이 한옥으로 복원되어 있다.

전주의 경기전과 전동성당이 그려낸 장면이 나에게 그렇게 인상적이었던 것은, 우리 도시 한가운데에 우리의 전통 건물과 근대 건물이 그렇게 자연스럽게 어우러질 수 있다는 놀라움 때문이었을 것이다. 지금 이 동네를 찾는 사람들은 어떤 이미지를 가지게 될까? 나처럼 그렇게 늘씬한 기품이 풍기는 이미지로 다가갈까?

보스턴 찰스강의 불꽃놀이

이십 대 말 유학 갔던 첫해, 미국은 무서웠다. 영화에 수없이 나오는 거리 범죄, 조직 폭력, 특히 여자는 마음 놓고 걷지 못하는 거리, 그런 무서운 선입견에 나도 지레 겁에 질려 있었다. 길을 걸을 때면 두리번두리번 불안해했다. 캠퍼스를 조금만 벗어나도 어디 무슨 일이 생기는 게 아닐까 조심했던 시절이다. 게다가 MIT는 부자 동네에 자리한 하버드대학교와는 달라서 주변에 공장들이 많고 저소득층 동네, 소수자 외국인 동네들과 바로 연접해 있으며 동네 전체가 컴컴한 편이다. 지금은 첨단 벤처 사업장도 늘고 새로운 타운하우스도 늘어서 상당히 달라졌지만, 처음 갔을 때는 길에 사람들이 별로 없어서 놀랐고, 폐허같이 남아 있는 빈집이 많아서 놀랐다.

차를 타야만 다닐 수 있는 도시는 가장 나쁜 도시다. 이 점에서 미국 도시들은 대부분 좋은 도시라 보기 어렵다. 그래도 보스턴 지역의 도시들은 상대적으로 나은 편이다. 보스턴은 우리처럼 하나의 큰 광역도시가 아니라 여러 자치도시들이 결합된 도시다. 지방자치가 일찍이 발달한 유럽, 미국, 호주에는 이런 종류의 광역도시가 많다. 하버드대학교, MIT대학이 있는 도시는 케임브리지이고, 보스턴대학교, 버클리음악대학이 있는 도시는 보스턴이다. 보스턴 도심이나 케임브리지 학교촌은 상대적으로 거리를 걷는 사람들이 많은 편이다. 다만, 우리 도시들과 비교할 때 그 밀도는 천양지차이니 한적한 거리에 내가 겁을 집어먹은 것도 이해가 갈 만하다.

학교는 살벌한 경쟁이 두드러졌고, 특히 행정 계통 사람들의 빠른 말, 교수들의 속사포 같은 강의, 전 세계 곳곳에서 온 학생들의 유창한 영어에 주눅 들어 살던 때였다. 하루를 끝내면 온몸이 젖은 솜처럼 피곤했던 이유가 말을 제대로 알아듣지도 못하고 제대로 하지도 못해서였을 것이다. 통하지 못하면 정말 괴롭다.

그러다 그날이 왔다. 저녁 무렵 내가 살던 학생 아파트가 웅성거리기 시작했다. 창문 밖을 보니 사람들이 강변으로 우르르 걸어가고 있었다. MIT 캠퍼스는 강변을 따라 길게 자리하고 있고 학생 아파트는 찰스강 변에 바로 붙어 있다. 웬일이지? 불꽃놀이를 한단다. 강변에 가면 잘 보인단다. 우리도 덩실덩실 따라나섰다. 덧입을 스웨터, 깔고 앉을 방석들을 들고 아이들 손을 잡은 사람들이 벌써 강변에 빼곡했다. 도대체 이 많은 사람들이 평소에는 어디에 숨어 있다가 모두 나온 것일까?

찰스강은 영화에 많이 나오듯 전통적으로 대학 조정 경기로 유명한 강이다. 100여 년 전 하구에 댐을 만들어서 평소에도 찰랑찰랑 물이 차 있다. 요트까지는 못 타는 시민이라 할지라도 나무숲 우거진 강변에서 산책하고 자전거를 타고 맘껏 조깅을 할 수 있다. 강폭이 그리 넓지 않아 강 건너도 손에 잡힐 듯해 더욱 매력적이다. 강변 차도가 기껏 4차선에 불과하며 곳곳의 횡단보도에서 직접 버튼을 누르면 빨간 신호등이 들어오고 차가 서주니 걷는 사람에게는 그야말로 천국이나 다름없었다. 학생 아파트에 막 입주했던 나는 이렇게 강변에 살아보는 혜택을 누리는 것만으로도 황감하게 느꼈던 시절이었다.

이제 깜깜해졌다. 강변에는 별로 높은 건물들이 없고 불도 환하지 않아서 반짝이는 별도 잘 보였다. 드디어 불꽃놀이가 시작되었다. 저 멀리 보스턴 항구에서 불꽃을 쏘아 올리면 강 가까운 쪽에서 또 쏘아 올리며 화답하는, 불꽃의 합창이다. 불꽃이 피어오름에 따라 우리 쪽 강변에서 사람들의 함성이 터지면, 좀 이따 건너편 강변에서 또 사람들의 함성이 터진다. 강이 구불구불해서 생기는 현상이다. 마치 불꽃과 사람들의 오케스트라 공연이 펼쳐지는 느낌이었다. 점점 클라이맥스로 올라가다가 마지막에는 불꽃 없이 하얀 섬광과 마치 북소리처럼 고막을 때리는 탕탕 소리만 이어지다 일순간 소리가 꺼지며 적막, 그리고 몇 초 후 사람들이 한꺼번에 내지르는 뜨거운 함성.

그 아름다운 밤하늘 아래에서 나는 도시가 온통 다 함께 기뻐할 수 있다는 사실을 처음으로 느꼈다. '도시란 이렇게 환희의 공간일 수도 있구나.' 짜릿짜릿한 느낌이었다.

보스턴. 낮은 건물과 우거진 나무숲이 시민들에게 좋은 친구가 되어준다.
매년 미국 독립기념일(7월 4일)에 열리는 불꽃놀이 행사는 도시를 환희의 공간으로 만든다.

* * *

아이들이 처음으로 도시를 발견할 때는 아직 이름을 붙이지 못한다. 도시라는 이름이 아니라 더 큰 세계, 나보다 훨씬 더 큰 세계, 일상생활과 너무 다른 세계, 호기심이 나면서도 두려운 세계다. 호기심은 첫걸음이다.

첫 경험은 한 폭의 그림으로 남는다. 종로통의 이미지는 나에게 낡은 사진 속의 이미지다. 흑백사진, 바랜 갈색 사진이다. 지금도 서울의 옛 사진을 보면 일곱 살 무렵의 가슴 두근두근함이 다시 살아난다.

전주의 이미지는 초록색과 기와색과 벽돌색이 대비되는 오후의 이미지다. 마치 선이 생생히 살아 있는 수채화 같다. 유럽의 도시 풍경화에는 유독 선을 강조한 수채화가 많은데 그런 느낌이다. 전동성당의 늘씬한 자태가 그런 수채화 느낌을 더욱 강하게 했을 것이다.

케임브리지 찰스강 변의 검푸른 하늘, 검푸른 강 그리고 화려한 불꽃과 사람들의 환호 소리는 찰칵, 한 컷의 영상 이미지다. 환희의 순간이란 바로 그렇게 캄캄한 속에서 화려한 불꽃과 귀청을 뒤흔드는 소리가 나는 것이리라. 마치 빅뱅하는 우주의 탄생처럼.

첫 경험은 그렇게도 생생하다. 당신에게도 분명 첫 경험이 있다. 첫 경험의 생생함을 기억해내라. 다시금 그때의 열정이 불붙을 것이다. 인생에서, 일에서, 삶에서 벌어지는 최악의 상황은 매너리즘에 빠지는 것이다. 다 그게 그거인 듯하고, 다 알아버린 것 같고, 더 해야 할 일이 없는 듯한 상황, 그저 습관처럼 되어버린 일과 삶은 더 이상 어떤 호기심도 발동시키지 않는다. 죽음과 다를 바 없다. 삶은 멈춘다.

다시 한번 예전의 첫 경험을 떠올려보라. 왜 그 경험은 그렇게 생생했을까? 왜 나는 마음이 그렇게 흔들렸을까? 왜 그 느낌이 생겼을까? 왜 그때 그렇게 강렬한 인상을 갖게 되었을까? 그 이후 나는 무엇이 달라졌는가? 왜 지금은 그때와 달리 무덤덤해졌을까? 그때 꿈꾸었던 것이 지금 과연 이루어졌나? 첫 경험의 느낌을 더듬다 보면 자신의 깊은 곳에서 새로운 샘물이 솟아오른다. 나 역시 이 글을 쓰면서 나의 첫 경험을 다시 한번 떠올렸다. 그랬던가? 그래서 그때 내가 그런 느낌으로 그런 행동들을 했던가? 그래서 내가 그런 선택을 했던가? 그때 느꼈던 그 생생한 느낌을 지금도 다시 느낄 수 있을까? 전후좌우의 이야기들이 샘물처럼 솟는다.

인생에서 첫 경험이란 끝나지 않는다. 지금 우리 앞에도 무수한 첫 경험이 놓여 있다. 비단 어린 시절, 젊은 시절에만 가능한 일이 아니다. 우리의 감수성이 살아 있는 한, 첫 경험은 언제 어디서 다시 운명처럼 찾아올지 모른다. 새로운 첫 경험의 순간을 위해서 우리의 감수성에 불을 켜자.

왜 나는 끌리는가?

바르셀로나 + 밀라노 + 진주

"끌려야 시작된다.

연애가 시작되는 것과 다르지 않다.

왜 끌리는지 이모저모 따져보는 것은 그다음 일이다."

"어떤 도시를 좋아하세요?" 직업이 직업인지라 이 질문을 참 많이 받는다. 그런데 바로 그 직업 때문에, 또한 내 성향 때문에 이 질문에 바로 대답하기란 참 어렵다. 어느 도시에서도 매력을 찾아내는 데 천부적이라 자부하기도 하거니와, 도시의 매력을 찾아내는 훈련도 받았고 전문 지식을 통해 그 도시의 나쁜 면 역시 잘 알고 있기 때문이다.

그래서 "어떤 도시가 좋은가?"보다 "어떤 도시에 끌리는가?"라는 질문이 더 좋을 것 같다. '끌린다'는 현상이란, 이름만 떠올려도 가슴이 설레는 그 어떤 화학작용이다. 이 두근두근함의 정체는 무엇인가? 왜 내 입가에 은은한 미소가 번지는가? 왜 애틋한 감정이 아지랑이처럼 피어나는가? 왜 나는 바르셀로나, 밀라노, 진주를 떠올리면 이런 반응이 나타나는가?

변방, 개방, 전위

바르셀로나는 이제 우리에게 꽤 잘 알려진 도시다. TV 여행 프로그램의 단골 도시가 되었고, '바르셀로나 하면 가우디, 건축가 하면 가우디' 할 정도로 안토니 가우디의 환상적인 건축물들로 유명한 도시다. 1992년 바르셀로나 올림픽에서 황영조 선수가 올림픽 스타디움을 향해 몬주익 언덕을 달려가던 모습, 드디어 금메달을 따낼 때 열광했던 기억도 새삼 떠오른다. 밀라노는 도시 자체보다 '밀라노 컬렉션'이 잘 알려져 있고 프라다, 구찌, 아르마니, 돌체앤가바나 같은 세계적 패션 브랜드가 밀라노에 사령탑을 두고 있다. 패션뿐 아니라 가구, 조명, 인테리어 등 각종 디자인 산업과 관련 전시 산업이 밀라노에 몰려 있다.

두 도시는 공통점이 많다. 그 공통적 특색은 '변방, 개방, 전위'로 정의할 수 있을 것이다. 흥미롭게도 두 도시는 각각 자기 나라에서 제2의 도시다. 마드리드나 로마처럼 수도가 아니라는 사실이 두 도시의 독특한 색깔을 더욱 두드러지게 했을 가능성이 높다.

첫째, 변방. 두 도시는 국경을 접한 지역에 위치한다. 바르셀로나는 프랑스와 연접한 카탈루냐 지방의 중심도시다. '카탈란catalan'이라 불리는 사람들은 예전부터 좀 독특해서 스페인 주류와 종족도 다르고 언어도 다른 '카탈란 문화'를 나름대로 키워왔다. 마드리드가 수도로서 스페인 드넓은 땅의 거의 한가운데에 위치한 것과 달리 바르셀로나는 지중해를 낀 바다 도시다. 바르셀로나는 자국 내 주류 세력과 견제해야 했고, 프랑스도 견제해야 했으며, 지중해와 대서양의 무역 주도권을 두고 다퉈야 하는 처지였다.

밀라노는 프랑스, 스위스, 오스트리아, 슬로베니아 등 무려 4개국과 면한 북부 지역에 있고 흥미롭게도 이탈리아 다른 주요 도시들과 달리 내륙 도시다. 주변 지역의 산도 높거니와 비옥한 포 평야가 펼쳐진다. 그런데 밀라노는 바로 이 변방의 위치 때문에 프랑스의 침공도 적잖이 받았으며 오스트리아와 스페인에 점령당하기도 했다. 로마와 남부 지역을 중심으로 움직이는 이탈리아에서 북부를 대표하기 위한 권력 쟁탈도 심했다.

둘째, 변방이 '개방'으로 이어졌을 것을 짐작하기란 어렵지 않다. 살아남기 위한 방책이다. 독립성을 추구하는 변방에는 두 가지 방향이 항상 공존한다. 한편으로는 패권을 잡고 있는 주류에 대항하기 위해 자신의 정체성을 강화하고 내부 결속을 다지는 폐쇄성을 추구하는가 하면, 다른 한편으로는 힘을 기르기 위해서 다른 세력과의 교류를 통해 경쟁력을 키우려는 개방성을 지향한다.

자신의 정체성을 지키려는 두 도시의 노력은 끊임없는 분쟁과 고통의 역사를 안겨줬지만, 두 도시의 개방 행보만큼은 대성공이었다. 바르셀로나는 일찍이 교역에 나섰고, 프랑스나 지중해뿐 아니라 대서양을 통하여 영국과 교역하며 발군의 경쟁력을 키웠다. 밀라노는 자국에서는 제2의 도시지만 한때 유럽에서 규모 3위의 도시였을 정도다. 바르셀로나는 예전이나 지금이나 마드리드보다 경제 활력 면에서 우위에 있다.

셋째, 개방은 새로움을 추구하는 '전위'로 이어졌다. 흥미롭게도 두 도시를 대표하는 산업이라면 산업디자인 관련 산업이다. 전통적으로 직물, 장식품, 가구, 세공품이 번성했고, 현대에 들어와서는 단연 디자인 산업이 출중하다. 이탈리아에서 전반적으로 강한 산업디자인의 기반은 밀라노에 힘입은 바 크고, 바르셀로나는 '카탈란 스타일'이라는 별칭을 받을 만큼 개성 강한 산업디자인을 일궈왔다. 밀라노와 바르셀로나는 유럽 항로의 허브에 있는 이점을 가진 프랑크푸르트만큼은 못하지만 전시, 엑스포, 컨벤션 산업에서 발군의 경쟁력을 가지고 있다는 점도 개방과 전위가 합쳐진 교류의 전방 도시 역할을 강화했다. 이렇게 보면 '변방'이라는 한계가 어떻게 대처하느냐에 따라 '전방'으로 될 수 있는 기반이 되기도 한다.

라 람블라와 갈레리아

변방, 개방, 전위의 특색은 두 도시의 대표 공간에 잘 나타나 있다. '아, 이게 바르셀로나구나, 아, 이게 밀라노구나' 하는 느낌이 확 다가오는 공간들이다. 비슷한 것 같으면서도 다르다.

바르셀로나를 대표하는 라 람블라La Rambla는 1.2킬로미터 정도의 그리 길지 않은 거리다. 도심 쪽 카탈루냐광장에서부터 콜럼버스 동상이 서 있는 바닷가 광장으로 연결된다. 거리 자체는 소박하다. 이파리 무성한 나무가 줄 서 있고, 바닥에는 물결을 뜻하는 라 람블라의 어원을 따라 물결 모양의 단순한 포장이 몇십 년째 그대로 있다.

이 거리를 살아나게 하는 것들은 작은 가게들, 가지각색의 노점상들, 거리 아티스트들이다. 거리를 걷는 사람들이 최고의 주인공임은

바르셀로나 라 람블라.

두말할 나위가 없다. 지중해의 맑은 하늘, 짙푸른 녹음, 가게에 넘쳐나는 물품들과 그 화려한 색깔들, 호기심 가득한 사람들이 만드는 명랑한 기운이 생생하다. 뒷골목에는 유혹적인 스페인 춤, 플라멩코 클럽들이 사람들을 끈다. 유흥적인 밤거리 문화도 드러나지만, 라 람블라의 명랑함을 이길 수는 없다. 이 거리를 걸으면 인생의 활기찬 물결에 흠뻑 몸을 담고 싶어진다.

그런가 하면 밀라노의 대표 공간은 광장이다. 짓는 데 200년 넘게 걸린 두오모 성당의 이름을 딴 '두오모 광장'이다. 두오모Duomo는 '신의 집'이라는 뜻이니, 그 앞은 엄숙하고 진중해야 할 것 같은데 이 광장에는 세속적인 활기가 가득하다. 별다른 장식 없는 회색빛의 광장에서는 시민들과 비둘기들이 한가롭게 서로 희롱할 뿐 아니라 밀라노풍으로 차려입은 남녀노소 시민들이 끊임없이 광장을 가로지른다. 뭔가 흥미로운 일들이 일어날 듯한 역동적인 활력이 느껴진다.

이 활력은 갈레리아Galleria 덕분이다. 같은 이름의 백화점이 우리 도시에서 명품 백화점으로 쓰이고 있는데, 밀라노의 원조 갈레리아는 폐쇄적인 백화점이 아니라 건물과 건물 사잇길을 유리로 덮은 것이다. 말하자면 거리에 아케이드를 씌운 구조인데, 처음부터 아예 그렇게 설계된 점이 특이하다. 상대적으로 겨울이 춥고, 비와 안개가 많은 북부의 밀라노에서 창안해낸 독특한 도시 공간이다. 19세기 이탈리아 통일을 이룬 비토리오 에마누엘레 2세의 실적이기도 한데, 밀라노의 패권을 차지함에 따른 영광과 실용적인 상업주의가 결합하여 도시에 활기를 불어넣은 성공적인 작업이다.

밀라노 갈레리아.

라 람블라와 갈레리아는 활기와 흥겨움은 비슷하지만, 기풍은 상당히 다르다. 라 람블라가 파격적인 자유, 모험과 유혹의 기운이 강하다면, 갈레리아는 격식을 갖춘 가운데 자유분방한 세련미가 풍긴다. 이것은 각 도시의 기풍과도 연관될 것이다. 바르셀로나가 항구도시로서 개방성이 강한 라틴 유럽풍이라면, 밀라노는 자유분방한 이탈리아풍과 엄격한 북부 유럽풍이 섞여 있는 듯하다.

두 도시는 도시계획 기조조차 무척 다르다. 밀라노는 중세와 르네상스의 성곽도시를 중심으로 동심원을 그리며 성장하면서 중심성을 강화해온 반면, 바르셀로나는 근대도시를 확장하는 과정에서 개방적인 그리드 계획을 채택했다. 이 점에서는 바르셀로나가 훨씬 더 흥미롭다.

바르셀로나는 19세기에 '세르다 플랜'이라는 도시계획으로 시가지를 대대적으로 확장했는데 로마시대에 만들어진 고딕 지구를 한편에 보존해놓고 신개발지에 전체적으로 격자도시를 깔았다. 이색적인 것은 팔각형 모양의 블록 형태로, 세계에서 유일한 모양이라는 점이 흥미롭다. 바르셀로나는 단 하나밖에 없는 카탈란 문화 속에서 단 하나밖에 없는 그 무엇을 만들어내고자 하는 분위기를 이끌었는지도 모른다.

바르셀로나 19세기 도시 계획. 세르다 플랜에 의한 신개발지 확장.

가우디와 다빈치, 인간의 힘

확실히 인간의 힘은 위대하다. 인간은 우리를 끈다. 그들의 흔적을 통해 긍지와 열정을 문화유산으로 남겨주는 인물, 그런 인물을 가진 도시는 행복한 도시다.

바르셀로나에는 '이 세상에 단 하나밖에 없는 독특한 성격의 인물'이 있다. 바로 그 유명한, 건축가 안토니 가우디다. 그는 자신의 평생을 바르셀로나만을 위해서 바쳤다. 생전에도 유명해서 다른 도시들에서도 초청이 쇄도했으나 그는 고집스럽게도 오직 바르셀로나에서만 작업을 했다. 밀라노에는 그 유명한 레오나르도 다빈치 선생이 위대한 유산을 남겼다. 가우디가 바르셀로나의 자유롭고 상상력 충만한 카탈란 문화의 전위적 풍토에서 태어났다는 것이 시사하는 바가 크고, 밀라노의 치열하고 합리적이며 생산적이고 혁신적인 업무 풍토에서 다빈치 선생이 20년 가까이 활동했던 것도 과연 그럴 만하다고 생각된다.

가우디는 이제 우리에게도 너무 유명한 인물이다. 1926년에 사망한 가우디가 남긴 미완성의 사그라다파밀리아성당La Sagrada Familia(성가족성당)을 그의 사후 100주년에 맞춰 완공하기 위하여 짓고 있기 때문이다. 그 큰 규모의 성당에 완성된 설계도가 없었다니, 1882년에 착공해서 인생 대부분을 바쳤다니, 가우디가 탑을 쌓아 올리면서도 끊임없이 설계를 새로 해나갔다는 사실이 너무 신기하지 않은가.

가우디는 아무리 보아도 참 진기한 사람이다. 그가 만들어낸 공간의 풍요로운 감수성과 화려하고 정교한 표현을 보면 정열적이고 뜨

바르셀로나 사그라다파밀리아성당.

거운 라틴 사람일 것 같은데, 그의 개인 생활은 수도승이라 할 만큼 절제와 몰입으로 가득 찬 인생이었다. 그는 평생 결혼을 하지 않았거니와 성당 앞에서 전차에 치여 행려병자 취급을 받으며 빈자의 병원에서 숨을 거뒀다. 나는 이 이야기를 사그라다파밀리아성당에 가서야 처음으로 알았다. 오래전 일이다. 폐허처럼 남아 있던 성당의 한 탑에 올라갔을 때 한 건축가의 신을 향한 열정에 눈이 아려왔다. 자신의 작업에 신성神性의 숨을 불어넣는 예술가의 혼은 얼마나 존귀한가.

다빈치는 17년 동안 당시 권력자인 스포르차 가문의 후원을 받으며 밀라노에서 여러 작업을 했다. 그중 하나가 바로 소설 『다빈치 코드』를 낳은 벽화, 〈최후의 만찬〉이다. 이 벽화가 있는 산타마리아델레그라치에성당은 소박하다. 낙엽 뒹구는 가을 오후에 갔었다. 벽화가 복원되기 전이다. 일체의 조명 없이 창문으로 들어온 어스름한 빛과 촛불만으로 본 〈최후의 만찬〉은 바로 다빈치가 그려내려 했던 바로 그 느낌이 아니었을까. 내 인생의 순간 중 하나다.

사실 다빈치를 새삼 인식하게 된 계기가 있다. 밀라노에서 한 노장 디자이너와 긴 점심을 하면서 그가 보여주었던 다빈치에 대한 존경심 때문이었다. 다빈치가 화가로서뿐 아니라 해부학 저술가로, 건축가로, 엔지니어로서 활동했다는 사실은 상대적으로 덜 알려져 있다. 그 디자이너가 존경의 염을 태운 것은 그림 외의 그의 작업에 대한 것, 특히 밀라노 도시에 대한 기여였다. 다빈치가 전쟁건축가로 활동하면서 성벽을 쌓고 밀라노 지키기에 나섰고, 밀라노의 운하를 설계해서 밀라노를 물류의 중심으로 만들었음을 신나게 얘기하던 그는 기나긴 이야기 끝에 다빈치의 스케치 책을 나에게 선물로 주었다. 비행기까지 설계하고, 해부 작업을 통해 인체에 대한 상세한 스케치들을 남기고, 복잡계 이론을 앞서간 통찰을 보여준 스케치가 가득한 책을 통해 다빈치는 역사의 후배들에게 상상력과 통찰력의 원천이 되고 있는 것이다. 얼마나 부러운가.

이렇게 헌신하는 인물들의 발자취가 살아 있는 도시는 얼마나 인간적인가. 바르셀로나와 밀라노가 부러운 이유는 그런 인물들이 넘쳐나기 때문이다. 바르셀로나의 피카소, 라 스칼라 극장으로 유명한 밀라노의 오페라를 만든 베르디 등 이와 같은 인물들도 후대의 뛰어난 '바르셀로니언, 밀라니즈'의 맥을 잇게 하는 자극이 될 것이다.

진주 남강에 사뿐히 내려앉은 촉석루

그런데 나는 왜 우리나라 도시 중에서 진주에 각별히 끌릴까? 개인적인 인연이 있어서? 진주는 시댁의 도시이니 다른 도시보다 훨씬 더 잘 안다. 삼천포라는 아름다운 항구와 가까워서? 삼천포는 참으로 아름다운 해안과 작은 항구들로 유명하다. 지금은 삼천포라는 도시명이 없어지고 사천시로 통합되어서 섭섭하지만 말이다.

왜장을 수장한 논개로 대표되는 절개의 고향이어서? 의암으로 알려진 촉석루 아래 깊은 물은 참 신비롭고 촉석루 뒤편의 아주 작은 '논개 사당'은 내가 무척 좋아하는 공간 중 하나다. 한 칸 남짓한 사당 주변에 깃든 작은 아늑함이 인상적이다.

음식이 맛깔스러워서? 진주는 바다와 산과 강과 평야가 만나는 곳일 뿐 아니라 호남 스타일과 영남 스타일이 만나는 곳이기도 하다. 각종 신선한 재료가 '개미'(깊은 맛을 뜻하는 사투리) 있는 요리가 되고, 땅 음식과 바다 음식이 만나고, 호남 음식과 영남 음식이 만나는 곳이다. 육회를 섞는 독특한 진주비빔밥뿐 아니라 모든 음식들이 맛깔스럽다.

진주 비단이 아름다워서? 진주의 실크 산업은 전통적으로 상당히 유명한데, 교토 실크나 베트남 실크만큼 커질 가능성이 있다고 믿는다. 아직 그 수준까지 못 가고 있음이 아쉽지만, 여전히 진주 디자인 실크의 잠재력은 크다.

우리나라 현대건축을 대표하는 건축가 고 김수근과 고 김중업이 뛰어난 건축물을 유산으로 만들어놓아서? 김수근이 만든 국립진주박물관은 땅으로 들어가는 공간이 자아내는 매력이 있고, 김중업이 만든 경남문화예술회관은 남강에 사뿐히 발을 담그고 솟아오르는 매력이 있다. "진주에는 김수근도 김중업도 있어요"라고 자랑하던 시청 직원이 참 사랑스러웠다.

진주를 오래 알게 된 지금에는 진주의 매력을 여러 가지로 댈 수 있다. 하지만 진주에 그냥 이끌리게 된 것은 진주에 이르러 마주한 첫 장면 때문이다. 남강을 따라 진주시를 휘돌며 들어가게 되는데, 강변에는 두 개의 이색적인 절벽이 있다. 하나는 뒤벼리, 다른 하나는 새벼리다. 지금은 절벽을 보호한다고 철망을 씌워놓아서 아쉽다.

그리고 갑자기 강을 돌아서는데 홀연히 나타나는 촉석루. 발아래 짙푸른 남강, 높은 절벽에 파릇파릇한 나무와 어우러진 바위들, 절벽 위의 짙푸른 녹음과 사이사이 드러나는 성벽의 선, 그리고 그 위에 마

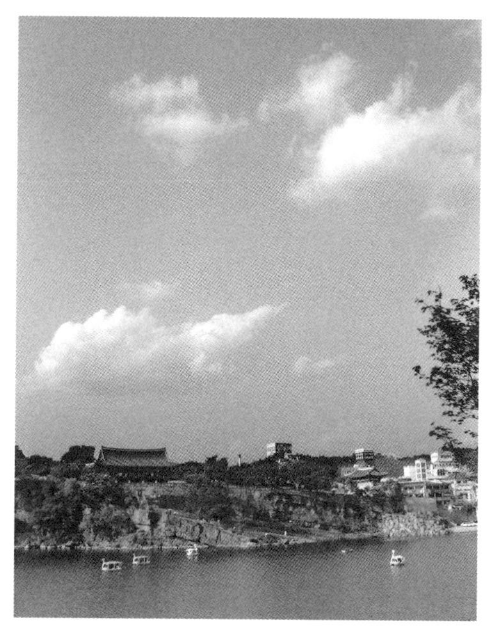

남강 위에 사뿐히 내려앉은 듯한 촉석루, 진주성. ⓒ박정훈

치 촉석루가 사뿐히 날아와 앉은 듯한 그 모습에 갑자기 가슴이 철렁 내려앉았다. 이렇게 미어지도록 아름다울 수 있을까.

어느 도시에 가더라도 항상 진주가 마음 한편에 떠오른다. 특히 강이 아름다운 도시인 피렌체, 베로나, 프랑크푸르트, 교토에서는 가슴 한편에 진주의 남가람(남강) 강변을 담고 그 도시의 강을 보게 된다. 대개 어느 도시나 강을 품고 있고, 도시 한가운데에 강이 흐르는 경우가 많다. 그렇지만 그 강이 아름답고 의미 있게 다가오는 도시가 되기란 그리 쉽지 않다.

지금도 진주가 나를 계속 이끄는 이유는 그 첫 장면의 강렬한 인상 때문일 것이다. 여전히 그렇게 가슴이 미어지도록 아름다울까? 그래서 나는 진주에 갈 때마다 촉석루 자체에 오르는 것보다 강 너머에서 촉석루를 하염없이 바라보는 맛에 이끌린다.

* * *

끌려야 시작된다. 연애가 시작되는 것과 다르지 않다. 첫눈에 반하는 것이다. 왜 내가 끌리는지 잘 모르면서 그냥 끌린다. 왜 끌리는지 이모저모 따져보는 것은 그다음 일이다. "별거 아니야, 그냥 그런 거지" 하고 하찮게 여기면 끌림의 효력도 짧다.

사람도, 일도, 인생도, 그 어느 것도 마찬가지다. 끌리는 그 무엇을 만나는 축복을 받았으면 거기에 그칠 것이 아니라 왜 끌리는지 두고두고 조곤조곤 되씹어볼 필요가 있다. 그렇게 되씹는 과정에서 끌림의 마력이 다시 떠오르고 그 마력 또한 더욱 강해진다. 내가 진주에 끌렸던 때는 이십 대 초 아직 도시 공부를 시작도 하기 전이었고, 바르셀로나에 끌렸던 때는 이십 대 후반 막 도시 공부를 시작할 무렵이었고, 밀라노에 끌렸던 때는 삼십 대 중반 도시 실무를 본격적으로 시작할 무렵이었다. 각기 끌림의 농도가 다르고 여파도 다르다.

그 이후에도 여러 도시들에 비추어보며 내가 세 도시에 끌렸던 이유가 무엇이었는지 나름 분석해본다. 그 이끌림이 순간의 매혹이었던가 아니면 깊은 울림을 동반한 감동이었던가 내 마음속을 뒤져본다. 오랜 시간이 지났어도 내가 이들 도시에 여전히 끌리는 것을 보면 그

것은 진짜 사랑이었나? 아니, 연애의 감정이 사랑으로 발전되었던가?

'끌림'이란 결국 가슴이 작용하는 화학반응이다. 가슴으로 하는 일은 머리로 하는 일과 본질적으로 다르다. 가끔 자기가 하는 일에 전혀 빠져 있지 않은 사람을 본다. 한 번도 진정 끌려보지 않은 사람들이다. 끌려보지도 않은 사람들이 사랑을 알 리 만무하다. 머리로만 일하는 사람은 절대로 가슴과 함께 일하는 사람을 이길 수 없다.

"끌리는 일을 하라"는 말은 그래서 영원히 유효하다. 끌리는 사람과 연애하고 그것을 사랑으로 발전시키듯, 당신에게 끌리는 일, 끌리는 주제를 우선 찾자.

길을 잃어야 보물을 찾는다

베로나 + 판테온 + 점·선·면

"길을 잃기 위해서 길을 잃는 게 아니라,
새로운 길을 찾기 위해서 길을 잃어보는 것이다."

우리의 인생은 '길을 잃지 않기 위한 몸부림의 여정'이라 해도 과언이 아니다. 길을 잃을까 봐 너무 무섭고, 혹시 길을 잘못 들까 봐 두렵고, 혹시 길을 잘못 선택해서 막장 인생으로 갈까 봐 노심초사한다. 그런가 하면 로버트 프로스트가 쓴 유명한 시의 제목처럼 '가지 않은 길The Road not Taken'을 택했더라면 어땠을까 하는 심정으로 가지 않았던 그 길을 그리워하며 사는 게 또 우리네 인간이다.

인생이 끊임없는 길 선택하기의 연속이듯이 도시에서도 마찬가지다. '길 잃을까 조심한다, 길을 잘 찾고 싶다'라는 과제는 도시 사람들의 일상이다. 그런데 아는 길, 쉬운 길, 가본 길만 간다면 후회막급인 인생이 될 수 있듯이 도시에서도 모르는 길, 어려운 길, 안 가본 길을 택하는 용기가 필요하다. 영원히 길을 헤맬 수야 없지만 한번 헤매보지도 않고 주어진 길만 가겠다고 한다면 길 찾는 능력이 점점 퇴화하면서 자칫 길치가 되어버리는 것이다. 내비게이션의 안내만 받다가 점점 길눈이 어두워지는 것과 비슷하다.

길을 잃는다는 것은 내가 알고 있던 그 무엇을 잃어보는 것이다. 확신을 갖던 그 무엇, 그러리라 생각했던 그 무엇, 선입견, 편견, 자기 확신 같은 것을 잠시 유보해보는 귀중한 시간이다. 물론 우리는 잃기 위해서 길을 잃는 것이 아니라, 그 무엇을 찾다가 길을 잃는다. 잃는 과정에서, 다시 길을 찾으려 애쓰는 과정에서 새로운 그 무엇이 나타난다. 기대하지 않던 것, 위험해 보이던 것, 낯선 것이 스스로 모습을 드러낸다. 행운의 여신이 어떻게 미소 짓느냐에 따라 보물을 찾아낼지도 모른다. 우연처럼 보이는 그 보물이 때로는 운명이 되기도 한다.

베로나에서 찾은 보물들

『로미오와 줄리엣』의 도시, 베로나에 해 저물 무렵 기차에서 떨어진 적이 있다. 유럽을 여행하는 최고의 수단인 유레일 패스가 좋은 건 언제 어디서나 기차를 타고 내릴 수 있기 때문이다. 게다가 관광 서비스만큼은 세계 최고 수준인 이탈리아는 어느 기차역 앞이든 관광안내소가 있어서 쉽게 잠자리를 구할 수 있다. 좋은 호텔이 아니더라도 여관, 펜션, 때로는 여러 명이 잘 수 있는 싼 잠자리까지 구해주니 정말 고맙다. 모험심 가득했던 젊은 시절에 이 서비스만 믿고 유럽을 여행하다가 잠자리도 정하지 않은 채 베로나에 덜컥 내렸던 것이다.

그런데 내려보니 황당했다. 관광안내소는 사람들로 가득한데, 잠자리는 하나도 없다는 것이었다. 실망한 마음으로 관광안내소를 나와보니 이 작은 도시 역전에는 별 간판도 눈에 뜨이지 않았다. 주변 가게에 들어가서 물어보자니 영어 하는 사람이 한 사람도 없었다. 내가 아는 이탈리아 말이라면 '부온죠르노, 부오나세라, 그라찌에, 쁘레고, 바베네(안녕하세요, 좋은 저녁입니다, 감사합니다, 저기요, 좋군요)'가 전부였다. 겁 없이 사전 하나 갖고 있지 않았다. 스마트폰 앱도 없던 시절이었다. 식당에서 배를 채우며 곰곰이 생각했다. 하는 수 없다. 다음 기차를 타고 정처 없이 떠나야지. 기차에서 밤을 지새울 수밖에 없다.

식당을 나오며 혹시나 하고 물어봤다. 작은 식당 주인 아저씨도 영어를 못하기는 마찬가지, 하지만 우리는 통했다. 손짓, 발짓, 몸짓으로 드디어 그 주인장은 내가 잠자리를 찾고 있음을 알아챘고 주소 하나를 적어줬다. 주인장의 몸짓으로 알아챈바 수녀원인 듯했다. 머리에 무엇을 썼다는 몸짓 덕분이었다. 이탈리아 아저씨답게 수다를 그치지 않으면서, 땀 뻘뻘 흘리며 몸짓으로 말하는 주인장의 순박한 모습을 나는 믿었다.

지도에서 그 주소를 찾아 걸었다. 한적한 전원 속 담장이 긴 집 앞, 예상한 대로 수녀원이었다. 영어 한마디 못 하는 수녀님의 안내를 받았다. 방문을 열어주는데, 깜짝 놀랐다. 하얀 침대와 하얀 가림막이 가득찬 방은 마치 영화에서 보던 전쟁 병동 같은 모습이었다. 수십 명이 한꺼번에 자는 방이었던 것이다. 그런데 홀로 하던 그 여행에서 나는 처음으로 깊은 잠을 잤다. 수녀님들의 포근한 날개 밑에서 푹 안심할 수 있었던 것이다.

아침에 수녀원을 나섰다. 그런데 어쩐지 도시 분위기가 심상찮았다. 들뜬 기분이었다. 내가 모르는 어떤 비밀이 이 도시에 있는 걸까? 그러다 온 길에 붙은 오페라 광고를 보게 됐다. 베로나의 진짜 명물은 줄리엣의 집이 아니라 원형 경기장 아레나에서 열리는 야외 오페라였던 것이다. 하기는 로미오와 줄리엣의 무대, 베로나라는 명성은 셰익스피어가 쓴 단 한 줄 때문인데, 그는 베로나에 발도 들여본 일이 없다. 그 유명한 '줄리엣의 발코니'는 완전 허구였지만, 이 작은 도시 베로나의 아레나는 로마제국에서 세 번째로 컸단다.

아레나에서 열리는 한밤의 오페라, 얼마나 근사한 기회인가. 미리 계획을 해도 어려운데, 이 우연한 행운을 놓칠 수 없어 그날 저녁 표를 샀다. 그러고는 온종일 베로나를 헤맸다. 정확히는 베로나의 강변에 푹 빠져버렸다. 유럽의 강들은 유속이 빠르지 않아서 유난히 구불구불 굴곡이 심하다. 베로나의 아디제강은 도시를 두 번 굽이굽이 돌고, 베로나의 도심은 굽이굽이 흐르는 강 사이에 만들어졌다. 이런 형국이니 강을 따라 옆 동네를 들락날락하기가 너무 쉽다. 기운이 나면 동네를 헤매다가 쉬고 싶으면 강변으로 나와 시원한 강바람을 쐴 수 있는 것이다.

그 유명한 줄리엣의 발코니는 영 실망스러웠지만, 대신 카스텔베키오박물관을 발견했다. 봉건시대 옛 성을 박물관으로 개조한 것이다. 옛 건물을 기막히게 리노베이션한 예들은 유럽에 무척 많은데, 이 박물관은 그중에서도 인상적이었다. 단순하면서도 힘찬 디자인 모티브, 중후한 철제 프레임의 세련된 전시, 내부 공간도 바깥처럼 느껴지는

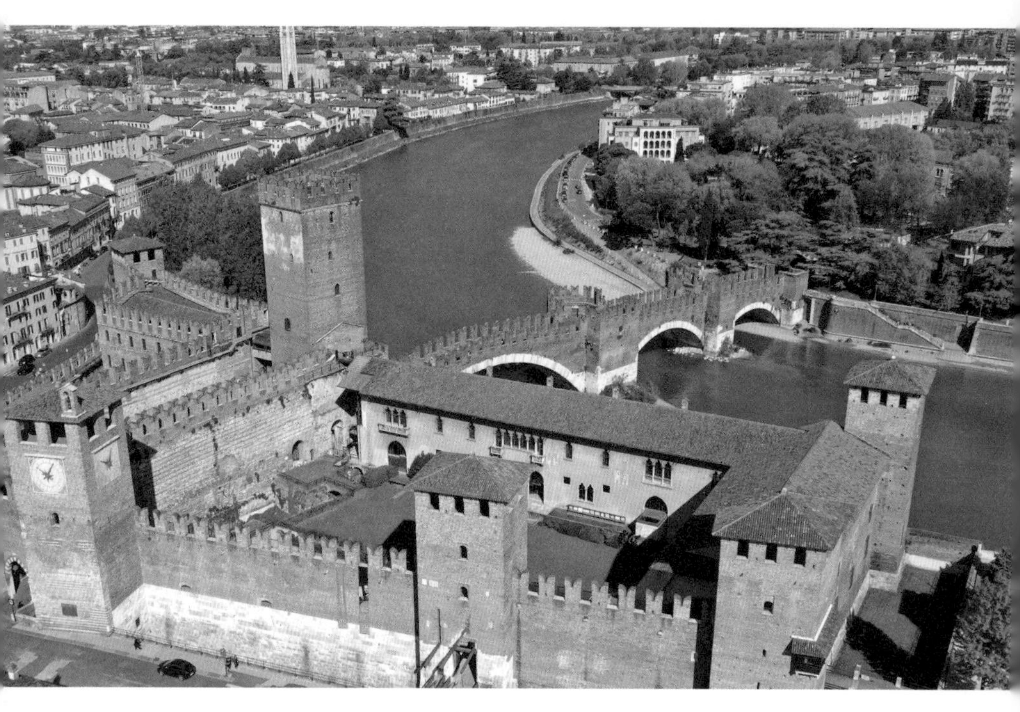

카스텔베키오박물관과 베로나 아디제강 변.

분위기, 창과 천창으로 쏟아지는 새하얀 빛과 두꺼운 벽 안에 깔린 어두움과의 대비, 마치 스틸 컷처럼 펼쳐지는 고요한 장면들.

여행에서 돌아와 MIT 친구에게 "베로나의 박물관 디자인이 엄청나더라" 하며 감상을 펼쳤더니, 친구가 마구 웃어댔다. "아니, 카를로 스카르파 몰라?" 알고 보니, '건축 시인'이라는 평을 들을 정도로 유명한 건축가의 작업이었다. 베네치아를 중심으로 베로나, 비첸차 등 북부 작은 도시들에서 평생 작업을 한 건축가였다. 길을 잃다 발견한 '고귀한 건축 정신'으로 내 기억에 아로새겨져 있다.

오후의 긴 그림자 속에서 카스텔베키오박물관을 소요하다가 드디어 오페라를 보러 떠났다. 거리는 완전히 달라져 있었다. 삼삼오오 떼지어 선 사람들, 왜 지난밤에 호텔에 빈방이 단 한 곳도 남아 있지 않았는지 그제야 알 수 있었다. 낮에는 어디서 무엇을 했는지 모르지만 하나같이 근사한 차림을 하고 있는 모습도 인상적이었고, 나이 지긋한 남녀들이 그렇게 많다는 사실 또한 인상적이었다. 그날 밤, 별이 반짝이는 밤하늘 밑에서, 옛날 옛적 글래디에이터들이 뒹굴며 싸우던 격투장에 울려 퍼지는 〈나비부인〉의 아리아. 가장 귀중한 보물은 '체험'이다, '느낌'이다.

판테온을 찾아서 거리를 뛰다

로마에서 단 열네 시간 동안 머문 적이 있다. 오후에 떨어져 다음 날 오전에 떠나는 일정이었다. 대사관에서 예정된 업무를 처리하고 나자 시간은 오후 5시에 가까웠다. 대부분의 관광지가 오후 6시면 문을 닫는다니 로마를 볼 시간은 거의 없었다. 하지만 단 하나만큼은 꼭 보고 싶었다. '판테온'이었다. 이 세상에서 단 하나의 건축물만 꼽으라 한다면, 나는 단연코 판테온을 꼽는다. 처음 가본 로마에서 판테온만큼은 봐야 했다. 대사관 사람이 같이 가주겠다고 나서서 안심을 했다.

택시를 탔다. 그런데 길은 꽉꽉 막히고 시간은 점점 더 흘러갔다. 대사관 사람은 몇 년 로마에 살았지만 판테온에는 안 가봐서 정확한 위치를 모른단다. 택시 기사를 독촉하는 것 같지만 별 소용없다. 시계는 5시 반이 되어가고 있었다. 나는 택시에서 내려 달리기 시작했다. 판테온쯤 되는 기념비적 건축물이라면 훤한 대로에 있으리라 생각했는데 그게 아니었다. 웬 골목들이 그렇게 많은지, 골목 사이사이를 누비며 길을 헤매다 지도를 확인하고 다시 달리기를 몇 차례, 헐떡거리며 드디어 판테온에 들어간 시간은 문 닫기 5분 전. 판테온 안에서 보낸 그 5분의 시간을 나는 잊을 수 없다. 내가 상상해오던 그 어떤 느낌보다 크디컸다.

판테온은 겉모습으로는 모른다. 빽빽한 동네 한가운데 틀어박혀 있어서 밖에서는 전체 모습을 보기 어렵다. 오직 그 안에 들어가야만 갑자기 신의 공간이 펼쳐진다. 말 그대로 신비神祕롭다. 건축이란 근본적으로 '공간'을 만들기 위한 매체라는 사실을 판테온은 극적으로 보여준다. 판테온에 가면 오벨리스크가 있는 앞쪽 광장만 보지 말고 뒤로 돌아가 부서진 담과 콘크리트 돔을 느껴보라. 2000년 전, 이렇게 큰 공간을 만드는 기술이 어떻게 가능했는지 경외심이 든다.

판테온은 가장 오래된 콘크리트 건물이자 로마에서 여전히 쓰이

＼
로마 판테온. 동네 속에 숨어 있는 보물.

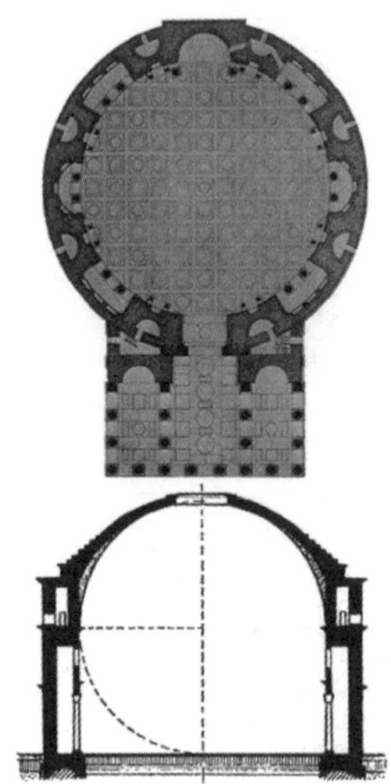

(좌) 판테온 내부. 뻥 뚫려 있는 천공. ©김진애
(우) 판테온 평면도와 단면도. 판테온의 평면과 단면에는 정확히 43.3미터 크기 원이 들어 있다.

고 있는 가장 오래된 건물이다. 126년에 지어졌으니 2026년이면 2000살이 된다. 건축 마니아였던 하드리아누스 황제가 재구축한 것이다. 정확히 43.3미터의 원형 평면과 정확히 43.3미터의 원형 단면이 만든 우주처럼 보이는 원초적 공간의 위편으로 뻥 뚫린 구멍, 그 구멍 사이로 쏟아지는 햇빛, 정녕 온 세상 신들이 다 모일 만한 공간답다. 판테온Pantheon은 '모든 신들의 집'이라는 뜻이다. 기독교 이전 만신萬神적 시대의 아이콘이다. 지금은 가톨릭 성당으로 쓰이지만 로마의 신들뿐 아니라 이 세상에 인간이 숭배하는 모든 신들, 신의 경지에 이른 모든 '인간 신'까지 전부 다 모일 것만 같은 충만한 공간이다.

그런데, 더 흥미로웠던 체험은 그로부터 10여 년 후 다시 로마에 갔을 때 하게 되었다. 훨씬 더 여유로운 일정에 티베르강 강변에서부터 천천히 걸으면서 판테온을 찾아 나섰다. 그런데 나는 10여 년 전 헤맸던 골목들을 정확히 기억하고 있었다. '이 골목을 지나면 카페가 나오지, 이 문을 지나면 어떤 광장이 나오지, 이 골목에서 잘못 꺾었지, 이 모서리를 돌면 어떤 탑이 보였지' 하던 그대로였던 것이다. 머리로 기억하자면 떠오르지 않는데, 직접 걸으니까 차곡차곡 기억이 떠오르는 것이었다. 그리 빨리 내달렸던 골목이 내 다리에 각인되었던가? 로마가 별로 변하지 않은 것에 감사해야 할까? 급박한 긴장감이 오히려 내 기억을 더 강하게 만들었던가?

이게 핵심이다. 길을 잃고 길을 찾는 과정은 당신의 무의식 속에 깊이 아로새겨진다. 길을 찾으려 애쓰는 과정에서 우리의 몸과 정신과 마음 전체가 작동하는 것이다. 길을 찾으려 애쓰는 몰입 단계에서 우리의 모든 감각이 발동하고, 머리가 풀 가동되며, 사이에 벌어지는 작은 사건마저 모두 중요한 단서가 된다. 길을 잃어보지 않으면 얻기 힘든 완벽한 몰입의 체험이다. 길을 잃고 길을 찾는 그 집중 체험 속에서 우리는 남모를 지혜를 쌓는다.

점·선·면, 길을 잘 잃는 요령

길 잃는 체험이 아무리 중요하다고 역설해도 독자들이 선불리 길을 잃으려 들지는 않을 테다. 길 잃기란 여전히 두려운 일이니 말이다. 나 역시 무턱대고 길을 잃는 것은 아니다. 아무리 상대적으로 '타고난 또한 훈련된 공간 감각'을 갖고 있다 하더라도 아무 때나 아무 데서나 길을 잃을 수는 없다. 어디에 위험이 도사릴지 모르니 말이다.

다만 길을 잃는 요령은 있다. '점·선·면'을 잘 이용하는 것이다. 몇 개의 점을 찍고, 몇 개의 선을 긋고, 몇 개의 면을 그려놓고 나머지는 온전하게 다리에 맡기는 것이다. 기력이 얼마나 있느냐에 따라, 중간에 얼마나 흥미로운 사건을 만나느냐에 따라 발길 가는 대로 맡기면 된다.

'점點'은 건축물이나 광장처럼 눈에 띄는 공간을 말하고, '선線'은 길을 말하며, '면面'은 동네라고 생각하면 된다. 대개의 도시들, 특히 도심에서는 점·선·면의 원칙에 따라 움직이기 쉽다. 동네의 성격이 뚜렷하고 길이 활기차며 눈에 띄는 건축물이나 광장이 있기 때문이다.

유럽 도시들의 특성이라면 길을 잃기도 쉽고 길을 찾기도 쉽다는 것이다. 그 첫째 비결은 공공 공간, 즉 광장에 있다. 폭이 채 1미터도 안 되는 작은 길이 이어지는 미로 같은 골목에서 길을 잃고 헤매다 보면 갑자기 훤한 데가 나온다. 광장이다. 푹 안심이 된다. 거기엔 사람들도 많고 구멍가게도 있고 쉴 곳도 먹을 것도 있을 테니 말이다.

둘째 비결은 멀리서도 보이는 높은 건물이다. 유럽의 도시 같으면 성당이나 탑이 나침반 역할을 한다. 중국의 오래된 도시에서도 높은 탑 모양의 파고다가 나침반 역할을 하는 때가 많다. 우리 옛 도시에서도 보통 집들은 단층이지만 궁궐이나 사찰이나 성문은 높은 지붕으로 나침반 역할을 했다.

문제는 요새 만들어진 도시에는 이런 비결을 적용하기가 쉽지 않다는 점이다. 워낙 서로 튀려다 보니 뚜렷한 '점'을 찾기 힘들다. '선'도 대개 엇비슷한 경우가 많다. 넓은 도로에 잘 가꾼 가로수와 녹지가 많다고 해서 '선'의 특색이 잘 살아나지는 않는다. '면'들도 대개 비슷비슷해서 특히 아파트 단지가 많은 우리 도시들에서는 면의 성격이 잘 살아나지 않는다는 점이 아쉽다.

하지만 어떤 상황에서도 점·선·면의 원칙은 길 찾기의 지침이 될 만하며, 점·선·면의 원칙을 믿고 길을 잃어보는 용기도 필요하다.

* * *

이것이 도시에만 적용될까? 우리의 인생도 마찬가지고 어느 조직도 마찬가지다. '점'은 아직 확연하지 않은 그 어떤 목표다. '선'이라면 첩경부터 우회로까지 수많은 조합이 가능한 길이다. '면'이라면 그 어떤 주제 영역, 분야, 전문계, 산업계, 조직계 같은 영역이다. 우리는 그 영역에서, 이 길 저 길을 이리저리 헤매며, 중간중간 찾았다 싶은 꼭짓점들을 찾아서 헤매보는 용기가 필요하다. 잘 알지 못하는 동네라면 기웃거리기조차 하지 않고, 미리 누가 가르쳐준 길을 후다닥 속도를 내어 가는 것만 밝히고, 목표점만을 보면 된다고 생각하는 사람들이 얼마나 많은가. 누가 길을 가르쳐주기를, 누가 확실한 목표를 정해주기를, 누가 자신의 분야를 정해주기를 바라는 사람들이 얼마나 많은가. 이런 사람들은 결코 스스로 길을 찾지 못하며 위기가 다가오면 주저앉기 십상이다. 어떤 위기 상황에서도 길을 찾는 역량은 평소 길을 잃고 또 찾는 용기에서부터 자라기 때문이다.

때때로 자신이 길을 잃었다는 생각이 들 때 그 상태에 너무 스트레스 받지 말자. 길을 잃은 상태를 즐기는 배포를 부려보라. 길을 못 찾겠다고 너무 근심하는 것도, 길을 빨리 찾겠다고 너무 안달하는 것도 금물이다. 무엇보다도 길을 찾았다고 지나치게 빨리 결정내리는 것은 최악이다. 자칫 잘못된 선택, 후회할 선택을 할 위험이 높아진다.

나는 지금도 자주 길을 잃어본다. 시간이 남으면 일부러 차를 세우고 주변 동네를 휘이 둘러본다. 길에서 보이는 단서를 찾고 코를 벌름거리며 냄새를 맡고 지나가는 사람들의 모습과 행동에서 단서를 찾기도 한다. 도시에 대한 새로운 호기심이 동하는 순간이다. 하기는 도시에서뿐이랴. 새로운 주제를 발굴하기 위해 기꺼이 새로운 분야에 발을 들여놓고 새로운 나침반을 찾아 나름대로 길을 찾아본다. 세상에 대한 호기심이 또 다른 새로운 방식으로 작동한다.

길을 잃어야 찾을 수 있는 보물들, 어떤 것들일까? 당신의 기억을 곰곰이 들추어보라. 길을 잃으면 진귀한 보물을 찾게 된다. 길을 잃기 위해서 길을 잃는 게 아니라, 새로운 길을 찾기 위해서 길을 잃어보는 것이다. 인생이 계획대로만 된다면, 사업이 궁리한 대로 순항하기만 한다면, 일이 척척 이루지기만 한다면, 결국 진짜 보물은 찾지 못하고 말지 않을까? 당신의 방황을 축복하라. 그 축복의 순간을 위해서 때로 방황하라.

추리소설 같은 도시를 풀어라

〈본 아이덴티티〉+『도시의 이미지』

"추리의 근본이란 핵심을 짚어내는 것이다.
맥을 짚어내는 것이다.
현상 뒤에 숨어 있는 본질의 속성을 간파하는 것이다."

도시는 '오픈 북'이다. 하지만 도시는 그 안에 수없는 단서와 비밀을 온갖 방법으로 숨기고 있다. 도시는 절대로 다 알 수 없다. 그래서 도시는 복잡다단한 공간이자 위험한 상황이고 두려운 존재다. 활보해도 되는지, 들어가도 되는지, 누가 갑자기 튀어나오지는 않을지, 갑자기 영화 같은 사건이 일어나지는 않을지, 도시는 불안감을 던져준다.

하지만 도시는 추리소설처럼 온갖 단서를 안고 있다. 위험이 어디에 있는지, 어떤 덫이 누구에 의해 놓였는지, 그 위험한 덫을 피하려면 어떻게 해야 하는지 알 수 있다면 도시는 더욱 흥미진진해진다. 그 단서를 어떻게 포착할 것인가. 단서들을 어떻게 활용할 것인가. 도시에서는 모든 사람들이 탐정이 된다. 당신은 도시에서 얼마나 능란한 탐정인가?

〈본 아이덴티티〉에 나오는 도시들

나는 로버트 러들럼Robert Ludlum의 『본 아이덴티티』를 최고의 추리소설, 정확히 말하자면 최고의 액션 추리소설로 꼽는다. 내가 반한 이 소설이 번역본으로 나왔었는데 별로 인기를 못 끌어서 안타까워하다가 영화화되고 난 후에 드디어 인기몰이를 해서 은근히 기분이 좋다.

영화는 책과 상당히 다르다. 영화가 만들어진 2000년대는 원작 소설의 배경인 1970년대와 당연히 첩보, 첨단 기술 상황이 다르기 때문이다. 하지만 작가 자신이 직접 시나리오 작업에 동참해서 그런지 원작의 정신이 살아 있고 또 영상답게 소설보다 훨씬 더 박진감 있게 전개된다.

특수첩보요원 제이슨 본은 작전 수행 중 총격 부상으로 기억상실증에 걸린다. 이름 모를 곳에서 의식을 찾은 본에게 주어진 유일한 단서는 엉덩이에 삽입된 은행 비밀금고 번호다. 어디일까? 그 아름다운 도시, 하지만 세계 곳곳의 눈먼 돈이 몽땅 모이는 비밀금고의 도시 제네바다. 제네바에서 파리까지 본은 자신의 아이덴티티를 찾아 탐험을 거듭한다. 그 과정에서 예전에 첩보요원으로 활동했던 잠재 기억들이 단편적으로 번득인다.

자기를 쫓는 경찰들과 첩보요원들을 어떻게 피할까, 자기를 죽이려고 하는 작전요원들을 어떻게 따돌릴까, 꼭 만나야 하는 인물들과 어떻게 접촉할까, 단편적인 기억의 추리를 어떻게 이어갈까. 도시의 특색과 특정한 공간의 성격이 독특하게 얽힌다.

시리즈의 마지막 편인 〈본 얼티메이텀〉에서는 몇몇 도시들이 나온다. 모스크바-토리노-파리-런던-탕헤르-뉴욕. 영화를 만들 때 공간 헌팅은 공간 성격과 상황 설정을 잘 엮어내는 것이 관건인데, 이 영화의 공간 헌팅은 탁월하다.

모스크바에서는 부상당한 본이 뒷골목을 헤매다가 병원 뒷문을 따고 들어가 자신을 치료하는 장면에서 황량한 모스크바 병원과 본이 훈련받던 뉴욕의 삭막한 정보요원 공간이 오버랩된다. 이탈리아의 작은 도시 토리노에서는 한가로운 카페에서 첩보요원과 기자가 캐주얼하게 만나 비밀을 건네는 장면이 나오는데, 바로 우리 동네 카페의 옆자리에서 이런 일이 벌어질 수 있다는 암시가 흥미롭다. 음모는 일상 공간에서 일어나는 것이다. 살해당한 연인의 오빠와 만나는 파리의 타운 아파트는 파리 특유의 평범한 일상 공간이어서 더 슬프게 다가온다.

그리고 런던. 수많은 사람들로 붐비는 워털루역에서 접선과 살해가 일어나는 일련의 사건들이 흥미진진하다. 사람들이 많이 다니는 공공공간과 사람들에게 공개되지 않는 서비스 공간 사이의 역학 속에서, 승자는 공개되지 않은 서비스 공간의 메커니즘을 꿰고 있는 쪽이다. 시시각각 감시하는 CCTV들, 연락이 노출되는 핸드폰, 우리의 일거수일투족을 지켜보는 인공위성. 도대체 이 복잡한 첨단 기술이 엮어놓은 덫을 어떻게 벗어나나? 공간을 마스터한 자의 승률이 높아진다.

모로코의 도시 탕헤르에서 박진감 넘치는 옥상을 무대로 한 쫓고 쫓기는 장면은 원초적인 생존 본능과 원초적인 체력으로 벌이는 추적이라 차라리 인간적이다. 탕헤르는 마치 우리의 달동네같이 언덕 위에 빼곡하게 집이 들어찼는데, 지중해성 기후에 맞춰 지붕보다 옥상이 많고 집마다 중정中庭(집 가운데 마당)이 있다. 내려다보고 올려다보며, 쫓고 쫓기며, 숨고 찾는 입체적 활극. 속도만 다르지 우리 일상의 도시에서도 그런 추적이 일어나고 있는 것은 아닐까?

압권은 역시 뉴욕이다. 뉴욕만큼 온갖 비밀의 단서를 숨겨놓은 추리 도시가 있을까? 뉴욕은 상대적으로 길 찾기 자체는 쉬운 편이다. 중심지 맨해튼은 격자로 이루어져 있어 동서 방향 가로는 스트리트street로, 남북 가로는 애비뉴avenue로 명명되고, 직각으로 교차되는 가로에 건물들도 큼직큼직해서 찾기 쉬운 듯해 보인다. 하지만 뉴욕의 비밀은 겉으로 보이는 명쾌성에 비해 그 안에 담고 있는 콘텐츠의 복합성이다. 바로 '조직'이며, 그래서 더욱 조직적 추리가 필요하다. 이것이 바로 가장 교묘하고 가장 음흉한 추리가 아니고 무엇이랴. 여기에서의 승부는 그 조직적 공간의 조직적 운영을 얼마나 숙지하고 있느냐에 달려 있다.

모든 첩보 작전, 모든 추리는 이렇게 진행된다. 답사를 하고, 피할 곳을 헌팅하고, 숨을 곳을 마련해놓으며, 저격할 곳을 찾아내고, 도망갈 루트를 찾아놓는다. 그리고 일을 저지른다. 얼마나 치밀하게 준비하느냐, 얼마나 숙달하느냐에 따라 신출귀몰이 가능한 곳이 도시다. 도시에는 그만큼 숨을 곳, 도망갈 곳들도 많다.

그런데 도시는 이렇게 복잡하기만 할까? 복잡해야만 하는 것일까? 이 추리소설 같은 도시를 어떻게 좀 단순하게 풀 방법은 없을까? 자연스럽게 이런 의문이 생긴다.

케빈 린치의 『도시의 이미지』

한 도시학자가 이 추리소설 같은 도시의 비밀을 푸는 작업을 했다. MIT의 케빈 린치 교수가 『도시의 이미지The Image of the City』라는 책을 쓰면서다. 도시에 대한 책이 베스트셀러가 되는 것은 쉽지 않은 일인데도 이 책은 세계적인 베스트셀러가 되었고, 반세기가 넘은 지금까지 불후의 고전으로 알려져 있다.

린치가 한 연구 작업은 단순하다. 보통 시민들에게 자기가 아는 대로 보스턴을 그려보게 한 것이다. 5년 동안 남녀노소, 인종, 직업, 계층을 가리지 않고 수많은 사람들에게 보스턴을 그리게 했다. 오래 산 사람, 직장을 다니는 사람, 비즈니스로 들르는 사람, 관광 온 사람들을 모두 대상으로 했다. 연구 결과를 요약하자면, 삶의 경력과 체험이 다름에도 불구하고 사람들은 도시를 다섯 요소를 통해 파악하고 있다는 것이다.

다섯 요소는 다음과 같다.

- 길path
- 경계edge
- 구역district
- 중심node
- 랜드마크landmark

보스턴이라는 도시를 대상으로 했다는 점에서 이 연구는 더욱 흥

보스턴 위성 사진. 가운데 주먹 모양처럼 생긴 지역이 보스턴 도심이다.

미롭다. 보스턴은 도시 구성이 꽤 복잡한 편이다. 지형이 복잡하고 경관이 다양할 뿐 아니라 미국에서 가장 오래된 도시로 400년에 가까운 유구한 역사가 쌓여 있다. 영국과의 교역 거점으로 시작된 보스턴은 비컨힐Beacon Hill이라는 언덕 위에 초기 정착지를 세우고 차츰 바다를 매립하고 항구를 확장하며 오늘의 도시가 되었는데, 마치 주먹 쥔 팔뚝 같은 형상이다. 둥그런 주먹이 보스턴 도심으로 바다에 면하고 있고, 팔뚝에 해당하는 부분은 백베이Back Bay라는 지역으로 찰스 강 변을 따라 타운하우스 동네를 만들며 이어지고 있다.

바닷가, 찰스강 변, 보스턴코먼공원, 코플리스퀘어, 코먼웰스공원, 비컨힐, 오래된 동네 노스엔드, 새로운 동네로 떠오르는 워터프론트, 기다란 백베이 지역에 서 있는 두 개의 푸르덴셜센터와 핸콕타워, 차이나타운 등의 복잡한 도시 구성을 시민들이 자기 머릿속에 재구성하는 목적은 단 두 가지다. "내가 어디 있나? 어떻게 길을 찾나?"

이에 관하여 케빈 린치는 도시의 이미저빌리티imageability라는 새로운 개념어를 만들었다. 도시에 사는 사람들에게 가장 중요한 과제는 길 찾기wayfinding이며 길 찾기를 위해서 머릿속에 이미지 맵image map을 만들어 가동한다는 것이고, 이미저빌리티가 높은 도시가 좋은 도

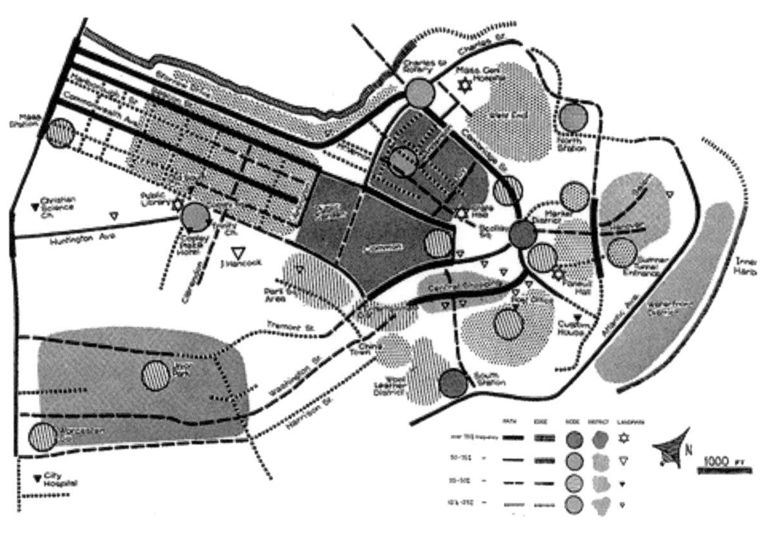

보스턴 시민들이 그린 보스턴의 이미지 맵. 케빈 린치의 『도시의 이미지』에 수록되어 있다.

시라는 것이다.

요새는 '이미지'라는 말에 거품이 잔뜩 끼어서 휘황한 겉모습, 튀는 형태, 눈에 띄는 형상을 일컫는 경우가 많지만 케빈 린치가 지적하고 싶었던 진정한 도시 이미지란 요소 하나하나의 휘황함에 의해서가 아니라 도시를 스토리로 엮어내는 본질적 구조에 의해 만들어진다는 점이다. 말로 형언하기 어려워도 사람들은 머릿속에 도시 구조에 대한 이미지 맵을 그리며 공간 인식 능력을 가동하고 있는 것이다.

이미지 맵을 그려보라

한번 자기 자신이 살고 있는 도시를 잘 그리건 못 그리건 상관하지 말고 그려보라. 자신이 살고 있는 동네를 그려보라. 약도를 그려준다는 생각으로 그려봐도 된다. 그 장소를 잘 모르는 사람에게 어떻게 설명해주고 어떻게 길을 잘 찾게 할 것인가라는 과제로 생각해도 좋다. 화장실 찾기, 버스 정류장 찾기, 지하철역 찾기, 구멍가게 찾기, 시장 찾기, 약국 찾기, 앉을 벤치 찾기, 공원 찾기, 어린이 놀이터 찾기, 학교 찾기 등 어떤 종류의 '찾기' 과제로 생각해봐도 좋다.

조금 더 나아가서 한번 자신이 일하고 있는 건물을 대충 그려보라. 생각을 넓혀서 자신이 일하는 회사나 조직을 그려보라. 누가 어느 위치에서 일하고 있는지, 어디에 어떤 서비스가 있는지, 크기가 얼마나 큰지, 무엇이 위에 있고 무엇이 아래에 있는지 등.

그림으로 그려보면 여러 가지가 확실해진다. 평소 자기가 왜 헤매는지 파악하게 된다. 생각보다 그리 복잡하지 않다는 것도, 그렇게 수수께끼 같지 않다는 것도 알게 된다. 아무리 미흡하더라도 자신이 나름대로 이미지 맵을 머릿속에 그리면서 움직이고 있다는 것도 깨닫게 된다. 가장 중요한 것은, 그려보면서 이미지 맵이 점점 더 선명해지고 여러 단서들의 정체가 드러나는 것이다.

이것이 탐정이 되어가는 수순의 훈련이다. 추리소설의 비밀을 풀게 되고, 단서를 파악하고, 어떤 단서도 놓치지 않는 훈련을 저도 모르게 하게 된다. 도시라는 미로 공간 속에서 자신을 보호하고 새로운 세상을 탐험할 수 있는 역량이 늘어가는 것이다. 〈본 아이덴티티〉의 제이슨 본은 철두철미하게 이런 훈련을 받음으로써 위험한 도시를 항해하는 역량을 키운 것이다.

움베르토 에코의 소설 『장미의 이름』에 등장하는 윌리엄 수도사는 중세의 미로 같은 성곽도시에서 연쇄살인을 수사하는 탐정 역할을 한다. 동서고금을 넘나드는 혜안과 과학, 의학, 기하학, 건축학, 심리학 등 이른바 실용 학문을 구사하는 해박한 지식과 가톨릭 교계의 오래 묵은 정치학까지 통찰하면서 추리를 이어가는데 특히 그의 공간 추리력은 수사를 톡톡히 도와준다. 영화화된 〈장미의 이름〉 막바지에는 높은 탑 속에 기묘하게 만들어진 수수께끼 같은 미로 공간에서 윌리엄 수도사가 길을 찾는 신기한 장면이 나온다. 이 장면에서 M. C. 에셔의 그림에서 수없이 나오는 미로 이미지를 떠올리지 않을 수 없다. 뫼비우스의 띠를 그려낸 에셔는 우리가 살고 있는 공간의 3차원 세계에 다른 차원을 포갠 그림을 세밀하게 묘사한 판화가인데, 그의 그림을 보고 있으면 일상적인 공간에 얼마나 수많은 비밀이 있는지 새삼 놀라게 된다. 우리가 당연하게 여기며 살고 있는 이 공간에도 정말 그 많은 비밀들이 숨겨져 있을까? 그 비밀을 풀어내는 단서를 어떻게 알아챌까?

그 비법은 자신의 방식으로 지도를 그려보는 것이다. 우리 마음속에 펼쳐지는 지도를 실제로 그려보면 자신이 모르는 것과 아는 것이 선명해지고, 서로 간의 관계가 눈에 들어오며, 무엇이 무엇과 연결되어 있는지 또는 유리되어 있는지, 전체의 구도가 보이게 된다. 우리의 머릿속에 있는 이미지 맵을 드러낼수록 그 이미지 맵은 좀 더 세련된 구도로 발전할 수 있다. 드디어 훈련된 탐정 수준이 되어가는 것이다.

* * *

우리의 현실은 무척 복잡하게 느껴지고 실제로 무척 복잡하기도 하다. 현상으로 나타나는 현실은 가짓수도 많은 데다가 그 현란한 겉모습으로 우리를 유혹하기도 하고 위협하기도 하고 속이기도 한다. 우리는 현상의 복잡함 앞에서 곧잘 당황하고 혼돈에 빠지며 질려버리거나 지레 겁을 먹기도 한다. 이런 상태를 극복하고 그 복잡한 현상을 하나의 추리소설, 하나의 추리영화 무대로 여기고 우리의 추리력을 발휘해보자.

추리의 근본이란 핵심을 짚어내는 것이다. 맥을 짚어내는 것이다. 현상 뒤에 숨어 있는 본질의 속성을 간파하는 것이다. 직관에 다가오는 문제의식을 논리적으로 하나하나 풀어내는 것이다. 현상의 겉모습에 현혹되지 않고 현상의 곁가지들에 한눈팔지 않고 본류를 짚어내는 것이다. 제대로 추리를 하기 위해서 관찰력, 집중력, 논리력은 필수적인 힘이다. 하지만 그 바탕에 가장 중요한 것이 호기심이라는 것은 두말할 나위가 없다. 왜 그럴까, 어떻게 그렇게 되었을까, 어떤 원인이 작용했는가, 어떻게 전개되는가, 바깥 모습은 무엇이고 속내는 무엇일까, 어떤 구조가 작용하는가, 변수가 무엇인가, 어디에 단서가 숨어 있는가, 누가 무엇을 위해 어떻게 행동하는가? 호기심은 추리를 작동하게 만드는 힘이다.

사실 인간에게는 언제나 추리하고자 하는 호기심이 바탕에 있다. 피상적 호기심이든 본질적 호기심이든 호기심은 모든 추리의 시작이다. 흥미로운 것은 조금 더 알고 나면 더 궁금해진다는 것이다. 호기심을 발동하고 추리를 이어갈수록 더 호기심이 커지고 추리의 단계도 더욱 증폭된다.

다 알고 있다고 생각하면 더 이상 재미가 없어진다. 많이 알고 있다고 여기면 더 이상 호기심이 나지 않는다. 끊임없이 새로운 단서를 던져주는 그 무엇이 있을 때 사람은 호기심을 유지한다. 사람에 대해서도 마찬가지다. 다 안다고 생각하면 재미없어진다. 사랑도 마찬가지다. 완벽하게 내 것이 되었다고 생각하면 그 사랑은 더 이상 흥미롭지 않다. 일도 마찬가지다. 다 파악하고 다 장악했다고 생각하면 더 이상 흥미가 생기지 않는다. 호기심을 유지하고 키워내는 동력은 아직 다 모르고, 아직 더 발견할 것이 있고, 더 해야 할 것이 있다는 기대감이다. 물론 확실한 것은 우리는 절대로 다 알 수가 없다는 사실이다. 겸

손함을 가지고 세상에 대한 호기심을 발동하면서 우리 앞에 놓인 복잡한 현실의 맥을 짚고 그 핵심을 추리해보자.

지적 감동의 순간을 축복하라

런던 + 파리 + MIT 강의

"이제까지의 자신의 그릇을 뛰어넘는 순간,

자신의 깊은 곳에서 무언가 차올라 넘칠 것 같은 순간,

갑자기 자신보다 더 큰 무엇을 발견하는 순간,

갑자기 자신이 떠오르며 전체를 조망하는 순간."

느낌이 살아 움직이면, 즉 감感이 동動하면 갑자기 달라진다. 바로 전의 내가 아니다. 알고 있던 것도 달라 보인다. 날개가 돋고 머리가 부풀고 가슴이 뛴다. 갑자기 눈이 밝아지고, 귀가 더 잘 들리고, 온몸의 촉수가 파동을 일으키고, 배꼽 언저리가 단단해진다.

감동이라면 대개 우리는 감성을 자극하는 상황에서 마음이 움직이는 현상을 연상하기 쉽다. 지극히 인간적인 감동, 저도 모르게 눈시울이 뜨거워지고 가슴이 뜨거워지는 감성적 감동은 물론 삶의 축복이다. 하지만 한 걸음 더 나아가 머리를 냉철하게 움직이는 상황에서 감동을 받는다면 그 이상의 축복은 없다. 이른바 '지적 감동'이다. 마치 계시를 받은 듯 번쩍 빛나는 순간이 되는 것이다.

마음을 온통 흔들어놓았던 90분 강의

번쩍하던 그 순간을 생각하면 지금도 떨린다. 유학 첫 학기였다. 영어는 귀에 들리지 않고 입은 열리지 않는 답답한 시절을 보내던 때였다. 하물며 강의는 녹음해서 나중에 다시 들어야 했던 시절이다. 그럼에도 불구하고 나는 한 강의에 완전히 넋을 잃어버렸다.

강의는 '도시형태이론Theory of City Form', 교수는 줄리앙 바이나트Julian Beinart. '줄리앙'이라니 신화에 나오는 이름 같지 않은가. 교수의 카리스마도 한 역할을 했을 것이다. 영화배우가 훨씬 더 잘 어울릴 듯한 풍모, 수시로 긁어대던 곱슬곱슬한 머리칼, 마피아 대부라 해도 좋을 듯한 바리톤의 목소리, 순간순간 던지는 수수께끼 같은 질문으로 학생들을 놀라게 하는 카리스마에 압도될 지경이었다.

90분 강의는 독특했다. 세계의 도시들을 넘나들며 도시의 형태 속에 숨은 이론들을 짚어내는 구성이었다. 근사한 도시 그림만 보여줄 것 같지만 전혀 아니었다. 그림은 마지막 30분에 예시로 보여주고 첫 60분은 논리를 펴나가고 학생들에게 의문을 던지고 칠판에 단순한 개념도를 그려간다. 근사한 이미지에 눈이 먼저 팔리면 본질을 잃어버릴 위험이 커지는데, 의문을 선명히 하고 구조를 알고 난 후에 그림을 보면 "아!" 하게 된다.

드디어 그날이 왔다. 런던과 파리에 관한 강의였다. 사전 지식은 나름 갖추고 있었다. 워낙 유명한 도시들이니 그 도시계획이나 역사를 배운 바 있었다. 그런데 달랐다. 처음으로 그 도시들이 내 머리에 그려졌다. 조각조각 알고 있던 파편들이 갑자기 짜임새 있게 전체 그림으로 맞춰졌고 이 엄청난 크기의 도시가 갑자기 하나의 그림으로 다가온 것이다. 어떻게 런던은 런던이 되었나, 어떻게 파리는 파리가 되었나, 그 까닭이 한 편의 소설처럼 들어맞는 것이었다.

그 파워는 바로 통찰력에서 나온다. 핵심 개념을 세우고 개념을 스토리로 전개하는 파워, 어떻게 90분 동안 이렇게 마음을 흔들어놓을 수 있나? 통찰력이란 그렇게 중요하다. 전체를 통찰하는 힘, 구조를 파악하는 힘, 핵심을 파악하는 힘, 개념을 세우는 힘, 전체와 부분의 연관성을 이해하는 힘, 통찰력은 우리 모두가 지향해야 할 파워다.

MIT에 있는 동안 나는 같은 강의를 세 번 더 가서 들었다. 가을 학기가 되면 강의 스케줄을 찾아보고 런던과 파리를 주제로 하는 그 강의가 있는 시간을 일부러 비워서 청강했다. 가슴을 다시 뛰게 하기 위해서, 다시 날개 돋는 느낌을 위해서, 다시 지적 감동을 느끼기 위해서.

런던과 파리가 흥미로운 이유는 근대도시의 탄생에 얽힌 모든 이야기들이 두 도시에서 한꺼번에 일어났기 때문이다. 게다가 전례도 전혀 없다. 르네상스 시대의 도시들은 멋지기는 하지만 집중된 권력에 의해 만들어진 도시들이고, 로마제국시대의 도시를 전범으로 삼았다. 권력을 세우고 권위를 찬양하고 권력의 후광을 장식하기 위해서 문화 예술을 활용했다는 점에서 르네상스 도시들은 오늘의 도시와 상당히 다르다. 하지만 근대도시는 지금 우리가 살고 있는 도시의 사회, 경제, 정치, 문화와 맥락이 닿아 있다.

왕정에서 시민사회로의 이행, 근대 자본주의의 등장, 제국주의의 등장과 세계 자원과 세계 시장 선점 경쟁, 급속한 산업화, 인구의 급속한 도시 집중, 대도시의 탄생, 지식 계층의 등장, 중산층의 등장, 민주주의의 태동, 교통·생산·통신·유통 등 각종 신기술의 등장 등 런던과 파리는 새롭게 떠오른 과제들에 골머리를 앓으며 근대적 대도시의 기틀을 마련해야 했다.

여기서 강의 전체를 설명하기는 어렵지만 내게 인상적이던 두 가지만 이야기해보련다. 하나는 기차역, 또 하나는 시민운동에 대한 것이다.

유럽 도시들의 기차역은 지금도 활발한 역할을 하는데 18~19세기에 만들어진 것들이 그대로 유지되고 있다. 흥미로운 것은 동서남북 몇 개의 역이 동시에 생겼다는 사실, 그 기차역을 거점으로 도시 성장의 구조적 틀을 만들었다는 사실이다. 게다가 런던에는 1863년에 지하철이 도입되었는데 마치 옛날처럼 증기기관차가 달릴 것 같이 고풍스러운 철로가 군데군데 하늘로 뚫려 있는 그 지하철이 아직도 쓰이고 있다는 사실이 놀라울 뿐이다.

시민운동에 대한 사실은 더욱 흥미로웠다. 프랑스혁명 당시 시민들이 길거리를 포장한 돌인 소포석(위는 네모 모양이고 아래를 뾰족하게 깎아 땅에 박아 넣는 포장석)을 뽑아서 투쟁한 일화는 유명하다. 게다가 뒷골목이 많아서 도망치기도 수월했다. 줄리앙 교수는 이 대목에서 몸짓으로 흉내까지 내면서 학생들을 웃겼는데, 그다음 설명이 섬뜩했다. 이후 나폴레옹 3세의 파리 대개조 계획에서 유사시 군중 진압을 어떻게 하느냐에 관심이 온통 집중되었고 파리 도시계획의 전제 중 하나가 되었다는 것이다.

반면, 영국은 산업혁명의 후유증으로 빈부격차가 심각해지면서 도시빈민운동이 가장 격렬하게 일어났는데 흥미롭게도 영국에서는 공공정책이 눈부시게 발전한다. 즉 주택정책과 교통정책, 도시 저소득층 주거 공급 제도, 공원 만들기 운동, 교외 뉴타운 정책 등으로 발전한다. 영국과 프랑스의 문화적 차이가 런던과 파리의 도시 어젠다 설정에 큰 영향을 미쳤던 것이다.

런던, 그 카오스 속의 질서

머릿속에 런던은 그려졌지만 실제 런던을 가본 것은 몇 년 뒤의 일이다. 과연 내가 개념으로 알고 있는 그 런던일까? 내가 생각하던 그 런던과 같을까 다를까? 머릿속에 있는 그림과 현실의 그림을 맞춰보는 작업이 필요하다. 머릿속에 있는 그림은 나침반에 불과하다. 머릿속 그림이 너무 강렬하면 현실을 제대로 보지 못할 수도 있다.

런던은 카오스다. 이 도시가 한때 세계의 절반 가까운 영토를 손아귀에 넣었던 제국의 수도였던가 의문이 날 정도다. 논리 정연한 정치 이론, 사회 이론, 도시계획 이론을 발달시키고 영국에서 생산한 각종 정책 모델을 세계 각국에 수출한 나라의 수도치고 런던은 정말 카오스인 듯 보인다.

일례로 런던의 제1명소인 트래펄가광장에 가보라. 이탈리아, 프랑스, 스페인 등의 광장들과 비교가 안 된다. 이탈리아처럼 오리지널의 힘찬 단순미도 없고, 프랑스처럼 화려한 그랜드 디자인도 아니고, 스페인처럼 라틴 특유의 이국적 분위기도 아니다. 도로들이 에워싸고 교통이 복잡하고 넬슨 제독이 우뚝 올라선 탑과 여러 분수들은 무질서하게 널려 있는 듯하고 관광객과 시민 들이 들끓는 가운데 수시로 각종 시민단체들의 시위가 열린다.

런던을 넓게 다녀보면 카오스는 더하다. 관광객들은 템스강 변의 런던탑과 의사당, 웨스트민스터사원을 보고 강변을 따라 밀레니엄 브리지 등 새로운 시설들을 주로 보겠지만 런던의 일상적인 풍경을 엿볼 수 있는 동네를 다녀보면 그 복잡성에 놀라게 된다. 19세기에 만든 지하철과 새 지하철이 엉켜 복잡하기 짝이 없고, 도로는 끊임없이 구불구불하다. 영국은 평지에도 구불구불한 도로 만들기를 좋아한다. 직선보다 곡선을 선호하는 전원도시 전통의 영향을 받은 탓이다. 오래된 건물과 첨단 건물이 섞여 있고 건물 크기와 높이가 들쭉날쭉 서로 다른가 하면 보통 주택 동네에 가면 똑같은 건물들이 끝이 안 보일 정도로 이어져 있어 길을 잃기 일쑤다.

하기는 이 카오스적인 특성이 런던의 매력이다. 제2차 세계대전 중 폭격으로 런던의 상당 부분이 폐허로 변했는데, 런던은 다른 유럽 도시들과 달리 복원보다는 신개발을 택했다(예컨대, 빈은 전후에 완벽하게 옛 모습을 복원하는 정책을 택했다). 보수적이고 신중하면서도 또한 혁신적이고 전위적인 면을 가끔씩 발휘하여 깜짝 놀라게 하는 영국 문화의 속성이 작용했는지도 모르겠다.

그런데 런던의 카오스 중에서도 확연히 느낀 것이 바로 강의에서도 인상적이었던 기차역의 구조적 위력이었다. 소설이나 영화에서 많

＼
런던 템스강 변.

이 나오는 워털루역, 채링크로스역, 켄싱턴역, 빅토리아역, 킹스크로스역, 패딩턴역 등의 주요 기차역들은 각 지역의 중심으로 그야말로 24시간 활동이 일어난다. 아마 기차 시스템이 제대로 작동하지 않는다면 런던 자체가 마비될 것이다. 기차역을 중심으로 주변 동네의 특성이 뚜렷하게 차이가 나기도 한다. 바로 이 때문에 그 크고 복잡한 런던에 사는 시민들은 살 만하다고 느끼며 살지도 모르겠다. MIT 교수가 그렸던 런던의 개념도는 그렇게 정확히 작동하고 있었다.

파리, 그 높이 모를 자존심

파리는 런던과 전혀 다르다. 파리에 대해 어떠한 환상을 갖고 있건 파리는 절대로 당신을 배반하지 않는다. 에펠탑, 루브르박물관, 샹젤리제, 개선문, 노트르담대성당, 센강, 퐁피두센터, 라데팡스, 몽마르트르 등. 하물며 가로수나 노천카페조차 상상했던 그대로다. '사진대로, 영화대로'라고 해도 좋다.

파리는 도시가 전체적으로 균질하다. 정연한 질서가 눈에 확연하고, 그런가 하면 어디나 다 비슷비슷하게 보인다. 세 가지 이유를 꼽을 수 있다. 첫째, 도시가 평평하다. 몽마르트르 언덕을 빼고는 전체적으로 평지다. 둘째, 건물 높이가 균일하다. 파리 도심 내 건물 높이를 20미터, 30미터 등으로 엄격하게 통제하고 있기 때문이다. 라데팡스 신도심 지역을 빼고는 높은 건물을 허용하지 않는다. 셋째, 웅장한 도시 가로가 극도로 정연한 축을 이루고 있다.

오늘날의 파리를 만든 것은 19세기 초·중반 나폴레옹 3세 시대의 도시계획이다. 시장이자 도시계획가 역할을 했던 오스만Haussmann의 계획인데, 중세도시의 미로 같은 도로와 끈끈한 코뮌Commune(우리말로 '동네'라 표현하면 정확할 것이다)으로 구성되었던 복잡다단한 파리 도심을 몇 개의 웅장한 방사상 가로축으로 일거에 바꿔버린 것이다. 개선문이나 샹젤리제가 이때 만들어졌고, 파리 특유의, 마치 지붕처럼 보이는 최상층이 있는 망사르드Mansard 스타일이 보편적인 건축형이 된 것도 이 시대부터다.

왜 이런 도시계획을 세웠을까? 당시 파리를 초토화한 전염병 예방? 표면적인 이유지만, MIT 교수가 설명했던 대로 도시 장악력을 강화하려는 의도가 가장 컸을 것이다. 대규모 도시개발 과정을 통해 새로운 자본가들을 키웠음은 물론이다. 이들이 이른바 누보 리슈Noveau Riche(신중산층)를 이루는 기반이 되기도 했다. 프랑스혁명 이후, 끊임없는 왕정복고 시도와 공화정 정착과의 투쟁 사이에서 일어났던 도시 개조다. 그 웅장한 방사상 가로 형태는 베르사유궁전을 만들었던 바로크 시대의 산물인데, 이런 권위주의적인 가로 형태가 산업사회, 시민사회의 도시에서도 채택되었다는 사실은 아이러니하다.

흥미로운 사실은 20세기 이후에도 오스만이 만든 방사형 가로축을 기반으로 파리가 지속적으로 개편되었다는 것이다. 런던이 복잡다단한 도시 구조를 개조하지 못한 대신 지하철과 버스와 택시 등의 운영 시스템을 발달시킬 때, 파리는 가로축을 강화하면서 도시 개조에 나섰던 것이다. 런던이 소프트웨어적이라면 파리는 하드웨어적이라고 할까. 라데팡스도 개선문과 샹젤리제 거리에서 직선으로 이어지는

파리 라데팡스로 이어지는 가로축.

파리 에투알광장. 이름 그대로 별빛처럼 퍼지는 방사상 가로축.

곳에 만들어진 지역이고, 방사상으로 만든 가로축은 도심에서뿐 아니라 새로 확장한 시가지에도 적용되며 전체적으로 균질한 도시를 만들었다.

지금도 파리에서 튀어 보이는 것은 에펠탑과 라데팡스 지역의 고층 건물들뿐이다. 디자인에서 급진적이고 전위적인 퐁피두센터조차도 파리의 동네 한가운데 얌전하게 들어앉아 있을 정도로 파리의 도시계획 원칙에 따른 통제는 엄격하다. 중앙집중적 권력에 의해 만들어진 파리의 도시계획 원칙을 지금도 지킨다는 자체가 파리의 자존심이라고 할까. 여러 개발 압력이 있음에도 불구하고 19세기에 만든 도시 원칙을 지킨다는 것은 파리의 고고한 자존심이 버텨주지 않는 한 불가능한 일이었을 것이다.

런던의 복잡함과 달리 파리는 동심원을 그리며 발전했고 지금도 자치구가 마치 동심원을 그린 듯 질서 정연하게 나눠져 있다. 동서남북으로 연결되는 리옹역, 몽파르나스역, 북역, 동역, 생라자르역 등이 여전히 중심 역할을 하고, 동쪽으로 가면 어디로 이어지는지, 서쪽로 가면 어디로 가는지 금방 알 수 있으며, 그 한가운데에서 센강이 나침반 역할을 해주는 파리는 참 이해하기 쉬운 도시다. 방문객에게는 더욱.

런던과 파리, 그렇게 다르다

런던과 파리는 그렇게 다르다. 런던은 속으로 압도하고, 파리는 겉으로 압도한다.

런던에는 기념비적 공간이 드문 대신에 공원이 많다. 공원 문화를 미국과 전 세계에 수출한 나라답다. 근교 마을도 그대로 보전되어 있다. 그린벨트를 처음으로 도입한 원조답다. 영국에서 도시계획의 공식 이름은 도시농촌계획Town & Country Planning인데 그 말에 걸맞다. 건물도 수수한 편이다. 영국 수상이 사는 다우닝가 10번지가 놀랍도록 수수하듯, 그렇게 수수하다.

파리는 뻐긴다. 건물도 뻐기고 공원이나 광장도 뻐기고 하물며 새로 지어지는 건물 디자인도 어딘가 뻐기지 않으면 못 배기는 듯싶다. 좋게 말하면 웅장하고 디자인이 전위적이라 할 수 있고 개중에는 정말 탁월한 디자인도 적지 않다. 하지만 내 성향상 파리의 그 뻐기는 모습이 좀 못마땅하다.

그렇다고 런던이 속까지 수수한 건 아니다. 런던과 파리는 끊임없이 세계 패권 경쟁을 해왔고, 이른바 유럽중심주의의 헤게모니를 갖기 위해 경쟁했다. 런던에서 내게 인상적이었던 것은 온 세계의 문화유산을 빼앗아서 잔뜩 전시해놓은 대영박물관 같은 게 아니라 앞서 거론했던 트래펄가광장에서 광장을 둘러싼 여러 건물 상부에 조각해놓은 글씨들이었다. 건물은 그리스 신전을 모방한 신고전주의 양식의 그저 그런 건물인데 그 위에는 '아프리카청, 아시아청, 아메리카청, 오스트레일리아청' 등 전 세계 곳곳의 식민지를 관리하던 관청들의 이름이 조각되어 있었다. 런던의 뿌리 깊은 패권주의 시스템의 흔적을 엿보며 혼자 쓴웃음을 지었다.

도시 흥망성쇠를 보여주기에 런던은 그럴듯하다. 산업혁명을 이끌며 제국주의 도시로서 패권을 자랑하던 런던이 20세기에는 항상 자

\
런던 트래펄가광장.

존심 싸움에서 밀려났다 해도 과언이 아니다. 파리가 예술의 도시로서 세계 관광의 패권뿐 아니라 유럽 과학의 중심, 금융의 중심, 또한 유럽연합의 중심 도시로 떠오른 것과 대조적으로 런던의 위상은 쇠퇴했다. 이런 런던이 밀레니엄을 전후하여 다시 한번 세계도시로 떠올랐다. 이번엔 금융허브의 중심, 교육의 중심으로서의 위상을 통해서인데 세계화의 번영을 가장 신나게 누린 도시가 런던이라고 할 정도로 가장 경쟁력 높은 세계도시 1위로 꼽히기도 했다. 최근 20여 년 동안 런던 도심이 어떻게 바뀌었는지를 살펴보면 입이 떡 벌어질 정도다. 하지만 그 빠르고 화려한 재탄생만큼이나 또 어떤 추락이 기다리고 있을지 아무도 모른다. 2008년 세계금융위기와 더불어 위기의 나라로 영국이 거론되더니만, 10년 후 '브렉시트'를 결정해 EU로부터 걸어 나오기로 해 스스로 위기를 자초하고 있으니 말이다. 세계화의 수혜를 입었던 런던은 화려한 외양과 달리 끔찍하게 높은 임대료와 물가에 시달리는 부작용을 겪고 있는데, 또 다른 쇠락의 사이클에 빠지지나 않을지 지켜볼 일이다.

파리는 앞으로도 여전히 파리일지도 모른다. 외국인 관광객만도 연간 2000만이 찾아온다는 파리(2018년 기준), 파리 인구의 네 배 이상이 항상 벅적대는 파리, 그 높은 자존심은 영원히 꺾이지 않을지도 모른다. 방문객들이 이해하기 쉬운 도시면서도 시민들도 높은 자긍심을 갖고 있는 도시, 불타는 혁명을 겪은 도시면서도 톨레랑스가 깊은 자유의 도시, 전체주의적 왕정의 중앙집권적 도시계획에 깊은 영향을 받아 만들어진 도시면서도 그 유산을 소중하게 지키는 도시, 파리의 힘은 자신의 잠재력을 잘 파악하고 있다는 것 아닐까. 그것이 바로 파리의 위상을 유지하는 힘일 것이다.

런던과 파리는 수많은 영화의 배경이 되기도 했는데, 두 도시의 정수를 기막히게 표현한 두 영화는 꼭 보라고 권하고 싶다. 〈러브 액추얼리〉와 〈아멜리에〉다. 대중적인 영화임에도 불구하고 도시의 분위기, 도시 사람들의 삶을 생생하게 느낄 수 있는 영화들이다. 자신의 도시에 대한 깊은 사랑과 통찰이 없었다면 결코 이런 영화는 만들어지지 않았을 것이다. 수없는 문제를 안고 있지만 또 여전히 생생한 삶을 담고 있는 도시를 그리는 영화에서 '보통 사람들이 이어가는 삶의 스토리'가 엿보인다. 도시는 결국 사람들이 그려내는 삶의 무대인 것이다.

* * *

런던과 파리에 대한 MIT 강의에서 받은 지적 감동은 그 이후 도시의 구조를 통찰하려는 나의 지적 호기심을 부쩍 키웠다. 구조에 대한 뼈대를 그려냈으면 이제 살도 붙여야 한다. 피도 돌리고 숨도 불어넣고 혼도 불어넣고 싶다. 전체와 부분과의 관계를 파악해야 한다. 새로운 변화를 목격했을 때 그 변화를 전체의 맥락과 연결하여 이해하는 힘도 필요하다. 런던과 파리라는 역동적인 도시 사례이자 상대적으로 현장을 체험할 기회가 많았던 두 도시를 통해 이런 과정을 밟음으로써 다른 도시들에 대해서도 지적 깨달음과 현장적 깨달음의 상호역학 방식을 나름 터득할 수 있었다.

나는 행운이었다. 한창 공부할 때 지적 감동을 충만하게 받은 강의를 들을 수 있었으니 말이다. 공부하는 과정에서 강의를 통해 지적 자극과 지적 감동의 세례를 받아야 마땅하련만, 불행히도 현실에서는 별로 그렇지 못한 것이 교육의 불행이다. 자신의 분야에 대한 지적 호기심이 생생하게 깨어나는 체험을 겪는 경우와 그렇지 못한 경우, 동기부여의 수준이 달라지기 때문이다.

물론 지적 감동이란 학교 강의 외에도 여러 경로를 통해 받을 수 있다. 강연이 될 수도 있고, 탁월한 책을 통해 올 수도 있고, 잘 만든 다큐멘터리나 영화를 통해 올 수도 있다. 특정한 사람과의 만남이 될 수도 있고 멘토와의 대화가 될 수도 있다. 그 어느 순간에 번득임, 깨달음, 통찰의 떨림을 느낄 수 있을지 모른다. 또한 그러한 지적 감동에는 '늦었다고 생각할 때가 가장 빠른 때다'라는 명언이 그대로 적용된다. 학교 다닐 적에 그런 체험을 해보지 못했더라도 사회생활과 실무생활에서, 초짜 실무자든 경력자든 경영자든 어느 시절에나 가능하다.

많은 사회조직에서 시행하는 이른바 리트레이닝, 연수 프로그램, 교양 강좌 등은 이러한 자극과 동기부여를 하기 위한 방책들일 것이다. 그런데 휘황찬란한 잔칫상 같은 프로그램, 수박 겉핥기 같은 프로그램, 영양가보다는 칼로리만 높은 프로그램들로 채워지는 경향은 재고해보아야 한다. 과연 그런 프로그램들이 충분히 지적 자극으로서 새로운 동기부여가 되는지, 과연 지적 감동을 주는지 고민해볼 만하다. 실무 경력이 늘어갈수록 오히려 지적 갈증이 커지는 이유는 그만큼 아는 것 이상으로 구조와 핵심을 파악하는 힘에 대한 갈증, 숨 쉬고 싶고 혼을 느끼고 싶은 갈증 때문이기 쉽다. 이런 갈증을 해소하는 지적 감동을 안겨주는 프로그램이 필요하다.

지적 감동의 힘이란 사람을 뒤흔드는 통찰의 힘이다. 이제까지의 자신의 그릇을 뛰어넘는 순간, 자신의 깊은 곳에서 무언가 차올라 넘칠 것 같은 순간, 갑자기 자신보다 더 큰 무엇을 발견하는 순간, 갑자기 자신이 떠오르며 전체를 조망하는 순간이다. 아마도 계시의 순간이나 깨달음의 순간에 비유할 수 있을지 모른다.

이런 순간을 위해서 단순화하라. 핵심을 잡으라. 전체를 파악하라! 이게 바로 개념이다. 이게 지적 파워다. 이게 통찰력이다. 복잡하기로는 더없이 복잡한 도시라는 '복잡계'를 통찰할 수 있는 힘, 이것이 개념의 힘이다. 지적 감동의 그 순간을 축복하라!

그려보며 통찰하다

〈수선전도〉+ 거대도시 서울

"'전체를 그린다, 미래를 그린다'라는 표현을 하지 않는가?

그린다는 행위는 전체를 파악하고 핵심을 파악하는 중요한 행위다.

중요한 것은 '직접 그려보기'다."

당신은 당신이 사는 도시를 얼마나 잘 알고 있나? 당신은 당신이 사는 도시를 그릴 수 있나? 당신은 당신이 사는 도시의 역사를 설명할 수 있나? 당신은 당신이 사는 도시를 이방인에게 어떻게 표현하나?

나에게 서울은 가장 오래 살아온 도시다. 세 살에 서울에 올라와 유학 기간을 빼고는 내내 서울에서 살았다. 서울의 역사에 대한 공부를 나름대로 열심히 하기도 했다. 이른바 전문가로서 서울의 현안들을 숙지하고 해결책을 제안하는 역할을 하기도 한다. 이국에서 온 사람들에게 서울을 자주 안내하고, 세계에 서울이라는 도시를 알리는 일도 수시로 한다. 시민으로서, 전문가로서, 또한 세계 속의 한국인으로서 내가 살고 일하는 이 도시 서울을 어떻게 설명해줄 수 있을까? 어떤 그림을 그려줘야 할까? 평소에 전혀 모르던 서울, 또는 막연하게 알던 서울에 대해서 어떻게 호기심을 불러일으킬 수 있을까? 통찰이 필요한 과제다.

밀라노 트리엔날레 서울 전시회

드디어 서울을 통찰해볼 수 있는 일생일대의 기회가 왔다. 1988년 유학에서 막 돌아왔을 때이니 일할 에너지가 충만했던 시절에 만난 절호의 프로젝트였다.

'밀라노 트리엔날레Triennale di Milano'의 서울 전시 과제였다. 밀라노 트리엔날레는 3년에 한 번씩 열리는 디자인 전시회로 마침 그해에 〈세계의 도시, 대도시의 미래The Cities of the World and the Future of the Metropolis〉가 테마로 잡혔고 30여 개 도시에서 참여했다. 서울시도 '올림픽 도시 서울'을 홍보해야겠다고 결정했던 모양으로 마침 내가 일하게 된 주택공사 연구원에서 그 프로젝트를 수행하게 됐다. 지금은 이런 국제 전시 기회가 상당히 많아졌지만, 그때만 해도 초유의 일이었다.

전례도 없고 쌓인 자료도 없는 반면 서울을 세계에 데뷔시킨다는 중압감은 엄청났다. 유럽의 높은 문화 수준, 이탈리아의 높은 도시 문화 수준, 게다가 밀라노의 높은 디자인 수준을 아는지라 더욱 중압감에 눌렸다. 서울을 전혀 모르는 사람들에게 서울을 알리는 일이었다. 올림픽을 홍보하는 식으로 나갔다가는 망신을 자초할 것이고 '한강의 기적' 운운하는 관료적인 홍보로 나갔다가는 어떤 관심도 못 받을 것임에 틀림없었다.

몇 개월 동안 서울에 담뿍 빠졌다. 잠자는 시간 빼고 서울에 관한 역사 자료, 문화 자료, 도시계획 자료, 통계 자료, 사진 자료, 지도 자료에 푹 빠졌다. 보안이 서슬 퍼렇던 시절에 헬리콥터를 타고 서울 상공을 누벼봤고, 고층 건물 옥상 곳곳에 촬영 허가를 받고 올라가 봤다. 달동네에 오르고, 산에 올라가고, 강변에 나가고, 서울 곳곳의 동네들을 누비고 다녔다.

자료가 많다거나 또는 현장을 잘 안다고 해서 전체의 개념이 잡히는 것은 아니다. 이른바 뼈대를 추리고 살을 붙이고 혼을 불어넣는 진통의 시간이 필요하다. 마치 아이를 낳듯 만 아홉 달 동안 여러 가지 시나리오를 써보고, 수많은 다이어그램을 그려보고, 앞서 얘기한 '런던과 파리에 대한 감동의 강의'를 반추해보기도 하며 진통의 시간을 거쳤다. 다음이 당시 서울 전시의 개념이다.

"서울은 한국의 압축된 역사와 농축된 변화를 대변하면서 지금도 만들어지고 있는 도시Seoul in the Making다. 서울은 한강을 사이로 '강북'과 '강남'으로 구성된다. 강북과 강남은 독특한 성격으로 서로 대비된다. 역사 중심의 강북이 동서남북 내산과 사대문 안에 자리 잡은 아늑한 '장소place'인 반면, 새로운 중심 강남은 격자형 도로에 우후죽순 건물이 올라오는 확장형 '공간space'이다. 강북에는 역사문화의 층층 켜와 현대문화가 곳곳에 중첩되어 있는 반면, 강남에는 현대문화의 외형에 전통적인 문화심리 유전자가 스며들어 있다."

안타깝게도 지금은 '강북·강남'을 빈부 격차, 개발 격차, 부동산 가격 격차로 비교하는 속물스런 경향이 득세를 하고 있지만, 강북과 강남은 그 태생과 성장 과정과 공간 문화와 이미지 심리라는 측면에서 볼 때 '장소성 대 공간성'으로 대비된다는 특색이 있다. 또 '산과 강'으로 대비되기도 한다. 강북이 산에 기대거나 둘러싸인 장소성에 익숙하다면, 강남은 강이 만든 평평함처럼 확산하는 공간을 활용하는 성향이 있는 것이다. 이것은 좋고 나쁨의 문제가 아니라 특색일 뿐이다. 서울을 이렇게 설명하면 서울의 구조적 특성과 공간 문화의 개념이 뚜렷이 잡힌다.

네 개의 산으로 둘러싸여 아늑한 장소성을 가진 옛 서울을 상징하는, 밀라노 트리엔날레 서울 전시관 중 강북 부분. 나는 이 이미지를 '서울 꽃'(Seoul Flower)이라는 애칭으로 부른다. ⓒ김진애

이렇게 서울의 총체적 구조를 파악하니 전시에서도 자연스럽게 강북은 동서남북 산과 성문으로 둘러싸인 원형 장소로, 강남은 건물이 솟아오르는 격자형 공간으로 디자인할 수 있었다. 관람객들이 전시를 관람하는 모습을 보면서 개념이 잘 전달되고 있음을 알 수 있었거니와, 서울에 여러 번 오면서도 항상 혼란스러웠다고 하던 한 MIT 교수가 "서울에 대해 처음으로 개념이 잡혔다"고 해서 보람을 느꼈다. 이 복잡한 서울도 하나의 개념으로 통찰할 수 있는 것이다.

한양을 그린 〈수선전도〉를 분해하며 통찰하다

이렇게 서울을 공부하며 전시를 준비하는 과정에서 그야말로 '번쩍'하는 통찰의 순간을 맛본 순간이 있다. 한양의 사대문 안이 어떤 원리에 따라 만들어졌는지 어떻게 설명할까 궁리하던 차에 순간적으로 아이디어가 떠오른 것이다.

한양을 그린, 정말 우아한 고지도가 있다. 고산자 김정호 선생이 만드신 〈수선전도首善全圖〉다. '수선'은 한양을 일컫던 이름 중 하나인데, 〈수선전도〉는 형태 자체가 우아하고 선線으로 표현한 목판지도인지라 지도에서 힘찬 기운이 솟는다. 지도의 아름다움을 기준으로 본다면 〈대동여지도〉보다 훨씬 더 아름답다고 나는 생각한다.

〈수선전도〉가 있어서 얼마나 행복한가. 몇 달 동안 〈수선전도〉를 끼고 살았다. 벽에도 붙여놓고, 책상 위에도, 메모장에도. 그러다 불현듯 〈수선전도〉에 나오는 요소가 딱 여섯 가지임을 깨달았다. 왜 전에는 보이지 않았을까. 마치 그림 암호를 풀듯 갑자기 각 요소가 떠오른 것이다.

- 산
- 강
- 성
- 명당(궁궐)과 집
- 길
- 동네

아, 이것이다! 이것이 〈수선전도〉를 만든 요소들이자 도시를 만드는 기본 요소인 것이다.

'산'은 우리 땅 고유의 문화적 특징을 만든다. 산에 기대지 않고 사는 삶이란 감히 상상조차 못 할 정도로 우리의 산은 탁월하고 산이 이루는 맥은 강력한 얼개다. '강'은 도시의 생명줄이다. 물이 있는 곳에 도시가 생긴다. 외수外水 한강과 내수內水 청계천이 그것이다. '성'은 방어의 표현이기도 하지만 영역의 표시이자 외부와의 소통 방식의 표현이다. 그 영역의 마당 안에 도시가 구성되고 보호되며 성문을 통해 외부와 소통하고 교통한다.

'명당'을 찾아서 행정 도시의 핵심인 궁궐을 배치한다. 길을 만들기 전에 명당부터 찾는 것은 풍수지리에 밝은 우리 공간 문화의 특성이다. 양지바르고 물 잘 빠지고 산줄기의 정기를 받고 바람이 잘 통하는 곳이 명당이다. 명당을 찾아서 집을 짓는 것은 궁궐뿐 아니라 다른 집

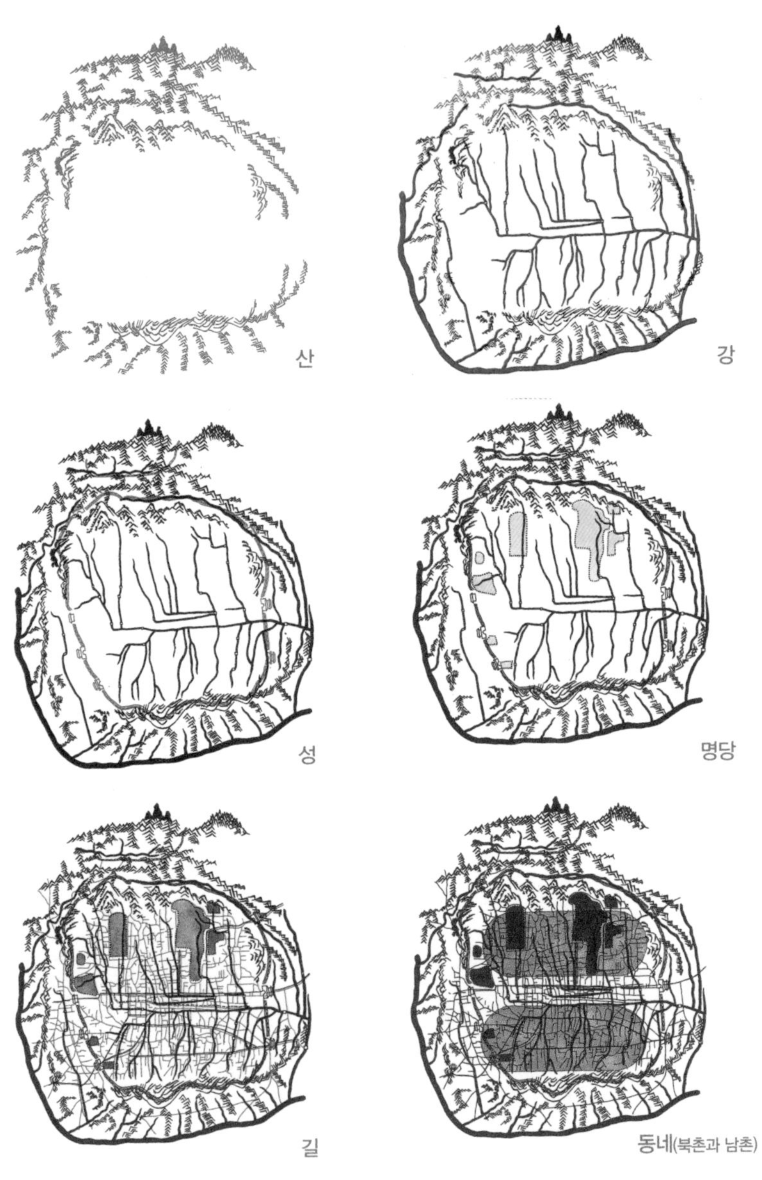

고산자 김정호가 만든 〈수선전도〉. 도시를 만드는 여섯 가지 요소. ©김진애

들도 마찬가지였다. 우리 공간 문화 특유의 우선순위다.

'길'은 도시사회의 체계를 만드는 기본이다. 경복궁에서 보신각까지 잇는 남북 육조 거리(현재의 세종대로), 서대문과 동대문을 잇는 동서 방향 운종가(종로), 그리고 종각에서 남대문을 잇는 길이 중심축을 형성한다. 육조 거리를 남대문까지 직선으로 연결하지 않았다는 점은 상당히 특이하다. 이에 관해 관악산의 화기를 막기 위해서였다는 설, 방어의 겹을 만들었다는 설, 관가와 상가 사이에 완충을 두었다는 설 등이 있다. 한양의 나머지 길들은 각기 동네 안에서 마치 나뭇가지 뻗듯 필요에 따라 자연발생적으로 생겨난 유기체 모양으로 만들어졌다. '명당'을 연결하면서 길을 만들어나가는 특유의 방식이다.

'동네'는 이름을 지어주어야 생긴다. 이름 짓기란 사회 체계를 불어넣어 주는 행위다. '동洞'이 아니라 '방坊'으로 불렸던 조선시대 52개의 동네 이름을 지어주자 한양은 비로소 그 사회 체계가 구축되었다. 북촌은 당대 권문세가 위주, 종각 남쪽의 남촌은 그 외 가문들의 동네고, 운종가와 청계천 변은 중인들의 세속으로, 육조 거리는 관가로 자리 잡게 된 것이다.

이 단순한 여섯 가지 요소로 〈수선전도〉가 구성됨을 깨닫게 된 것은 〈수선전도〉를 직접 베끼며 그려보는 과정에서였다. 손으로 그려보니 당연히 차례를 따라 그리게 되었고 그 과정에서 통찰의 순간이 찾아온 것이었다. 이 단순하고도 힘찬 깨달음이라니! 전시에서 〈수선전도〉를 직경 6미터 크기의 목판으로 만들어 깔고 사람들이 그 위를 직접 발로 밟게 했더니 얼마나 뜻이 깊던지. 여섯 가지 요소를 산-초록색, 강-파란색, 성-적갈색, 궁궐-노란색, 길-붉은색, 동네 이름-하얀색으로 칠을 해놓으니 얼마나 아름답던지. 내 머리에 강렬한 이미지로 남아 있는 한양의 이미지가 되었다. 역시 직접 그려보고 직접 만들어보니 전체 구조가 선명하게 잡혔던 것이다.

거대도시 서울을 그리다

그렇다면 지금의 거대도시 서울의 이미지는 어떻게 설명할 수 있을까? 서울을 그리는 차례를 보여주면 서울을 이해하는 방식이 잘 보인다. 수없이 서울을 그려보고 수없이 많은 시행착오를 거친 후에 나는 서울을 다음 순서로 그린다.

1. W자 모양의 한강을 그린다. 한강은 서울의 가장 강렬한 얼개다.
2. 외사산外四山과 내사산內四山을 그린다. 서울의 커다란 영역에 대한 감이 잡힌다.
3. 강북의 사대문 안을 둘러싼 성곽 모양의 달걀형 동그라미를 그린다. 서울의 시작은 동그라미다.
4. 강남의 격자형 구조를 그린다. 강북과 대비되는 구조다.
5. 서울의 동서남북으로 팽창하는 동네 영역을 그린다. 달동네도 빼놓지 않는다.
6. 사방팔방으로 뻗어가는 큰 도로와 철도를 그린다. 서쪽 인천 방향, 남쪽 경부 방향이 큰 줄기다. 간선도로 중심의 방사상 도로와 순환도로가 주요 뼈대가 된다.

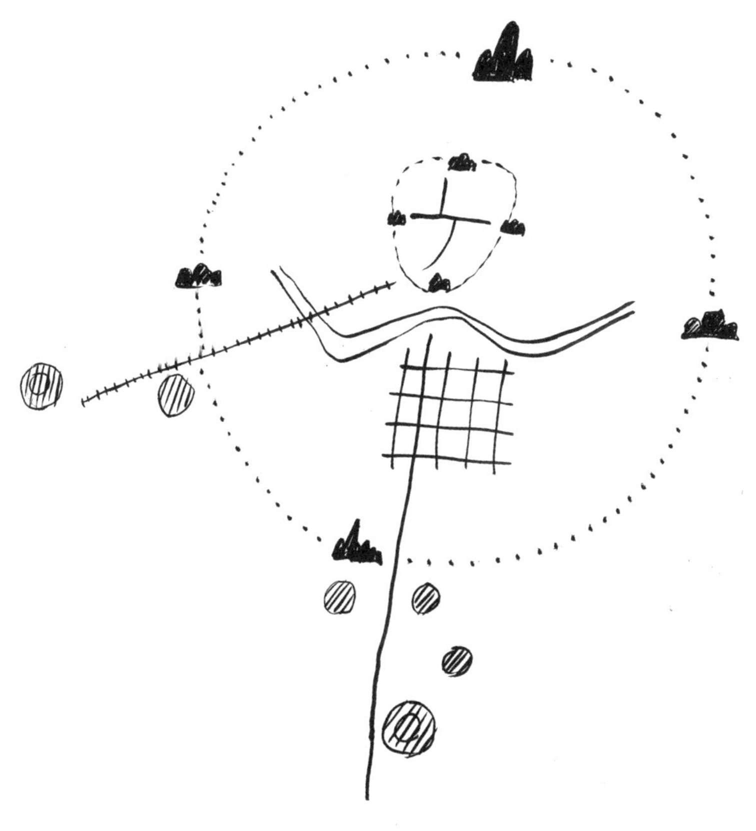

거대도시 서울 그리기. ©김진애

7. 수도권 주요 도시들과 계획 신도시들을 점 찍는다.

8. 수도권으로 뻗는 방사상 도로와 수도권 순환도로를 그린다. 이제 외사산 밖까지 포함하는 거대도시 서울이 그려졌다.

이렇게 그리는 작업은 전문가나 가능한 일 아닌가 하면서 "나는 못 그려" 하는 독자들도 많을 것이다. 나도 이해한다. 손으로 무엇을 그리는 데 대한 두려움은 현실이기 때문이다. 그래서 나는 서울에 관련된 다른 전시회를 기획하면서 또 다른 아이디어를 냈다. 〈수선전도〉와 '거대도시 서울'을 그리는 차례대로 판화를 만들어서 하나하나 직접 찍어가면서 전체 지도를 완성하는 작업을 고안한 것이다. 관람객들이 직접 자기 손으로 한지에 지도를 찍어서 기념품으로 가져가는 코너였는데, 대히트였다. 사람들이 길게 줄을 섰다가 신기해하면서 목판을 차례차례 찍고는 완성한 지도를 소중하게 가져갔다. 짐작하는 대로 '거대도시 서울'보다는 〈수선전도〉 찍기가 훨씬 더 인기가 많았다. 특히 외국인들에게는 찍는 작업의 뜻이 그리 신선했던 모양이다.

바로 이것이다. 직접 해보면 개념이 더 선명해진다. 머리로 아는 것과 몸으로 아는 것의 차이라고 할까. 자신의 몸을 써서 무엇을 깨닫게 되는 일, 체득體得이라는 말 그대로 몸을 써서 얻는 것이다. '그려본다'는 행위, 또는 '발로 밟아본다'는 행위, 또는 '직접 손으로 프린트를 하며 만들어본다'는 행위는 모두 우리의 몸을 쓰는 과정이고 그런 과정 속에서 호기심이 커지며 드디어 깨닫게 되는 것이다. 몸으로 체험하는 기억은 생생한 만큼 더 오래간다.

* * *

의문을 가져보자. 전혀 모르는 사람에게 그 무엇을 설명하려고 할 때, 가장 쉽게 설명하는 방법은 무엇일까? 어떻게 하면 그 사람의 호기심을 끌어낼 수 있을까? 어떻게 가장 중요한 것에 대해서 소통할 수 있을까? 이런 작업은 필연적으로 '통찰력'을 필요로 한다. 물론 그 통찰력이 아무 때나 나오는 것은 아니다. 성의를 기울인 작업 과정이 필요하고, 끈질기게 핵심을 물고 늘어지는 끈기가 필요하고, 상대편이 호기심을 어떻게 발동하는지 헤아리는 '역지사지'가 필요하며, 개념을 파악하고자 하는 호기심이 절대적으로 필요하다.

통찰이란 복잡하게 보이는 전체의 핵심을 파악하는 작업이다. 통찰을 추구하는 과정에서 나의 경우는 '그려보기'가 크게 도움이 된다. 사실 '그려보기'란 누구에게나 도움이 되는 작업이다. 많은 작가, 예술가, 음악인, 의학자, 과학자가 자신의 호기심을 발전시키기 위해서, 그 번쩍하는 통찰의 순간을 만들어보기 위해서 '그려보기' 작업을 활용한다.

『생각의 탄생Sparks of Genius』이라는 책에는 이에 대한 흥미로운 사례들이 수없이 나온다. 책의 원제목처럼 '천재의 번득임'은 그들이 워낙 천재이기 때문만이 아니라 작업 과정에서 창조적 생각을 번득이게 만드는 독특한 방식을 사용하기 때문에 나타난다. '그려보기'를 사용하는 이유는 그들이 그림을 잘 그려서가 아니라 그려보기가 입체적인 사고, 핵심적인 사고, 관계적인 사고, 총합적인 사고, 개념적인 사고를 촉발하기 때문이다.

이때의 그려보기란 표현력이 풍부한 묘사를 지칭하는 것이 아니며 구조를 파악하는 단순한 개념도 스케치 같은 것이다. 사람 몸 같으면 뼈대, 신경계, 호흡계, 순환계, 혈穴, 근육계 등을 이해하는 것과 비슷하다. 레오나르도 다빈치가 풍부한 묘사를 위해서 인체를 해부하며 사람의 근본적인 작동 원리를 이해하고자 했던 작업과 다르지 않다. 도시라면 세밀한 지도를 만든다기보다는 내가 옛 서울과 거대 서울을 이해하려 여러 개념도를 그려봤듯 도시의 구성 핵심을 파악하는 작업이다. 조직에서도 마찬가지다. 조직의 리더라면 자신이 운영하는 조직, 또한 자신이 일하고 있는 분야에 대해서 조직의 체계, 시장의 판도, 기술혁신의 방향 등 그 핵심을 함축하는 개념도를 그려낼 수 있어야 한다.

손으로 꼭 그리지 않는다 하더라도 머릿속으로 그림을 그린다고 상상해보라. 우리는 종종 '전체를 그린다, 미래를 그린다'라는 표현을 하지 않는가? 그린다는 행위는 전체를 파악하고 핵심을 꿰뚫어 보는 중요한 행위다. 중요한 것은 '직접 그려보기'다.

앞의 꼭지에서도 강조했듯 지적 감동, 즉 생각의 파동을 일으키는 것은 어떻게 핵심에 다가가느냐다. 보이는 현상에 현혹되지 않고 본질을 흐리는 곁가지들에 흔들리지 않으면서 개념과 구조와 본질을 꿰뚫고자 하는 끈기가 필요하다. "왜?"라는 의문의 끈을 놓지 않는다면, 그 연원을 알고 싶은 호기심의 끈을 놓지 않는다면, 궁극적으로 우리는 그 통찰의 '번쩍'하는 순간을 맞이할 수 있을 것이다. 통찰의 기쁨을 다른 사람과 통할 수 있게 될 것이다.

통찰의 역량을 높이는 호기심, 당신의 호기심을 깨우라!

2부

성찰하며 선택하라

도시는 필연적으로 '복잡계'다.
행위자가 많다,
행위 동기가 다양하다,
따라서 변수가 많다.
그래서 어떤 선택이 어떤 결과로 이어질지 가늠하기 어렵다.

도시라는 복잡계를 이해할 수 있다면
인생, 사회, 기업, 조직 등 인간이 만드는 온갖 복잡계들을
좀 더 잘 이해하게 될지도 모른다.

완벽한 인간이 없듯 완벽한 도시도 없다.
도시는 생존경쟁, 갈등, 가치의 충돌, 재앙, 파워 게임이
끊임없이 일어나며 살아 움직이는 공간이기 때문이다.

어떻게 고민하고 어떤 선택을 할 것인가?
당신의 선택에 성찰의 힘을 녹이고,
당신의 성찰에 선택의 용기를 녹여보라.

지속 가능할까? 묻자

쿠리치바 + 두바이

"대박을 꿈꿀 것인가, 지속 가능성을 꿈꿀 것인가?
무엇을 성취하기 위한 것인가?"

"지성에서는 그리스인보다 못하고, 체력에서는 켈트인이나 게르만인보다 못하고, 기술력에서는 에트루리아인보다 못하고, 경제력에서는 카르타고인보다 뒤떨어지는 로마인들이 어떻게 커다란 문명권을 형성하고 그토록 오랫동안 그것을 유지할 수 있었을까?" 시오노 나나미는 이 의문을 풀기 위해 『로마인 이야기』를 썼다고 한다. 그의 또 다른 저작 『바다의 도시 이야기』는 "작은 섬들을 엮어서 만든 도시가 어떻게 800년 이상 번성할 수 있었는가?"라는 질문을 통해 베네치아의 역사를 파헤친다. 한 도시를 만들고 유지하는 과정에 얼마나 많은 변수들이 작용하는지를 설파한 설득력 높은 저작이다.

도대체 도시라는 문명은 얼마나 오래 살 수 있을까? 어떤 양태로 도시는 살아가야 할까? 20세기 말과 21세기 초, 세계 도시 중 가장 뜨거운 관심을 받아온 브라질의 생태도시 쿠리치바 그리고 아랍에미리트의 신기루 도시 두바이를 통해서 이런 의문을 던져보자. '지속 가능성'에 대한 의문이다.

신기루 도시 두바이

21세기 초에 두바이만큼 엄청난 관심을 받은 도시도 없다. 특히 우리 언론들은 두바이를 '환상의 도시, 최고의 창조력, 최고의 상상력'이라며 찬사를 보냈다. 정말 두바이가 그렇게 온통 찬사를 받을 만한 도시인가?

두바이에 내린 어느 6월, 기온이 40도를 넘나드는 날이었다. 겨울의 두바이는 해양성 기후로 온화하지만 나머지 6개월 동안은 끔찍한 열사, 모래바람, 고온 다습한 기후가 도시를 포위한다. 잘 알려진 두바이 명소들을 답사했다. 7성급 호텔이라는 바람 잔뜩 안은 돛 모양의 '부르즈 알 아랍', 바닷가에 새로 판 운하를 따라 들어선 최상급 리조트와 쇼핑몰, 세계 최고 높이의 163층 마천루를 짓고 있던 '부르즈 칼리파' 건설 현장, 만리장성처럼 달에서도 그 형상이 보인다고 자랑하는 인공 섬 '팜 아일랜드'와 세계지도를 본떠 만든 '더 월드', 치렁치렁 중동 의상을 걸친 남성들과 차도르를 쓴 여성들이 신기해서 찾는다는 '인공 스키장', 고급 주택과 오피스를 분양하는 모델하우스 등 각종 자료를 통해 익히 알던 장면들이다.

그런데 그런 유명한 장면들보다 내 눈을 사로잡았던 장면은 어느 가로수 작업 현장이었다. 남루한 작업복을 입은 남자가 땀을 뻘뻘 흘

＼
신기루처럼 떠오른 두바이 마천루.

리며 야자수를 돌보고 있었다. 야자수 밑동 모래 속에 거미줄 같은 수도관을 설치하고 있었다. 물이 귀한 두바이에서는 야자수 가로수 하나를 키우는 데에도 끊임없이 물을 공급하는 상수도관이 필요한 것이다.

이 장면이 두바이의 핵심이다. 돈 펑펑 쓰고, 돈 펑펑 버는 두바이에서 그깟 야자수에 상수도관으로 나무에 물을 주건 말건 무슨 대수랴 하면서 사람들은 울창한 야자수에만 감탄하고 정부 당국은 사막 두바이를 그린 두바이로 바꾼다고 세계적으로 홍보한다. 하지만 자연의 섭리가 있다. 보통 땅은 자칫 잘못하면 사막화해버리지만, 사막은

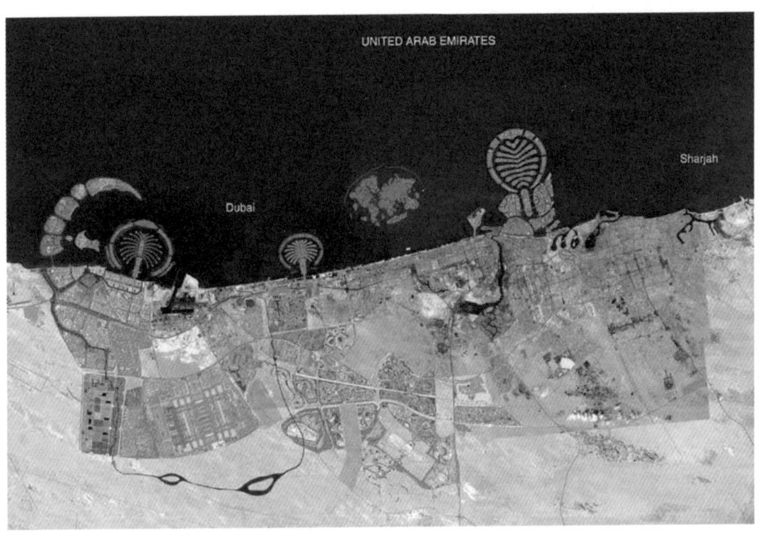

두바이 위성 사진. 팜 아일랜드 등 인공 섬을 바다에 세우는 두바이.
두바이의 환경 영향 지수는 세계 꼴찌다.

절대 보통 땅으로 바뀌지 않는다는 사실이다. 두바이는 막대한 관리 비용을 계속 투입하지 않는 한 유지할 수 없는 구조적 특성을 안고 있는 도시다.

메뚜기라는 뜻의 두바이는 '두 바이Do Buy'라는 별명처럼 뭐든 살 수 있는 도시, 뭐든 사야 하는 도시로 떠올랐다. 그 원동력은 20세기 말부터 21세기 초에 전 세계를 열병처럼 사로잡은 금융 거품, 부동산 거품, 브랜드 쇼핑이다. 세계 자본화와 고유가 시대의 세계 부자를 겨냥한 마케팅이 두바이에서 적중한 것이다. 두바이는 말 그대로 잔치를 벌였다.

짧은 기간 동안 월드 스타 마케팅으로 아주 특별한 도시가 되는 것은 두바이의 의도적 전략이었다. 아랍에미리트의 일곱 개 주 가운데 하나인 두바이는 사막이 90퍼센트를 차지하고 자체 인구는 약 300만(2018년 기준)에 불과하지만, '세계에서 하나밖에 없는 장소, 건축, 쇼핑 천국'을 만들고 중동권 다른 지역과 달리 치안 안전과 무한 자유를 보장하고, 기업 관련 세금과 부동산세를 없애주고, 허브 공항을 만들고, 중계무역 천국을 만들며 급속히 성장했다. 러시아의 신흥 부자, 중동의 오일 부자, 유럽의 유한 부자들에게 두바이는 투기 천국이었고, 전 세계의 개발업자들에게 호화프로젝트 개발이라는 당근을 제공했다. 불과 20여 년 만에 세계 유일, 세계 최고, 세계 최호화의 개발이 들어서며 두바이의 지도가 바뀐 것이다.

하지만 예상되었던 시나리오대로다. 위험비용이 클 수밖에 없는 두바이는 2008년 세계금융위기가 몰아칠 당시 가장 큰 타격을 받는 도시 중 하나가 되었다. 부동산 가격은 절반 수준으로 떨어졌고, 미분양이 쌓이고, 덤핑 분양이 난무하고, 사치스런 개발 프로젝트들은 추진 동력을 잃었고, 가장 큰 국영기업 두바이월드가 모라토리엄에 빠지면서 혼란 속으로 들어섰고, "바이 바이 두바이Bye Bye Dubai"라는 말까지 나올 정도였다. 돈 빠지고, 투자 빠지고, 사람 빠지고, 미분양의 덫에 빠지고 나면 더 이상 운영되기 어려운 두바이는 자칫 '유령도시'가 될 위험에 빠졌던 것이다.

두바이는 아랍에미리트 다른 주들의 재정 지원을 통해 위기를 넘기며 더 공세적으로 더 큰 개발프로젝트들을 터뜨렸고, 2020년 세계 엑스포 개최지로 도시 전체를 지정하며 호기를 부리고 있다. 쇼핑 천국으로서의 도시, 중동에 진출하는 세계 기업의 사령탑 도시, 허브공항으로서의 두바이라는 위상을 지키는 게 두바이의 생존 과제다. 그러나 두바이 개발 모델을 따라 최근 급격히 떠오르고 있는 아부다비와 사우디아라비아 제다시가 추격하면서 두바이의 위상은 위협받고 있다. 뜨내기 자본과 뜨내기 관광객을 유인함으로써 유지되는 도시 두바이는 말 그대로 신기루 도시다.

꿈의 도시 쿠리치바

쿠리치바는 사실 두바이보다 먼저 세계적 명성을 얻었다. 브라질에서 가장 큰 도시 상파울루나 카니발의 도시 리우데자네이루, 유네스코 세계문화유산으로 지정된 신행정수도 브라질리아를 제치고 인구 190만(2018년 기준) 크기의 중소도시 쿠리치바가 '꿈의 도시'라는 명예로운 이름을 얻은 것은 1990년대부터다. 1996년 국제기구 해비타트Habitat가 '최고의 혁신도시'로 뽑았고, 유네스코가 '그린도시'로 꼽았으며, IT 혁신도시로 주목받으며 좋은 도시, 좋은 도시계획이란 어떤 것인가에 대한 모델 도시로 떠오른 것이다.

쿠리치바 도시계획 혁신의 핵심 내용으로 세 가지가 꼽힌다. 첫째, 시민이 참여하는 실생활 생태 혁명, 둘째, 버스 중심의 대중교통 시스템, 셋째, 저비용의 도시개발과 도시경영'. 이런 혁신 내용을 들으면 쿠리치바가 '사회적 이상 도시'이기만 한 것이 아닌가 하는 오해를 하는데 쿠리치바가 속한 파라나주는 브라질에서 상파울루주나 리우데자네이루주에 이어 1인당 GDP가 상위권에 손꼽힐 만큼 건강한 경제구조를 성취한 지역이다. 그렇다면 워낙 부자 도시거나 부존자원이 풍부한 것 아닌가 하는 오해도 있는데 쿠리치바는 1950년대 이후 빈민층이 도시로 몰려들면서 주택난, 일자리 대란을 심하게 겪었던 도시다.

쿠리치바가 이룬 생태 혁명 중 쓰레기를 획기적으로 줄이는 동시에 저소득층에게 재활용 쿠폰을 제공한 정책은 소득 증대와 환경 정책을 동시에 정착시킨 유명한 사례다. 값비싼 물길과 조경을 만들기 위해 강둑을 조성하는 토목사업에 투자하는 대신에 쿠리치바는 도시 곳곳에 자연 습지에 가까운 호수와 자연 도랑을 만들어 홍수를 예방하고 시민 녹지를 조성하는 두 마리 토끼를 잡음으로써 미세 기후 조정과 공해 방지에 큰 효과를 거두었다. 이 방식으로 쿠리치바는 30여 년에 걸쳐 녹지를 무려 20배 이상으로 키웠다.

쿠리치바의 대표적 아이콘인 버스 시스템.
중앙차로 전용버스와 원통형 버스 정류장.

쿠리치바의 버스 중심 대중교통 체계 혁명은 이명박 전 서울시장이 '중앙버스전용차로 사업'의 모델로 삼은 바 있다. 다만 다른 점은 서울은 2년 만에 해치웠지만 쿠리치바는 20년에 걸쳐 버스 시스템을 정착시켰으며 그 과정에서 버스 노선을 따라 주거지의 개발 밀도를 조정하여 대중교통 이용도를 높이는 동시에 계획적으로 도시 성장을 관리했다는 차이가 있다. 원통형 버스 정류장과 빨간색 굴절버스는 쿠리치바의 대표적 아이콘이 되어 전 세계적으로 유명해졌다.

쿠리치바는 적은 비용으로 도시를 개발하고 관리하는 수많은 아이디어들을 실천에 옮겼다. 값비싼 지하철 대신에 인구 200만 이하 도시에 맞는 버스 체계를 택한 것도 그런 이유였고, 기존 건물들을 재활용하는 정책, 민간 개발을 잘 유도해서 차곡차곡 좋은 거리를 만드는 도시 설계 정책, 공공 시장 시설과 저소득층 일자리를 같이 만드는 정책 등 시민에게도 유용한 도시정책 사업들을 실천해냈다.

쿠리치바를 보면 도시계획에 대한 희망이 다시 솟을 법하다. 어떻게 반세기 동안 당초의 도시계획 원칙과 소신을 일관되게 추진할 수 있었을까? 통상 도시계획이 계획에만 그쳐 실천과 거리가 먼 경우가 많고 시장이 바뀔 때마다 도시계획 기조가 바뀌는 경우가 다반사 아닌가. 특히 개발 압력에 못 이겨 규제를 풀거나 개발업자들의 요구에 넘어가는 경우가 많은데 쿠리치바는 1970년대 초에 만든 도시계획을 꾸준히 실천해왔다는 것이 신기할 정도다. 현실적인 인식을 토대로 만든 도시계획 기조가 선견지명이 있었던 이유도 있겠으나 일관된 실천이 중요함은 두말할 필요가 없다. 쿠리치바는 이러한 일관성을 어떻게 지킬 수 있었을까?

자이메 레르네르 시장과 셰이크 모하메드 총리

바로 여기에 도시 리더십의 역할과 도시 리더의 역할이 있다. 리더는 그렇게 중요하다. 리더의 비전은 그토록 중요하다.

쿠리치바와 두바이의 리더는 여러모로 대비된다. 쿠리치바의 리더는 전설적인 자이메 레르네르 시장이다. 브라질의 시장 연임 불가 규정에도 불구하고 시장직을 세 번 수행했고(1971~1975년 관선, 1979~1984년과 1989~1992년 민선), 주지사로 두 번(1994~1998년, 1998~2002년) 선출되었다. 레르네르 시장은 저소득층 출신 건축가이자 도시계획가로서 젊은 시절부터 동네 현장과 전문 현장에서 쌓은 경험과 아이디어를 정치 현장과 행정 현장에 열정적으로 연결한 인물이다.

그의 비전은 언제나 '지속 가능성'에 있었고 그의 인식은 현실적이었으며 그의 실천은 끈기 그 자체였다. 그는 부유하지 못하고 자원이 많지 않고 수많은 문제를 안고 있는 쿠리치바의 현실을 직시했고, 저소득층의 실질적 생활 안정과 시민으로의 자긍심 없이는 도시의 변화를 이룰 수 없다는 소신을 가지고 작으나마 변화를 느끼게 하는 액션 플랜을 실천해왔다. 레르네르 시장의 "거리는 도시와 사회의 종합체"라는 발언대로 그는 '거리의 시장'이라 할 만하다.

반면 두바이의 리더는 왕족이자 엘리트이며 갑부로 세계적으로 수많은 뉴스를 뿌린 셰이크 모하메드 총리다. 선왕의 승계자였고 자국 아랍에미리트연합국과 중동 지역의 자본과 국제 자본에 영향력을 행사하는 자본가이자 그 자신의 거대한 개발회사 나킬Nakheel의 소유주로 개발사업을 직접 추진하는 사업가다. 선출직은커녕 의회조차 없는 아랍에미리트연합국(두바이는 일곱 개 토후국 중 하나다)의 정치 상황에서 셰이크 총리는 자신의 야망과 자본 동원력과 정책 사업 집행력을 통해 두바이를 마음대로 그려냈다. 그러지 않았더라면 어떻게 그 환경 부담이 엄청난 바다 매립 사업인 팜 아일랜드를 추진했겠으며 부르즈 칼리파 같은 초거대 사업을 그리 쉽게 허용했겠는가?

쿠리치바의 리더십 체계는 독특하다. 일종의 그룹 리더십이다. 레르네르 시장이라는 걸출한 정치 리더도 있었지만 후임 시장들 역시 당초에 수립한 도시계획과 생태 보전 철학을 공유했기 때문에 정책의 일관성이 유지될 수 있었다. 이것이 가능했던 이유는 도시계획, 건축 관련 전문가 그룹이 시정, 연구, 시민단체 등에서 함께 일하며 행정 부문과 정치 부문에서 일할 전문가들을 스스로 키워내고 스스로 봉사하는 전통을 만들었기 때문이다. 철학을 공유하는 사람들이 도시사회 곳곳에 포진하고 있기 때문에 장기간에 걸쳐 일관된 리더십을 발휘할 수 있었던 것이다.

두바이를 이끄는 리더십 체계는 셰이크 모하메드 총리 휘하에서 국제 자본을 쥐락펴락하고, 세계의 개발 기업 네트워크를 조종하는 노하우로 무장한 해외파이자 국제파 엘리트다. 이들은 두바이의 위기 상황에서 어떻게 대응할 수 있을까? 만약 총리가 실권을 벗어나게 되면 어떻게 될까? 그 초강력 개발 엔진이 꺼져버리면 어떻게 될까? '외길 시나리오'가 더 이상 작동하지 않으면 어떤 대안 시나리오를 만들 수 있을까?

후대 사람들은 두바이 개발 전략을 어떻게 평가할까? 두바이 모델은 20세기 중반의 국제무역도시 개발 모델, 예컨대 홍콩, 싱가포르를 모델로 삼되 극도로 세계 자본화가 진행된 20세기 말, 21세기 초에 초고속 인센티브 부여로 세계도시로 급성장한다는 전략이었다. 뒤에서 따로 다루겠지만 홍콩이나 싱가포르가 성장할 수 있었던 배경에는 아시아와 중국이라는 거대 신흥 시장이 있었다. 하지만 두바이는 그런 뿌리가 취약한 상황에서 초고속 성장을 추진했기 때문에 그 지속 가능성에 의문이 드는 것이다.

두바이의 초고속 개발성장모델은 상대적으로 모방이 쉽다. 금융과 부동산, 쇼핑 관광을 활용하면 된다. 그래서 여러 경쟁자들이 등장한다. 앞에서도 거론했듯 벌써 중동권의 다른 도시들, 특히 아랍에미리트연합국의 다른 도시인 아부다비가 두바이를 따라잡으려 엄청난 투자를 시작한 지 오래고 중동 다른 도시들도 두바이 성장모델을 베끼려든다. 이들은 동시에 부상할 수 있을까 아니면 공멸할까? 이른바 공룡들의 전쟁에서 승자가 되기도 어렵지만 승자로 남기도 쉽지 않다. 게다가 거품이 꺼지면 자칫 신기루처럼 사라질 위험을 내포하고 있다.

쿠리치바의 지속 가능 성장모델은 생태도시, 환경도시, 대중교통도시, 혁신도시 등 구호로서는 모방이 쉬워 보일지 모르지만 그 모델을 현장에 뿌리내리는 데에는 엄청난 정성과 노력이 필요하다. 초고속 개발성장모델에 비해서 금방 성과가 보이지 않기 때문에 유권자들의 표를 모으기도 쉽지 않으니 정치 지도자들이 지속적으로 추진하고 싶어 하지 않는다는 문제도 있다. 사회 전체에 탄탄한 철학이 뒷받침되고 시민들의 공감대를 이끌어내지 않고서는 지속성을 보장하기 어려운 것이다. 쿠리치바 모델의 이점은 수없이 많다. 저비용, 고른 수혜, 사회 양극화 방지, 환경 비용 낮추기, 튼튼한 인프라, 새로운 상황에서 변화 대응성, 계획의 유연성 그리고 무엇보다도 오래가는 지속가능성. 다만 그 모델을 어떻게 실천해낼 것인가가 관건일 뿐이다.

* * *

어떤 모델을 선택해야 할까? 지금도 쿠리치바를 모델로 삼는 도시가 있고, 두바이를 모델로 삼는 도시가 있다. 어떠한 상황이든 지속 가능성을 묻지 않을 수 없다.

사업도, 일도, 사람과 기업체의 성장에서도 마찬가지다. 대박을 꿈꿀 것인가, 지속 가능성을 꿈꿀 것인가. 무엇을 성취하기 위한 것인가, 누구를 위한 것인가, 어떤 방식을 택할 것인가, 지금 당장 가진 자산은 무엇인가, 어떤 자산으로 키워낼 것인가, 인스턴트 성공을 꿈꿀 것인가 끝없이 자라나는 성공을 꿈꿀 것인가?

쿠리치바의 레르네르 시장은 작은 것에서 시작했고 두바이의 셰이크 총리는 거대한 것으로 시작했다. 레르네르는 '지속 가능성'에 방점을 찍었고, 셰이크는 '대박 가능성'에 방점을 찍었다. 레르네르 시장이 열정을 쏟아부은 쿠리치바는 시민의 도시로 이미 성공했고, 셰이크 총리가 지휘해온 두바이는 여전히 미래가 불투명한 도시다. 쿠리치바는 예측 가능한 도시로서 뿌리를 내렸고 두바이는 예측 불가능한 도시로 하늘로 증발될지도 모르는 도시가 되어버렸다.

초고속 성장모델과 지속 가능한 성장모델은 도시나 국가뿐 아니라 모든 개인과 조직에도 의문을 던진다. 근래에는 '두바이형'을 선망하는 성향이 두드러진다. 금융 투자, 부동산 거품, 신기술 사업, 공격적 마케팅이 트렌드로 자리 잡고 언론이 그런 거품을 부채질하는 면도 적지 않다. 개인의 커리어에서 초고속 승진을 기대하거나 집중투자로 대박을 노리는 사람들, 기업도 창업과 증자, 기업 매수 합병을 통한 대박을 노리는 경우도 적지 않다. 상대적으로 '쿠리치바형'의 가치가 맥을 못 추고 근면하고 성실한 콘텐츠로 내공을 갖춘 개인이나 사업을 덜 주목하는 성향도 적지 않다. 거품이 걷히고 초고속 성장 신화가 흔들리면서 사회 전반적으로 지속 가능한 성장에 대한 관심이 늘어나는 조짐도 있으니 변화를 기대해봄 직도 하다.

어떤 선택을 할 것인가? 이것은 개별적 선택의 문제이기는 하다. 좋기야 두 마리 토끼를 다 잡고 싶을 것이고, 표방하기야 초고속으로 성장해서 그 기반으로 지속 가능성의 기반을 만들어낸다고 하고 싶을 것이다. 하지만 세상은 그리 녹록지 않으며 하나의 목표에 이르는 과정에는 항상 반작용이 따르기 마련인지라 주어진 자원, 기회, 시대적 상황은 깊은 성찰을 통한 선택을 요구한다. 특히 도시와 국가라는 공공적 공동체의 성장모델을 선택함에 있어서는 더욱 신중할 필요가 있다.

두바이형 초고속 성장모델을 택할 것인가, 쿠리치바형 지속 가능한 성장모델을 택할 것인가? 당신의 선택은 무엇인가?

도시의 두 얼굴을 보라

뉴욕 + 파워브로커와 거리 위의 눈

"보고 싶지 않은 것에 눈을 감지 말고,

듣고 싶지 않은 것에 귀를 기울여보라.

우리가 가진 두 얼굴을 직시해보라."

사람들은 대개 보고 싶지 않은 것에 대해서 일부러 눈을 감는다. 일부러 귀를 막기도 한다. 진실은 보는 자의 눈에 달려 있다고 하던가? 보고자 하는 눈, 듣고자 하는 귀가 없으면 진실을 알 도리가 없다. '도시의 두 얼굴'도 보고 싶지 않은 것 중 하나다.

도시는 필연적으로 두 얼굴을 가지고 있다. 인간의 성선설도 일리가 있고 성악설도 일리가 있듯, 도시에도 선과 악의 두 얼굴이 있는 것이다. "도시란 선한 동기에서 출발하지만 자칫 악한 동기들에 조종당하기 십상이다"라고 말하면 정확하지 않을까? 공동체의 생존과 번영을 위해 도시가 태동하지만 자칫 사적 욕망의 사투에 지배당하고, 이를 악용하는 자가 번성하고, 강자가 약자를 착취하고, 약육강식의 게임이 일상이 되고, 그에 따라 소외 계층이 생기고, 갈등이 점증하며,

분쟁이 끓어오르고 급기야는 폭발할 수도 있는 것이다.

사적 욕망과 공적 풍요, 강자의 번성과 약자의 권리, 약육강식과 상생 공존, 갈등과 통합을 어떻게 융화하느냐는 문제는 현대의 시장주의 도시, 민주주의 도시에서 가장 중요한 과제다. 이 과제는 현재진행형이다. 많은 도시들이 지금도 시행착오를 거치고 있으며 지혜로운 해법을 모색하며 서로 배우고 있다. 도시의 두 얼굴을 어떻게 대하느냐는 어쩌면 도시의 영원한 과제일지도 모른다.

도시의 두 얼굴이 가장 극명하게 드러나는 대표 도시가 뉴욕일 것이다. '도시 중의 도시'라 일컬어지는 뉴욕은 인간의 모든 죄악이 농축되고 인간의 극한 욕망이 적나라하게 드러나는 도시다. 그런가 하면 뉴욕은 도시가 이룰 수 있는 인간 사회의 이상을 끊임없이 추구하는 도시기도 하다. 도시 중의 도시, 뉴욕을 통해 도시의 두 얼굴을 맞대보자.

뉴욕, 미녀와 야수의 두 얼굴

뉴욕은 아마 영화와 드라마에 가장 많이 등장한 도시일 것이다. 먼저 뉴욕의 밝은 얼굴을 보자. 그야말로 '미녀beauty'의 도시답게 뉴욕에서는 그럼직한 로맨스들이 일어난다. 그 유명한 영화 〈해리가 샐리를 만났을 때〉에 나오는 장면들을 떠올려보라. 센트럴파크의 가을, 작은 식당, 정겨운 브라운스톤 타운하우스(대개 5층 내외 높이로 옆집과 벽을 붙여 짓는 벽돌집. 1층은 길에서 계단으로 올라가는 스타일이 많다), 작은 서점 등 '나도 뉴욕에서 연애에 빠지고 싶다'는 반응이 나옴 직하다. 주인공 '샐리'

＼
뉴욕 브라운스톤 타운하우스.

를 맡았던 배우는 〈유브 갓 메일〉에서 한층 더 뉴욕 사랑을 키워낸다. 가장 뉴욕다운 타운하우스에서 살고, 가장 뉴욕다운 공원에서 산책을 하며, 가장 뉴욕다운 파티를 즐기고, 가장 뉴욕다운 연애를 한다. 이 영화에서 〈하느님은 뉴욕에 살고 계실 거야I guess the Lord must be in New York City〉라는 노래가 흘러나오는데, 미국인들의 뉴욕 숭배는 그만큼 뿌리 깊다.

"우리가 여전히 사랑한다면 6개월 후 엠파이어스테이트빌딩 전망대에서 만나자"고 하는 영화 〈러브어페어〉는 그리도 미국 여성들을 사로잡았던 모양인지, 하물며 시애틀의 남자와 볼티모어의 여자가 얼굴도 모르는 채 만나기로 약속하는 곳도 엠파이어스테이트빌딩 전망대다. 그것도 밸런타인데이에 말이다. 그렇게 〈시애틀의 잠 못 이루는 밤〉의 마지막 장면에서는 엠파이어스테이트빌딩 전체에 하트 모양의 불빛이 켜진다. 뉴욕은 〈프렌즈〉의 젊은이들이 생동감과 연대감으로 삶과 꿈을 키우고, 〈섹스 앤 더 시티〉처럼 새로운 자유와 흥미진진한 패션의 유혹을 즐기면서 짝을 찾아 헤매는 남녀들이 영원히 조우하는 도시인 것이다.

하물며 대표적 뉴요커라는 우디 앨런 감독이 중산층과 지식 계층의 문화를 냉소적으로 그리는 영화에서조차 뉴욕의 거리와 동네에 대한 깊은 정감이 묻어난다. 그의 대표 영화 〈애니 홀〉에 나오는 길거리들은 뉴욕 남녀에게 영원한 탐색 공간이다. 뉴욕에서 태어나 뉴욕 대학을 다니고 뉴욕에서 일하는 뉴요커 우디 앨런의 시니컬한 심리 속에도 뉴욕은 애착 가득한 공간으로 새겨져 있는 것이다.

하지만 뉴욕의 어둡디어두운, '야수beast'와 같은 다른 얼굴을 보라. 뉴욕은 〈대부〉의 마피아와 같은 범죄 조직들의 폭력이 횡행하는 이권 분쟁의 공간이자, 〈택시 드라이버〉에서처럼 사회의 루저들이 마약과 함께 나락에 떨어지는 처절한 뒷골목의 세계다. 그런가 하면 탐욕, 교만, 탐식, 나태, 음란, 시기, 분노의 일곱 가지 죄악으로 타락해버린 세상을 신의 계시로 응징하려는 연쇄살인범을 배태한 〈세븐〉의 도시다. 하물며 남녀가 조건 없는 짝을 찾아 술집을 헤매다 비극적인 결말을 맞는 〈미스터 굿바를 찾아서〉의 도시이고, 끝 모를 인면수심의 성범죄로 점철된 드라마 〈로 앤 오더: 성범죄전담반〉의 도시다.

언제 어디서 희한한 범죄가 돌출할지 모르는 도시 뉴욕은 〈배트맨〉이 출몰하는 고담시의 모델이자, 화학약품에 빠지고도 다시 살아나와 살인 가스의 공포로 시민들을 우롱하는 조커의 도시다. 뉴욕은 소돔과 고모라처럼 죄악이 들끓는 도시인 것이다. 하물며 뉴욕에서는 〈킹콩〉이 마천루를 기어오르다 떨어져 죽어버리고, 센트럴파크에 〈고스트버스터즈〉 악령이 출몰한다. 그리고 2001년에는 현실에서 영화보다 더 영화같이 9.11테러가 뉴욕을 강타했다.

뉴욕 자체가 '폭력'을 잉태하고 있음을 강렬하게 암시하는 〈갱스 오브 뉴욕〉이라는 영화가 있다. 19세기 유럽 이민자들 사이에서 지역이권을 둘러싸고 벌어진 원초적 폭력 충돌을 그린 이 영화의 주인공 이름은 '암스테르담'이다. 뉴욕은 영국령이 되기 전 네덜란드령이었고 당시 이름이 뉴암스테르담이었다. 영화의 마지막 장면은 상징적이다. 1846년부터 2001년까지 맨해튼의 풍경이 변하는 모습, 낮은 언덕과 밭과 늪이 펼쳐지던 맨해튼 섬의 전원적 풍경이 건물로 들어차고 마천루로 솟아오르는 모습을 차곡차곡 보여준다. 2001년 뉴욕 월드트레이드센터에 꽂힌 9.11테러의 원죄를 시사하는 이 장면은 서늘하다.

뉴욕의 아이콘들

뉴욕은 영화에서 그려진 두 얼굴 그대로다. 끔찍하고도 위대한 도시다. 인간의 무한한 욕망이 무자비할 정도로 드러나고 위대함을 추구하는 인간의 야망이 극한으로 펼쳐진다. 뉴욕을 대표하는 아이콘들인 마천루, 센트럴파크, 뉴욕 그리드, 월스트리트는 이런 욕망과 야망에서 비롯하여 도시 문명에서 새로 생산된 '돌연변이'들이라 할 만하다.

마천루. 하늘을 찌르는 바벨탑을 세우고 싶은 인간의 오랜 욕망이 실체로 구현된 때가 1931년이다. 11개월 사이를 두고 경쟁적으로 엠파이어스테이트빌딩과 크라이슬러빌딩이 마치 석가탑과 다보탑처럼 우뚝 섰고, 1971년에는 쌍둥이 월드트레이드센터가 세계 최고 높이의 마천루로 등극했다. 뉴욕에서 가장 흔히 보이는 관광 엽서는 두 장면을 담고 있다. 한 장면은 배를 타고 허드슨강으로 올라오며 자유의 여신상을 끼고 이제는 없어진 월드트레이드센터타워와 월스트리트가 홀연히 나타나는 장면이고, 다른 장면은 남북으로 길디긴 맨해튼을 측면에서 찍은 사진으로 고층 건물 숲 위로 우뚝 선 두 마천루가 노을 속에 황금빛으로 물든 장면이다. 두 장면은 뉴욕의 위대한 성취를 과시하는 전형적인 이미지로 전파되었다.

센트럴파크. 영국에서 성행했던 공원 만들기를 배워 와서 센트럴파크라는 돌연변이 작품을 만든 게 뉴욕의 마인드다. 인공적으로 만든 그 큰 공원을 그렇게 두부모 자르듯 네모반듯하게 만들 생각을 했다니 흥미롭지 않은가. 인공적으로 만든 고층 건물과 인공적으로 만든 거대 자연이 극단적으로 대비되는 경관, 마천루 위에서 보이는 센트럴파크의 초록빛 나무숲과 경계선을 따라 늘어선 수직 건물 숲이 이루는 직선은 기괴할 정도다. 영화나 드라마에 자주 나오는 이 장면을

뉴욕 센트럴파크.
인간이 만든 공원과 마천루 도시가 만나는 직선의 형상.

볼 때마다, 마치 외계의 공간을 보는 느낌이 든다.

뉴욕 그리드grid. 바둑판이라 불리는 격자형 그리드 도시는 인류의 오래된 발명품이고 역사적으로도 많이 썼다. 우리의 경주와 평양, 중국의 시안과 베이징, 일본 교토가 격자형 도시다. 유럽과 미국의 여러 도시들, 특히 식민도시를 만들 때 컨트롤을 쉽게 하기 위해서 그리드 도시를 선호하기도 했다. 하지만 뉴욕처럼 도시 전체에 단번에 그리드를 엎어버린 것은 유례가 없는 일이다. 동서 방향이 길고 남북 방향이 긴 장방형 블록을 만드는 독특한 뉴욕 그리드는 뉴욕을 규정하는 가장 강력한 공간 장치다.

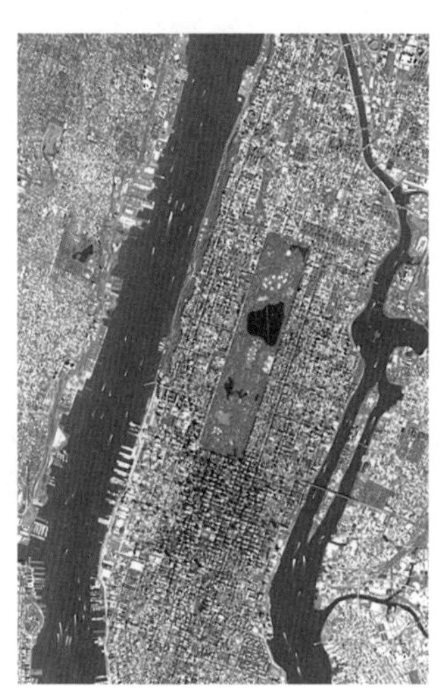

뉴욕 위성 사진.
기다란 맨해튼 섬에 뉴욕 그리드와 초록색 센트럴파크가 선명하다.

월스트리트. 전 세계의 돈이 모이고 또 전 세계로 돈을 뿌리는 동네다. 월스트리트가 자리한 로어 맨해튼Lower Manhattan은 가장 오래된 동네로 뉴욕 그리드도 감히 건드리지 못한 구역이다. 항구와 가깝고 뉴욕 증권거래소가 세상을 울리고 웃기며, 월드트레이드센터가 세계 자본의 아이콘으로 등장한 동네다. 뉴욕이 수도를 워싱턴 D.C.에 물려주고 이른바 경제 수도로 또한 세계의 수도로 떠오르는 데 결정적인 역할을 한, 다른 어떤 것보다 무섭고 무자비한 돈의 힘, 탐욕의 힘의 결정판 공간이다.

이런 돌연변이 아이콘들이 들어선 맨해튼은 멀리서 볼 때 느끼는 충격적 인상과 달리, 의외로 일상적 환경은 상대적으로 괜찮은 편이다. 대부분의 거리에는 미국의 다른 도시들과 달리 걷는 사람들이 많다는 사실이 반갑게 느껴진다. 지하철과 버스 같은 대중교통 이용률도 다른 도시보다 훨씬 높은 편이다. 맨해튼의 금싸라기 땅에서 주차비를 감당하기 어려워서 생기는 좋은 점도 있는 것이다. 거리는 생각보다 깨끗하며 사람들의 걸음 속도가 빠르고 밀도도 높지만 그 빈잡함이 오히려 신선하다. 독특하고 생기 가득한 가게들이 거리에 넘치고, 비록 그라피티로 덮여 있기는 해도 지하철은 생각보다 안전하며, 센트럴파크는 종종 범죄의 온상으로 그려지지만 한낮에 불안할 정도는 아니고 눈높이에서 시원한 풍경을 만들어주며 시민들의 발길을 유혹한다.

동네마다 특색도 뚜렷하다. 다운타운, 미드타운, 업타운으로 나뉘어 기능이 다르고, 길디긴 센트럴파크를 사이에 두고 동서 간 이스트사이드, 웨스트사이드 동네가 확연하며, 그리니치빌리지, 할렘, 소호 등의 동네와 리틀이탈리아, 차이나타운, 코리아타운 등 이국적 성격이 강한 동네까지, 독특한 동네들이 많다. 남북 도로에는 애비뉴avenue라는 이름을, 동서 도로에는 스트리트street라는 이름을 부여한 뉴욕의 거리 시스템은 아주 명쾌하다. 각 애비뉴와 스트리트는 나름대로의 특색을 자랑하며 이들이 만나는 점에는 활기찬 광장 공간들이 생긴다. 그중 대표적인 타임스스퀘어에서는 뉴욕의 변화무쌍한 광고 속

도전이 벌어지면서 시대의 코드를 세상에 전파한다.

뉴욕을 상징하는 두 인물 : 파워브로커와 거리 위의 눈

뉴욕은 천국과 지옥을 오가며 오늘날에 왔다. 월스트리트와 로어 맨해튼 지역은 크고 작은 경기 변동은 물론 1920년대 대공황을 거치며 살아남았고 9.11테러의 여파와 2008년 금융위기를 건너왔다. 센트럴파크를 만들며 개발을 추진하여 새로운 부자 동네로 떠올랐던 업타운의 할렘 지역은 점점 더 퇴락하면서 1970년대까지만 해도 범죄의 소굴로 일반 시민들은 얼씬도 못 했다. 기실 1960년대까지 교외로 교외로 도심 인구가 점점 빠져나가면서 맨해튼은 거의 공황 상태를 맞을 정도였다. 세수는 줄고 거리는 텅텅 비고 불안정한 이주민들과 마약상들이 들끓는 동네들이 늘고 퇴락한 공영 아파트들이 유령 단지가 되어버렸다. 거리를 청소할 비용도, 치안에 들일 비용도 없어 파산 직전에 이른 뉴욕은 암울했고 이런 과정에서 뉴욕의 두 얼굴은 점점 더 극명하게 나뉘었다. 센트럴파크 동편의 상대적으로 부유한 동네와 서편의 저소득층 동네가 갈라졌고 남쪽의 월스트리트와 미드타운이 부유층과 기업 엘리트 들로 번성하는 반면 북쪽 동네는 소수 인종, 빈곤층의 동네로 마약과 거리 범죄에 노출되는 등 동과 서로, 남과 북으로 갈라져버린 것이다.

두 얼굴의 뉴욕을 상징하는 두 인물이 있다는 것은 우연이 아닐 것이다. 한 인물은 뉴욕시와 뉴욕주에서 장장 50여 년 동안 도시개발과 관련한 온갖 주요 자리를 차지하며 뉴욕을 쥐락펴락했던 로버트 모지스Robert Moses다. 그의 일대기로 퓰리처상을 받은 언론인 로버트 카로Robert Caro는 모지스를 통해 뉴욕이라는 초거대 괴물이 태어나고 자라난 과정을 그렸는데, 책 제목이 『파워브로커The Power Broker』다. 모지스가 차지하지 못한 것은 뉴욕 시장, 주지사 같은 선출직이었을 뿐, 민주당과 공화당 정치인들을 손아귀에 쥐고 개발 이권을 담보로 하는 정치적 영향력을 매개로 브로커 역할을 톡톡히 한 것이다.

파워브로커 모지스는 모든 개발업자와 정치인이 선호하는 관료라 할 만하다. 끊임없이 일감과 선거공약을 생산해주었으니 말이다. 뉴욕에 월드 페어와 유엔 본부를 유치했고 항만, 다리, 댐, 고속도로, 대규모 아파트, 대규모 공원, 교외 주거지 등 크나큰 일감을 지속적으로 만들어냈다. 그러나 그렇게 도시가 양적으로 팽창하는 동안에 정작 뉴욕시는 퇴락해갔고, 주민들은 떠나갔고, 거리는 범죄로 뒤덮였고, 세수는 줄어들었고, 급기야 뉴욕시는 부도를 낼 지경이 되었다.

이때 떠오른 또 다른 인물이 제인 제이콥스Jane Jacobs라는 경제사회학자다. 그의 대표작 『미국 대도시의 죽음과 삶』이라는 책은 당시에 선풍을 일으켰을 뿐 아니라 지금도 미국인들에게 전폭적인 사랑과 존경을 받는 클래식이다. 이 책은 모지스가 파워브로커로 활동한 시대에 공룡이 되어버린 거대 뉴욕의 실상과 무분별한 아파트 단지 개발과 도시 재개발로 망가져가는 맨해튼의 실상을 고발하면서 일상 도시인의 눈높이에 맞추어 도시의 경제사회학에 대한 신선한 관심을 불러일으켰다.

이 책은 특히 도심 재발견과 거리 경제 활력 살리기에 크게 기여했다. 제인 제이콥스는 '거리 위의 눈eyes on the street'이라는 개념을 강조했는데, 차 타고 교외 나가서 띄엄띄엄 살며 교통 지옥과 소외감에 시달리며 사는 게 좋은 도시가 아니라 길이 살아 있고 길에 사람들의 눈이 24시간 존재하는 도시가 좋은 도시이며 거리에 활력이 있어야 범죄도 줄고 거리 경제도 살고 세수도 는다는 지론을 폈다.

1970년대까지의 악몽을 걷어내고 1980년대 이후 뉴욕시의 환경이 상당히 개선된 데에는 제인 제이콥스의 비전이 커다란 역할을 했다. 뉴욕뿐 아니라 다른 도시에서도 도심 주거, 도심 재활성화에 대한 관심이 환기되었고, 획일적인 아파트 단지를 지양하고 도시 거리의 한 부분이 되는 공공 아파트 건설을 촉진하는 등 제이콥스의 비전은 미국의 도시계획에 지대한 영향을 미쳤다. 뉴욕의 웨스트빌리지는 실제 제인 제이콥스가 재개발 반대의 기치를 든 덕분에 동네가 보전될 수 있었고 이후 그의 공헌을 기리며 '제인 제이콥스 블록'이 생겼을 정도다.

9.11테러 이후의 뉴욕

21세기에 9.11테러라는 참사와 세계금융위기라는 새로운 위기를 겪은 후 도시 중의 도시, 뉴욕은 앞으로 또 어떤 행로를 걷게 될까? 엠파이어스테이트Empire State라는 작명에 은연중 드러나듯, 뉴욕의 패권 추구 행보가 지속될까? 또 다른 파워브로커들이 나타나서 만능자본주의, 거대경제주의, 팽창주의, 소비주의, 공급주의, 속도주의, 무한경쟁주의의 가치관을 주창하며 뉴욕 엠파이어의 힘을 더 키우려고 할까? 아니면 제인 제이콥스의 철학에 동조하며 '거리 위의 눈'들이 주창하는 절제자본주의, 복합경제주의, 질적성장주의, 인간환경주의, 수요자주의, 진화주의, 상호공존주의의 가치관이 더 뿌리내리게 될까?

뉴욕은 이른바 '그라운드제로' 현장의 신속한 재건축을 추진하며 뉴욕의 경제 패권을 유지하려 안간힘을 썼다. 연방정부나 주정부, 뉴욕시에서 상당한 지원을 했던 것도 사실이다. 그러다가 2008년 월스트리트와 뉴욕을 기반으로 하는 금융 기업들이 세계금융위기의 진원지가 되어버렸다.

그라운드제로 개발은 월드트레이드센터 같은 엠파이어적인 개발 방식 대신에 일곱 개의 상대적으로 작은 타워로 구성하는 위험 분산 개발 방식과 9.11메모리얼박물관과 다양한 시민 공간 등 훨씬 더 환경친화적이고 시민 친화적인 개발 내용을 택했다. 그전의 월드트레이드센터 같이 밋밋하고 거대한 개발을 향한 비판이 상당했고 제이콥스 스타일의 거리 친화형 개발에 대한 선호도가 높아진 영향도 있다.

여러 이유로 사업 내용이 바뀌고 설계도 바뀌면서 지연되기도 했지만 지금 뉴욕에 가면 그라운드제로에 들어선 시설들을 볼 수 있다. 인상적인 것은 워낙 월드트레이드센터가 있던 블록을 다 비우고 9.11메모리얼박물관과 공원을 만든 것이다. 붕괴한 쌍둥이 건물이 있던 바로 그 자리에 만든 두 개의 네모난 지하 폭포는 뉴욕의 눈물을 상징한다. 새로 계획한 고층 건물(결국 여섯 개만 짓기로 했다)은 모두 주변 블록에 들어섰거나 짓고 있다. 가장 면적이 컸던 월드트레이드센터 블록에 건물을 세우는 안도 있었지만 시민들의 열망이 결국 이겼다는 사실이

뉴욕 9.11메모리얼파크.
월드트레이드센터 트윈 타워가 있던 자리에 지하 폭포를 만들었다. 밤에는 여기서 타워 빔을 쏘아올릴 수 있다.

희망적이다. 2014년에 완공된, 가장 높은 원월드트레이드센터 마천루를 뉴요커들은 '프리덤 타워'라고 부른다. 무너졌던 교통허브센터를 새로 디자인한 '오큘러스The Oculus(눈 또는 세계의 중심이라는 뜻)'는 하얀 새처럼 비상하는 모습인데, 정말 근사하다. 뉴요커와 미국인 들의 그렇게 다시 비상하고픈 마음을 표현했으리라.

2011년 월스트리트는 또 다른 큰 도전을 받았다. '월가를 점령하라Occupy Wall Street'라는 시위다. 2008년 세계금융위기 이후 국가 차원의 구제금융이 쏟아졌는데, 금융위기를 초래했던 금융가들이 반성을 하기는커녕 자기네끼리 배당하는 돈 잔치를 벌였던 모럴해저드를 비판하는 시민들이 벌인 시위였다. 시위는 73일 후 진압되었지만, '월가를 점령하라' 시위에 담긴 메시지는 전 세계의 금융권과 정치권을 강타했다. 지독한 양극화, 1퍼센트와 99퍼센트로 나뉘는 계층 사회, 1퍼센트 엘리트가 모럴해저드에 빠진다면 어떻게 될 것인가? 뜨끔한 메시지가 던져진 것이다.

미국이 추구하는 자본만능주의의 상징인 월드트레이드센터에 가해진 끔찍한 테러와 월스트리트가 초래한 금융위기 그리고 '월가를 점령하라'라는 메시지는 어떤 변화를 가져올까?

* * *

도시 중의 도시, 뉴욕은 그 자체가 참 딜레마다. 이른바 세계 최고, 세계 최정상 도시에 대한 선망과 인간의 기술문명적 성취에 대한 긍정적 반응이 한편에 분명 있는가 하면, 다른 한편에는 뉴욕이 세계 최정상을 유지하기 위해 택한 경쟁과 탐욕이 세계에 어떤 폭력성을 발휘하고 있는가 그리고 시민들에게 어떤 부담을 지우고 있는가 하는 비판 의식이 솟아오르는 것이다.

모지스 같은 파워 엘리트들이 펌프질을 한 뉴욕의 파워브로커적 질주에 그나마 균형 감각을 불러온 것은 제인 제이콥스와 같이 보통 시민들의 눈높이를 강조한 휴머니스트였다. 그는 뉴욕 자체가 안고 있는 폭력성을 그마나 순화하며 인간성을 회복하고 도시 삶의 질과 경쟁력에 대해 본격적으로 고민하게 하는 역할을 했다. '도시의 죽음과 삶'에 대한 의문을 통해 제인 제이콥스는 도시를 경제개발의 도구로 보는 시각을 넘어서 도시경제의 복합 생리를 이해해야 도시의 삶이 이어질 수 있다는 건강한 도시관을 던져준 것이다. 오바마 전 대통령이 제인 제이콥스와 그의 책에 '도시의 정신적 지주'라고 존경을 표할 정도로(2008년 톨레도 연설) 인본주의적인 도시관은 뿌리를 내리고 있지만 아직 실천의 길이 먼 것 또한 현실이다.

우리는 어느 단계에 있을까? 우리 사회에서 도시는 대체로 경제개발 도구로만 인식되어왔다. 특히 1960년대 이후의 현대 도시화 과정은 국가경제개발 과정의 수단으로 여길 뿐이다. 최근 들어 도시 삶의 질에 대한 관심이 높아지기는 했지만 부동산 개발, 세수 증대, 관광수익 증대 같은 경제 이익의 도구로 여기는 성향은 여전하다. 도시 삶의 질 자체를 우선순위에 두고 도시 삶의 질과 경쟁력이 서로 선순환하는 도시관은 아직 뿌리내리지 못하고 있다.

독자들도 커리어의 어느 시점에서 분명 의문에 부닥칠 것이다. 경쟁이 치열한 사회에서 이른바 무한 경쟁, 승자 독식, 시장 선점, 시장 제패와 같은 이익 목표를 실현하기 위해 매진하면서 다른 가치에 대해서는 눈을 감아야만 하느냐, 경쟁력 목표와 삶의 질 목표가 서로 '윈-윈'할 방법은 없느냐 하는 고민이 순진한 이상이기만 한 것인가 같은 의문들이다. 더구나 이 세상에는 피도 눈물도 없이, 자신의 이권을 위해서라면 파워브로커이기를 마다하지 않는 사람들이 워낙 많지 않은가? 자신의 번성을 위해 맹목적으로 팽창 성장을 선호하는 사람들이 워낙 많지 않은가? 나도 살아남고 번성하려면 그런 대열에 합류해야 하지 않을까? 커리어에서 이런 고민을 하지 않는 사람은 없을 것이다.

어떻게 해야 할까? 나는 이 질문에 어떻게 하라고 단정하고 싶지 않다. 개인의 선택이다. 다만 개인이 어떤 선택을 하건 간에 사회 전체로서는 공동체의 이익, 삶의 질에 대한 고민, 경쟁력과 삶의 질의 궤적을 맞추려는 노력이 절대적으로 필요하다는 사실이다. 뉴욕이라는 거대도시, 도시 중의 도시, 최정상의 도시가 걸어온 길에서 우리가 배울 수 있는 것은 소수의 탐욕이 극한으로 추구되었을 때는 언제나 위기로 치달았고 그 위기는 언제나 많은 사람들을 오랜 시간 고통의 늪으로 몰아갔다는 사실이다.

자신의 행위에서 사적인 욕망과 공적인 풍요 사이에서의 균형을 잡아보라. 경쟁력과 삶의 질의 균형에 대해서 항상 고민해보라. 보고 싶지 않은 것에 눈을 감지 말고, 듣고 싶지 않은 것에 귀를 기울여보라. 우리가 가진 두 얼굴을 직시해보라. 두 얼굴에 담긴 가치관에 대해서 깊게 고민해보라.

분수를 지키며 분수를 키워라

싱가포르 + 홍콩 + 상하이

"분수를 지키며 분수를 키우라는 것이
결코 모험을 하지 말라는 뜻은 아니다.
치밀하고 냉철하게 모험하라는 뜻이다."

먹고사는 문제는 도시라고 예외가 아니다. "낳아놓으면 어떻게든 크지 않겠어?"라는 말은 사람에 대해서도 도시에 대해서도 맞지 않는다.

중화권이 만든 거대도시, 세계도시, 혼합도시, 돌연변이적 도시인 싱가포르, 홍콩, 상하이를 볼 때마다 나는 의문에 빠진다. "도대체 어떻게 유지하려고 이 도시를 세웠을까? 다른 대안은 없었나? 어떻게 이렇게 커졌을까? 뭘 먹고사나? 앞으로는 또 뭘 먹고살까? 어떤 미래가 있을까?" 이런 의문이 드는 이유는, 세 도시가 수많은 제약 조건에도 불구하고 엄청난 도시들이 되었기 때문이다. 어쩔 수 없이 그렇게 되었을까? 어떤 기회를 포착한 걸까? 이른바 대마불사大馬不死란 도시에도 작용하는 걸까?

이 질문은 어떻게 자신의 분수를 알고 지키면서 다른 한편으로는 자신의 분수를 키우는가 하는 질문과 맞닿아 있다. 동시에 두 가지 태도를 견지해야 한다. 자신의 분수를 냉철하게 파악하는 동시에 그 분수를 키울 전략도 함께 세워야 한다. 자신의 한계를 알면 오히려 새로운 가능성을 모색할 수 있을지 모른다.

싱가포르, 그 길밖에 없다?

물론 싱가포르에는 오직 그 길밖에 없었다. 영국령에서 독립하고 말레이시아 연방을 이루었다가 다시 2년 후 말레이시아에서 쫓겨나다시피 독립한 1965년, 도시국가 싱가포르는 죽느냐 사느냐 기로에 섰다. 땅은 좁고, 특출한 천연자원도 없고, 산업 기반은 일천하고, 이주민들은 증가하고, 제대로 된 주택은 부족하고, 식민 시대의 엘리트 교육 외에 대중 교육 시스템도 전혀 갖춰져 있지 않았다.

이런 한계 상황에서 싱가포르는 외줄 타기 전략을 택했다. 1970년대 동남아시아에서의 핵심 중계무역도시라는 기능을 설정하면서 외국기업 투자자들에게 법인세를 면제해주고, 가공무역 산업 단지를 개발했으며 영국 식민 전력의 이점을 활용하는 한편 다민족 사회의 갈등 억제 효과도 노린 영어 공용화, 동아시아 금융기관 유치 등 생존 드라이브를 강하게 걸었다. 생산허브, 물류허브, 정보허브, 금융허브로의 성장이었다.

싱가포르의 전략이 성공한 데에는 타이밍, 아시아 경제의 부상, 입지적 이점 그리고 잘 알려진 대로 리콴유 총리의 공익적 독재 통치가

지대한 역할을 했다. 사반세기 만에 부동의 위상을 구축한 싱가포르는 1990년대 말 아시아 경제위기 때에도 튼튼했고, 2008년 세계금융위기에도 상대적으로 국가위험도가 낮다는 평가를 받았다. 이 작은 도시국가의 외환보유고가 2019년 초 기준 2600억 달러에 달하고 1인당 GDP가 세계 10위권에 든다는 것은 기이할 정도의 성과다.

아시아의 서양 인형 같은 도시라는 평을 듣기도 하는 싱가포르는 아시아 도시 중 또는 전 세계의 도시 중에서도 가장 깨끗한 도시, 안전한 도시, 편리한 도시라는 평을 들을 만하다. 유동 인구가 많기는 하지만 서울보다 약간 더 큰 719제곱킬로미터 면적(싱가포르는 바다 매립으로 꾸준히 국토가 늘어나고 있다. 1000제곱킬로미터까지 늘릴 계획도 있다)에 인구 561만(2017년 기준)이니 인구밀도도 그리 높지 않은 편이다. 도시는 전반적으로 쾌적하고 어느 한 곳 사람 손이 미치지 않는 곳이 없다.

싱가포르는 그야말로 '공공의 천국'이라 할 만하다. 악명 높을 정도로 강력한 치안뿐만 아니라 공공건강, 공공주택, 공공복지, 공공교육 그리고 지속 가능한 환경 보전에 대한 정책을 일관된 원칙으로 철저하게 실천하고 있기 때문이다. 특히 싱가포르의 공공주택 프로그램은 세계적인 모범 사례로 꼽힌다. 시민이 안전하고 행복하게 느끼지 못한다면 조금의 요동만 있어도 사회가 무너질 수 있다는 경계심이 철저하다고 할까. 다문화 사회라는 태생적 조건과 개방적인 세계 교류에 따른 외부 압력을 견디기 위한 자구책이라고도 볼 수 있다.

싱가포르의 아킬레스건은 대외 의존도가 높은 산업, 세계 금융과 맞물린 금융 산업이지만 사실 그보다 더 심각한 사안은 물 문제다. 말

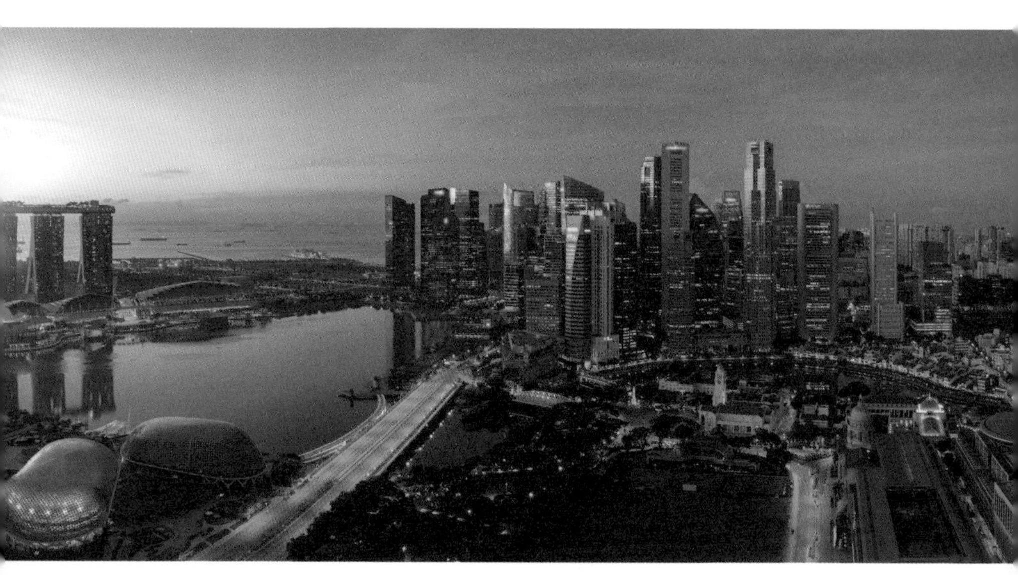

＼
싱가포르의 랜드마크, 마리나베이샌즈와 도심 풍경.

레이시아와의 물 사용 계약이 끝나는 2061년에 과연 어떻게 물 문제를 해결할지가 싱가포르가 풀어야 할 국가적 과제다. 고온 다습한 기후에서 쾌적한 비즈니스 도시를 운영하다 보니 에어컨 가동에 국가 전력의 절반을 쓴다고 할 정도로 에너지 의존 도시라는 것도 만만찮은 문제다.

21세기 초 싱가포르의 화두는 더 높은 경쟁력을 가지는 국제 비즈니스 산업과 관광 자원을 확대하는 것이다. 이를 위하여 바다 매립과 섬 개발에 관한 수많은 계획이 세워졌고 또 실현됐다. 최고급의 마리나베이샌즈호텔이나 가든인더베이, 컨벤션센터 등이 새로운 관광지로 각광을 받게 되었고, 싱가포르 창이국제공항은 세계 공항 중 최고의 서비스로 계속 1위에 오르고 있으며, 관광객 유치로 상위권에 오르는 등 특히 비즈니스 관광에서 강세를 유지하고 있다. 세계와의 네트워킹이 싱가포르의 번영 전략이고 강력하게 자유무역을 지지한다. '적도에 있는 유일한 세계도시'로서, 세계가 없으면 싱가포르도 없다고 할까? 2018년 트럼프 대통령과 김정은 위원장의 북미정상회담이 개최된 도시로서 싱가포르는 각별히 우리의 인상에 남게 되었다.

홍콩, 어떻게든 최대한 착취하라? 또는 활용하라?

홍콩은 그 길을 의도적으로 선택했다. 홍콩의 경우는 아예 그렇게 세팅이 되어버렸기 때문이다. 기구한 운명의 도시다. 어촌 마을에서 아편전쟁 이후 영국령으로 개항하고 20세기 초 제국주의 첨병 도시로 호황을 누리다가 제2차 세계대전 중 일본에 점령당했다. 1945년 다시 영국령이 되어 동아시아의 세계도시로 도쿄, 싱가포르, 상하이와 경쟁하다가 1997년 중국에 반환되었다.

싱가포르가 세계의 중화 경제권을 활용할 수 있는 이점이 있는 이상으로 홍콩은 중국의 거대한 배경을 잘 활용할 수 있었다. 홍콩은 마치 빨대 같은 역할을 했다. 노동력, 자본, 물류가 홍콩에 몰려들었고 중국의 개방과 함께 더욱 적극적으로 '신제新界(홍콩 북쪽 지역)'로의 확장이 가능했다. 새로운 국제투자 도시 선전과 광저우 등 주장珠江강 삼각주의 경제권과 긴밀하게 연계할 수 있는 이점이 있었다. 홍콩은 중국으로서도 회심의 카드라 할 만도 하다. 중국 경제 개방 전에도, 개방 이후에도 쓸모 높은 도시이니 말이다.

뉴욕이 미국이 만든 돌연변이 도시라 한다면, 홍콩은 하이브리드적인 돌연변이 도시다. 영국의 시스템과 중화권의 생존 에너지와 상혼商魂이 절묘하게 결합하여 만들어진 홍콩은 어떻게 표현하기 어렵게 독특하다. 당장 드러나는 인상은 기업가적 도시 외형과 화려한 소비 양상이지만, 바로 그 옆에는 생존에 목숨을 거는 수많은 사람들이 있다. 중국 본토, 동남아, 또 다른 세계에서 오는 사람들이 발산하는 생존의 에너지를 기업계의 탐욕 에너지가 휩쓸어 불태웠다고 해야 할까? 홍콩의 도시 심리를 그린 대표적인 영화 〈중경삼림〉과 〈타락천사〉 속의 흔들리는 영상이 그토록 홍콩답게 다가오는 것은 그런 이유 때문일 것이다. 홍콩의 심리는 정말 독특하다.

맨해튼을 처음 볼 때의 충격 이상으로 홍콩의 첫인상이 주는 충격은 상당하다. 홍콩섬과 주룽반도 사이의 빅토리아만은 바다인지 강인지 가늠하기 어려울 만큼 수많은 배들로 북적대고 빅토리아피크를 배경으로 펼쳐지는 초고층 건물의 행군은 숨을 멎게 만든다. 홍콩의 밀집 개발을 보면 다른 도시들의 통상적 밀도 개념을 잊어버려야 할 정도다. 뉴욕 맨해튼이 초고층으로 밀도가 높다고 하지만 맨해튼 지역에 그치는 반면, 홍콩은 다운타운의 마천루들뿐 아니라 도시 전역이 고층 아파트로 뒤덮여 있다. 산 정상에서 한밤에 내려다보는 화려한 홍콩의 야경, 홍콩섬에서 바라보는 주룽반도의 야경은 인간이 만든 불꽃놀이의 극치를 보여주는 드라마다. 탄복하지 않을 수 없는, 그렇다고 탄복만 하기에도 어쩐지 두려운 장면이다.

1997년 홍콩 반환 이후 이른바 '한 나라 두 시스템(일국양제)'의 미래에 대해서 의구심이 컸다. 초기의 착지에는 꽤 성공한 듯 보였다. 중국 자본이 유입되며 부동산 폭등 문제가 심각해지고 홍콩인들의 주거 환경이 열악해지는 문제가 생겼지만, 기존의 랜드마크였던 차이나뱅크보다 더 높고 큰 국제금융센터IFC를 세우며 홍콩의 새로운 시스템을 과시했고 첵랍콕국제공항을 새로이 오픈하기도 했다. 홍콩의 상주인구는 740만 정도지만 1250만 선전 인구와 연계하며 더 큰 경제권을 만들어냈고 쇼핑 천국, 관광 천국의 위상은 떨어지지 않았다.

그러나 속으로는 갈등의 소지가 쌓이고 있었다. 2014년 중국 전국인민대표대회가 홍콩의 자치권을 보장하지 않는 차기 행정장관 인선제도(중국이 추천하는 두세 명을 후보로 하여 지도자 선거를 치르는 방식)를 발표함에 따라 그에 반발하여 우산혁명이 일어났다. 2019년에는 범죄인 인도법 도입에 반대하며 다시 한번 대대적인 시위가 일어나며 한때 공항

＼

홍콩의 불야성.
수많은 SF영화에서 묘사하는 미래도시 같은 광경이다.

까지 마비되는 초유의 사태가 발생했다. 결국 홍콩 당국은 범죄인 인도법 도입을 철회했으나 홍콩 시민들의 정치적 자율에 대한 요구는 그치지 않을 전망이다.

1897년 아시아를 삼켜버렸던 제국주의로부터 잉태된 홍콩이라는 도시, 100년이 지나 영토는 본국에 반납되었으나, 홍콩 시민의 마인드와 중국의 마인드는 좀처럼 융합되질 못한다. 자본주의와 사회주의라는 경제 시스템의 공존만으로는 충분치 못하고, 서로 다른 정치적 욕구를 한 그릇에 담아내기란 그토록 어려운 것이다. 홍콩은 어떤 미래로 향할까?

상하이, 세계 패권에 등극할까?

도시를 보고 악몽이라는 말이 바로 떠올랐던 것은 1992년 처음 상하이에 갔을 때다. 지금은 푸둥 지역의 천지개벽과 같은 변화와 함께 중국 경제의 가장 빛나는 도시로 주목을 받지만 상하이를 처음 봤을 때는 괴물 도시를 본 것만 같았다.

도시는 한없이 크기만 한데 인프라는 형편없었다. 뒷골목이라 할 것도 없이 온 도시가 뒷골목 같았다. 거리에는 쓰레기가 날리고, 사람들은 넘치는데 하나같이 남루한 작업복 차림이고, 도로는 넓지만 상하수도나 가로등 시설은 제대로 없고, 초고층 건물들은 주차장도 없이 지어지고 있었다. 한편 지난 시대의 유산으로 자리를 지키고 있는 건물들은 하나같이 화려했다. 강변의 유명한 번드 지역의 고전적 건물들뿐 아니라 도심 전체가 탄탄한 석조 건물이었고 교외에도 하나

같이 빌라식의 화려한 양식이었다. 그런데 이 한때 날렸던 도시의 눈부신 유산 속에서 시민들이 실제 사는 모습은 마치 중세 암흑시대 같은 모습이라 할 정도였다. 내가 방문했을 때 마침 신문에 상하이 부시장 중 한 사람이 과로사했다는 기사가 났다. "이런 악몽 같은 도시를 관리하는데 과로사 안 하는 게 신기하지?" 같이 방문했던 전문가들끼리 혀를 찼다.

지금의 상하이는 경천동지요, 상전벽해다. 상하이는 인구 2600만에 면적은 6340제곱킬로미터로 홍콩 면적의 일곱 배에 달하고 중국에서 가장 큰 도시다. 상하이에는 온 세계가 섞여 있다고 해도 과언이 아니다. 19세기와 20세기에는 열강들이 조차지를 점령하여 상하이를 조각조각 차지하면서 전 세계에서 자본과 각종 스타일이 모여들었다. 홍콩과 달리 중국의 존재감이 엄연했던 상하이에는 퓨전 스타일이 돋보인다. 각 조차지에는 각 열강들의 색깔이 뚜렷하지만 이미 중국 스타일화했다는 느낌이 강한 것이다.

지금은? 과거에 열강들이 조차지 땅에 자신들의 이권 세력을 심었다면 지금은 세계의 자본가들이 초고층 부동산 프로젝트를 상하이에 심고 있다. 서울이 강북과 강남의 남북 대비라면, 상하이는 푸둥과 푸시의 동서 대비다. 황푸강이 휘감아 도는 푸둥 지역의 초고층 스카이라인은 가히 새로운 상하이, 새로운 중국이 지향하는 세계 패권 이미지를 단 한 장면으로 보여준다. 국제 자본의 공룡들이 만든 빌딩 숲 속에서 상하이가 제 힘으로 만든 거대한 탑, 동방명주Oriental Pearl Tower는 상하이의 야망을 원초적으로 상징한다.

상하이는 개항 이후 전통적으로 경제도시였고 전통적으로 행정도시인 베이징과 비교되는 아이콘이다. 새로운 권력 실세가 상하이 정치권을 기반으로 자라는 것도 무리가 아닐 만큼 상하이의 리더십은 강력하다. 10여 년 전 상하이에서 열린 국제회의에 참석했던 체험은 새삼 인상적이었다. 세계의 난다 하는 기업가들이 스스로 조직해서 상하이 시장에게 정책 사업을 제안하는 회의였다. 그만큼 상하이는 중국 시장에 진출하는 핵심 경로이자 정책 결정의 상층부를 차지하고 있다. 상하이 시장은 직접 원탁회의를 주재할 정도로 국제 감각과 시장 감각을 발휘하며 유감없이 실질적 질문을 던졌다. 상하이에 처음으로 방문했을 때 느꼈던 도시 악몽 대신 지금의 상하이는 장밋빛 미래뿐 아니라 이 엄청나게 거대한 도시를 어떻게 경영할 것인가라는 실질적 과제에 도전하는 모습이었다.

상하이는 천지개벽한 외형 안에 여전히 수많은 문제를 안고 있다. 과밀, 공해, 에너지, 환경과 같은 통상적 도시문제는 물론 겉으로도 드러날 정도의 양극화 현상과 늘어나는 범죄에 골머리를 앓고 있다. 푸둥 지역에 수없이 들어선 마천루들이 공급과잉으로 텅텅 비어도 여전히 새로운 프로젝트들이 기획되는 부동산 초거품 시대를 겨우겨우 넘어왔지만 과연 이런 붐업이 얼마나 더 오래 이어질까? 거대도시는 얼마나 더 거대해질 수 있을까?

중화권 도시들은 '분수' 개념이 다르다?

상하이, 홍콩, 싱가포르 외에도 중국의 대도시권들은 1000만 인

상하이 신도심 푸둥 지역 스카이라인.
동방명주를 비롯한 마천루의 숲이다.

구를 넘기는 경우가 많다. 베이징 2150만, 상하이 2423만, 광저우 1100만, 톈진 1560만이니 입이 안 다물어진다. 잘 알려진 역사 관광 도시인 쑤저우, 우시 같은 도시도 600만을 넘긴다. 중국은 거대도시들을 만들고 유지하는 비결을 각별히 가지고 있는 걸까? 중국의 경제·산업구조가 대도시에 사람이 자꾸 몰리게 만들기 때문일까? 아니면 14억 인구를 배치하는 방법일까?

중국이야말로 이른바 '메갈로폴리스Megalopolis(거대도시들의 네트워크를 품은 권역)'를 적용하기에 미국에 필적할 만한 나라다. 베이징과 톈진을 품은 권역, 상하이를 품은 권역, 광저우를 품은 권역 등 메갈로폴리스 하나가 가히 국가 하나의 규모를 넘어설 정도다. 몇몇 대도시에 사는 인구들만 합쳐도 미국 인구를 넘어선다. 중국의 거대도시는 근본적으로 기준이 다르다고 해야 할까?

여하튼 파워풀한 거대도시가 되는 까닭에 대해서는 나름의 명분과 실리적 포석이 필요하다. 싱가포르는 그렇게 할 수밖에 없었고, 홍콩은 그렇게 될 수밖에 없었으며, 상하이는 충분히 그렇게 될 만한 배경을 갖고 있었다. 싱가포르는 다른 무엇보다도 '타이밍'이 그 포석을 도와주었고, 홍콩은 '색다른 외세 세력'이 그 포석을 추진했으며, 상하이는 '입지와 국가 배경'이 그 포석을 만들어냈다. 싱가포르는 나름의 전략적 균형을 잘 세워온 편이고, 홍콩은 쇠락의 기로 때마다 오히려 역사의 터닝포인트를 활용하여 새로운 트렌드를 만들었고, 상하이는 든든한 배경을 바탕으로 급성장을 꾀했다.

그렇다면 다른 도시들은 어떨까? 예컨대 베이징은 자연지리적 배경으로 봐서는 그렇게 큰 도시가 될 명분이 부족하다. 그렇게 큰 도시에 큰 강, 큰 물이 없는 충격적인 도시가 베이징이다. 역사 속 여러 왕조에서 베이징 수도의 위상을 지키기 위해 주변 지역에서 물을 끌어와 큰 호수를 만들어 도시를 지탱해왔던 것은 나름대로 분수를 키운 정책이었다고 볼 수 있다. 그런데 21세기에 와서 중국의 권부는 베이징과 북부의 물 부족 문제를 해결하기 위해 대륙을 남북으로 관통하는 남수북조南水北調공정을 추진하고 있다. 운하를 통해 양쯔강의 물을 북쪽으로 끌어올리는 사업이다. 샨샤댐보다도 더 큰 규모의 토목사업으로 중국의 지리를 바꾸면서까지 베이징을 패권 중국의 강한 수도로 지켜야 하는 걸까? 분수를 키우되 분수를 지키는 다른 방법은 없는 걸까? 의문이 떠오른다.

* * *

우리는 모든 도시에 이런 질문을 할 필요가 있다. 이 도시의 분수는 무엇일까? 어떻게 분수를 키울 수 있을까? 어떤 타이밍에 있는가? 어떤 자연지리 조건인가? 어떤 사회 구성 조건인가? 어떤 자원을 가동할 수 있는가? 어떤 협력을 끌어낼 수 있는가? 위험부담은 어디에 있는가? 위험을 감수할 만큼 시도할 가치가 있는가?

문제는, 한 사람이 자신의 분수를 알고 지키는 동시에 그 분수를 키우기가 어렵듯이, 도시에서도 분수를 지키는 동시에 분수를 키우기란 참 어렵다. 사람이 자신의 분수를 넘어서 무리를 하듯, 도시도 자칫 분수를 모르고 무리수를 두는 것이다. 세계 곳곳은 물론 우리나라에서도 일어나는 '세계도시, 금융도시, 허브도시' 열풍도 그런 무리수가 될 위험을 안고 있다. 구체적 실체가 없이 구호만 무성한 경우가 적지 않으며 실현 가능성에 대한 엄정한 평가 없이 추진되는 경우가 적잖다. 20세기 중·후반에 절묘한 타이밍과 절묘한 입지와 절묘한 시장 환경을 타고 성공한 거대도시 싱가포르, 홍콩, 상하이를 무작정 벤치마킹할 수 없다는 사실을 자칫 간과하고 있는 것이다. 각 도시는 자신의 분수를 돌아보고, 그 분수를 키울 전략의 현실성을 냉철하게 따져봐야 한다.

개인이나 기업에게 '분수를 지키며 분수를 키운다'라는 개념은 총론으로 얘기하기는 쉽지만 각론으로 실천하기란 쉽지 않다. 운이 따르는 성공에 대한 부푼 기대란 인지상정이기 때문이다. 그러나 진정 내공을 갖춘 성장을 원한다면 자신에게 냉철하게 물을 필요가 있다.

자신이 계획하는 액션은 어떤 타이밍에 있는가? 적기인가, 빠른가, 혹은 늦었나? 환경조건은 어떠한가? 수요와 공급에 대한 예측을 신중하게 하고 있는가? 자신이 동원할 수 있는 자원은 어느 정도인가? 자신의 '강·약·위·기強·弱·危·機'를 잘 파악하고 있는가? 자신의 강점을 강점으로, 약점도 강점으로 만들 수 있는가? 위험은 어디에 도사리고 있으며 기회는 어디에 있는가? 위험을 감수하고 시도할 만큼 가치 있는 시도인가?

분수를 지키며 분수를 키우라는 것이 결코 모험을 하지 말라는 뜻은 아니다. 치밀하게 모험하라는 뜻이다. 냉철하게 모험하라는 뜻이다. 자신을 가장 냉철하게 대하자.

파워 플레이의 속성을 이해하라

워싱턴 D.C. + 상트페테르부르크 + 바티칸

"우리 자신 역시 어떤 위치에 있든

파워 플레이의 주체가 될 수 있다는 사실을 잊지 말자."

인간 사회를 움직이는 가장 강력한 동기가 권력 게임이라면, 도시란 어쩔 수 없이 그 권력 게임이 벌어지는 핵심 공간이다. 우리가 아는 수많은 도시들이 특정한 권력을 중심으로 세워졌고, 권력의 크기를 과시하고 그 권력의 정통성을 입증하기 위해서 새로 지어지고 모습이 바뀌었다. 도시는 언제나 특정한 권력에 의해서 유지되고 번성하고 또 쇠퇴했다. 인간 사회에서 권력이 필요악이고 도시 또한 필요악이라면 도시가 권력의 아이콘, 때로는 종교 권력의 아이콘, 때로는 정치권력의 아이콘, 때로는 경제 권력의 아이콘이 되는 현상은 필연적일 수밖에 없다.

아직도 생생하게 살아 있는 권력의 아이콘 도시에서 어떤 파워 플레이가 이루어졌을까? 최고의 권력도시라 할 만한 미국의 워싱턴

D.C.와 러시아의 상트페테르부르크를 들여다보면서 도시 공간을 통해 권력이 연출해내는 파워 플레이의 모습과 그 속내를 읽어보자. 인간이 종종 빠지는 파워 플레이라는 허영의 불꽃의 속성을 알기 위해서, 파워 플레이의 바탕에 있는 동기를 알기 위해서, 그 플레이에 자칫 속지 않기 위해서, 또는 인간이 종종 과시하고 싶어 하는 외형적 파워 플레이에 우리 자신이 빠지지 않도록 조심하기 위해서 말이다.

워싱턴 D.C., 파워 모델을 수입하다

현재 세계 최고의 권력도시는 두말할 것 없이 워싱턴 D.C.(이하 워싱턴)다. 소련이 몰락한 이후 세계 유일의 패권 국가 미국의 수도다. 전열을 가다듬은 러시아가 다시 패권을 넘보고, 유럽연합과 끊임없는 신경전을 벌이고, 중국이 새로운 패권 국가 후보로 부상하더라도 미국은 난공불락의 패권 국가이고 그 힘은 워싱턴에 모여 있다.

그런데 워싱턴이라는 도시가 탄생할 때 지금과 같은 세계 패권을 꿈꾸었을까? 그건 아니었을 것이다. 미국 독립 후 최초의 수도였던 뉴욕에서 임시 수도 필라델피아를 거쳐 워싱턴을 새로운 수도로 만든다고 결정했던 1790년, 미국의 관심은 온통 '국가의 독립 수호와 통합 안정'에 쏠려 있었다. 건국 이후에도 영국과의 충돌이 적잖았고 남북 갈등, 서부와의 충돌이 그치지 않는 상황에서 통합된 미국을 어떻게 완성하느냐가 최대의 관건이었던 것이다.

그러하니 워싱턴이라는 도시가 통합 미국을 어떻게 가시화하느냐에 초점을 맞춰 설계되었음은 당연할 것이다. 지금 워싱턴을 찾는 사람들은 내셔널 몰National Mall을 돌아보는 것으로 워싱턴의 파워를 파악하게 될 터이다. 몰 중앙에 우뚝 서 있는 미국 의회 건물의 위용을 보고 한쪽으로는 기다란 장방형의 거울 연못 같은 리플렉팅 풀Reflecting Pool과 여유로운 잔디밭 사이로 중요한 지점마다 세워진 워싱턴메모리얼, 링컨메모리얼, 제퍼슨메모리얼 등의 건국 기념 공간을 방문하고, 또 다른 쪽으로는 내셔널갤러리, 스미소니언 자연사박물관 등 내로라하게 들어선 국가 문화시설들의 면면을 둘러본 뒤, 약간 비켜서 있는 '저 푸른 초원 위의 그림 같은 집'처럼 보이는 백악관을 먼발치에서나마 보고 나면 '아, 이게 미국이구나!' 느끼게 될 것이다. 미

워싱턴 D.C. 내셔널 몰.

국인들은 이런 체험을 통해 애국심을 드높일지도 모른다. 그런 의도로 만들어진 공간이 내셔널 몰이다.

이 단순한 의도는 잘 작동하는 듯하다. 내셔널 몰은 초·중·고등학생의 단골 견학 코스고, 미국인들은 이곳을 일생에 한 번은 가봐야 하는 일종의 순례 코스라 여긴단다. 미국에 대한 존경심을 불러일으키기까지 하는지는 잘 모르겠지만, 세계인들에게도 내셔널 몰의 단순한 메시지는 잘 전달된다. 각 시설들의 수준도 상당하거니와 의회, 기념관, 박물관의 소장품들은 그 엄청난 콘텐츠로 미국의 월드 파워를 보여준다.

그런데 워싱턴과 내셔널 몰의 구성이 과연 미국의 민주주의 가치를 표현하고 있을까? 이 의문은 생각해볼 만하다. 이른바 민주주의의 가치를 나타내는 공간과 파워 플레이를 추구하는 공간에 그 어떤 차이가 있는가 하는 의문이다.

흥미로운 것은 워싱턴 도시의 설계자가 랑팡L'enfant이라는 외국인이라는 사실이다. 요즘 해외의 유명한 건축가와 도시계획가를 기용하듯 해외 인재를 통해 이른바 선진 디자인을 수입했던 것이다. 랑팡은 프랑스 사람으로 미국독립전쟁 당시에 라파예트 장군 밑에서 군사 엔지니어 역할을 하다가 눈에 띄어 조지 워싱턴 초대 대통령이 도시설계 구상을 맡겼다고 한다. 설계한 그대로 만들어지지는 않았지만 '랑팡 플랜'이라 불리는 그의 구상이 워싱턴 도시의 기본 골격을 형성하고 있다.

워싱턴은 방사격자도시다. 기본적인 격자 위에 다이아몬드 모양의

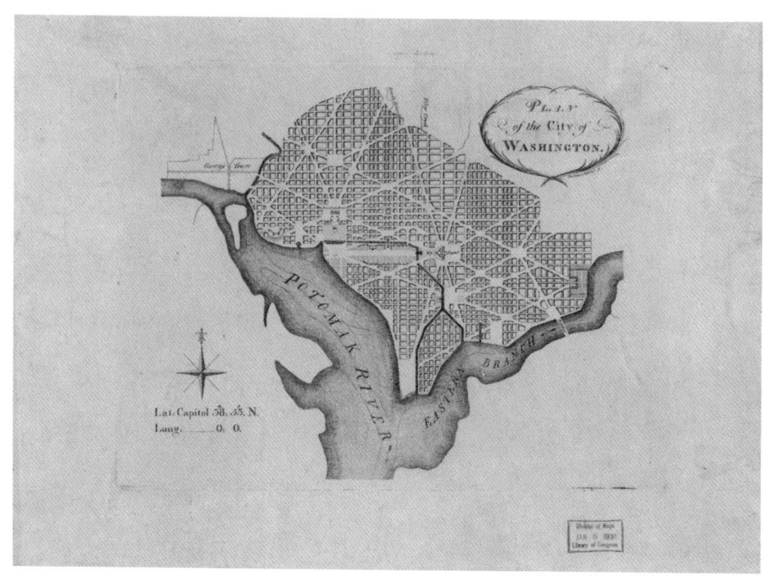

워싱턴 D.C. 도시계획 랑팡 플랜. 격자와 방사상 도시.

방사상 도로를 얹은 생김새다. 워싱턴의 땅이 다이아몬드 형상인데 그 위에 마치 다이아몬드를 가공하듯 방사상 축을 대입하고 그 중앙에 내셔널 몰이라는 상징 공간을 만든 것이 랑팡 플랜의 핵심이다. 이것은 당시 프랑스에서 유행하던 전형적인 바로크 스타일의 도시계획 개념이다. 그런데 바로크가 어떤 양식이었던가? 루이 14세에서 16세에 이르기까지 프랑스 절대왕정에서 태양왕을 중심으로 강력한 중앙 권력을 과시했던 시대의 스타일 아닌가? 18세기 프랑스의 실질적 수도였던 베르사유에 가장 강력하게 표현된 바로크적 권력 집중이 급기야 프랑스혁명을 불러오지 않았던가? 그런데 그 바로크적 도시계획의 개념이 새로운 가치를 지향하는 신대륙의 신생국가 미국의 수도 워싱턴에 적용되었으니, 생각할수록 아이러니가 아닐 수 없다.

상트페테르부르크, 러시아의 패권

그렇다면 러시아의 상트페테르부르크는 어떨까? 우리는 모스크바를 러시아의 대표 도시로 생각하지만 러시아 근대사에서 상트페테르부르크가 훨씬 더 오랫동안 수도였다(1712~1918년). 19세기 대표 문호인 푸시킨, 톨스토이, 도스토옙스키가 혼신을 바쳐 그렸던 러시아는 상트페테르부르크라는 도시를 배경으로 했던 것이다. 무능하고 타락한 왕정, 나태하고 부패한 관료 집단, 수탈과 약탈에 지친 민중, 진저리 나는 전쟁, 혁명 기운에 들뜬 인텔리겐치아, 러시아를 갉아먹는 악의 기운과 러시아의 진정한 혼을 되찾고 싶은 열망 등 상트페테르부르크의 러시아는 심한 열병을 앓고 있었다.

상트페테르부르크가 만들어진 이유는 워싱턴과 전혀 다르다. 표트르 대제라는 한 인물이 러시아의 서방 진출 정책과 항구 확보 정책의 일환으로 계획한 도시다. 대륙의 그 넓은 영토를 놔두고 서쪽 끝으로 수도를 옮기겠다고 결정한 황제는 핀란드만의 항구를 활성화해 러시아를 유럽 패권 쟁탈의 한 축으로 만들겠다는 야망에 불타올랐다. 1703년에 시작해서 불과 10년 만에 뚝딱 만든 수도는 호화로운 유럽 제국주의 도시들의 사교계에 데뷔한 셈이었다. 실제 상트페테르부르크는 18세기에 유럽의 중심 도시 중 하나로 떠올랐으며 러시아는 제국주의 확장에 뒤늦게 뛰어들었다. 이러한 야망 때문에 나폴레옹,

히틀러와의 전쟁은 물론 핀란드 등의 북유럽 나라들, 동유럽 나라들과 끊임없이 전쟁을 치렀던 것도 주지의 사실이다.

상트페테르부르크 역시 워싱턴처럼 도시의 축이 강하다. 권위와 부를 과시하기 위해 거리라는 강력한 축을 동원한 것이다. 가장 유명한 넵스키대로 등 거리의 축을 따라 권위적인 건물들과 엄청난 규모의 광장들이 들어섰다. 도시 건립 초기는 바로크 스타일와 신고전주의 스타일이 맹위를 떨치던 시대다. 강력한 축, 엄격한 대칭, 늘어선 기둥들이 만드는 열주 공간, 넓고 높은 공간 등 위압적이고 화려하고 무거운 장식으로 힘을 꽉 준 건물들이 대세였다. 궁전과 관청 건물들의 화려함이 대단해서 성당들은 차라리 차분해 보일 정도다. 그중 겨울궁전에 있는 예르미타시미술관에 가면 베르사유 궁전보다 더 화려해서 깜짝 놀랄 지경이다. 전 세계의 보석이란 보석은 다 모으고, 전 세계의 미술품이란 미술품은 다 모은 게 아닌가 싶을 정도다. 권력층이 이렇게 사치의 극을 누리는 동안에 러시아 민중들은 어떤 삶을 살았던가 하는 의문이 저절로 떠오른다.

레닌그라드로 이름을 바꾼 소련 체제하의 상트페테르부르크에서는 공산주의적 신고전주의와 러시아 구조주의 스타일이 도시를 지배한다. 묵직하고 칙칙하고 투박하고 이념성이 확연한 조각품들로 장식된 건물들이 내리누른다. 신기한 것은 이들 권위주의적인 건물들과 동화 속에 나올 듯한 알록달록한 건물들이 자아내는 확연한 대비다. 러시아 풍토성이 강하게 드러나는, 마치 양파같이 생긴 지붕을 얹은 러시아정교회의 성당들과 금색, 분홍색, 하늘색, 연두색 등의 파스텔 톤의 밝고 화려한 색상들로 칠해진 건물들이 기묘한 대비를 만들어내고 있는 것이다.

작가 도스토옙스키가 생전에 상트페테르부르크를 묘사한 문구가 있다. '가장 추상적이고 가장 의도적인 도시'라는 문구다. 상트페테르부르크는 실제로 그렇다. 도시의 작위성이 지나치게 강력해서 초현실적으로 느껴질 정도다. 도시 중앙을 가로지르는 드넓은 네바강 양안에 들어선 화려하고 권위주의적인 거대한 규모의 건물들을 보면 도시를 지배하는 강력한 체제가 느껴진다.

워싱턴의 인권 행진, 상트페테르부르크의 10월 혁명

우리는 워싱턴과 상트페테르부르크라는 도시 공간에 드러난 파워 플레이를 어떻게 해석해야 할까?

워싱턴은 새로운 자유와 새로운 연방국가와 새로운 민주주의를 지향하며 야심차게 시작했지만 도시 형태에서는 프랑스의 중앙집권적, 패권주의적 바로크 스타일에서 벗어나지 못했다. 그런 워싱턴에서 평등과 민주주의를 외치는 인권 행진이 성행했다는 사실이 흥미롭지 않은가? 그런가 하면 상트페테르부르크는 권위주의 왕권에서의 권력 집중을 무자비할 정도로 거침없이 드러냈는데, 그런 도시 구조 속에서 민중 혁명이 일어났다는 사실이 너무도 흥미롭지 않은가?

워싱턴은 행진의 도시라 해도 좋을 정도다. 하물며 한겨울에 개최되는 대통령 취임식에서도 신임 대통령이 펜실베이니아 애비뉴의 긴 거리를 걸어서 행진하는 게 전통이다. 가장 최근 트럼프 대통령 취

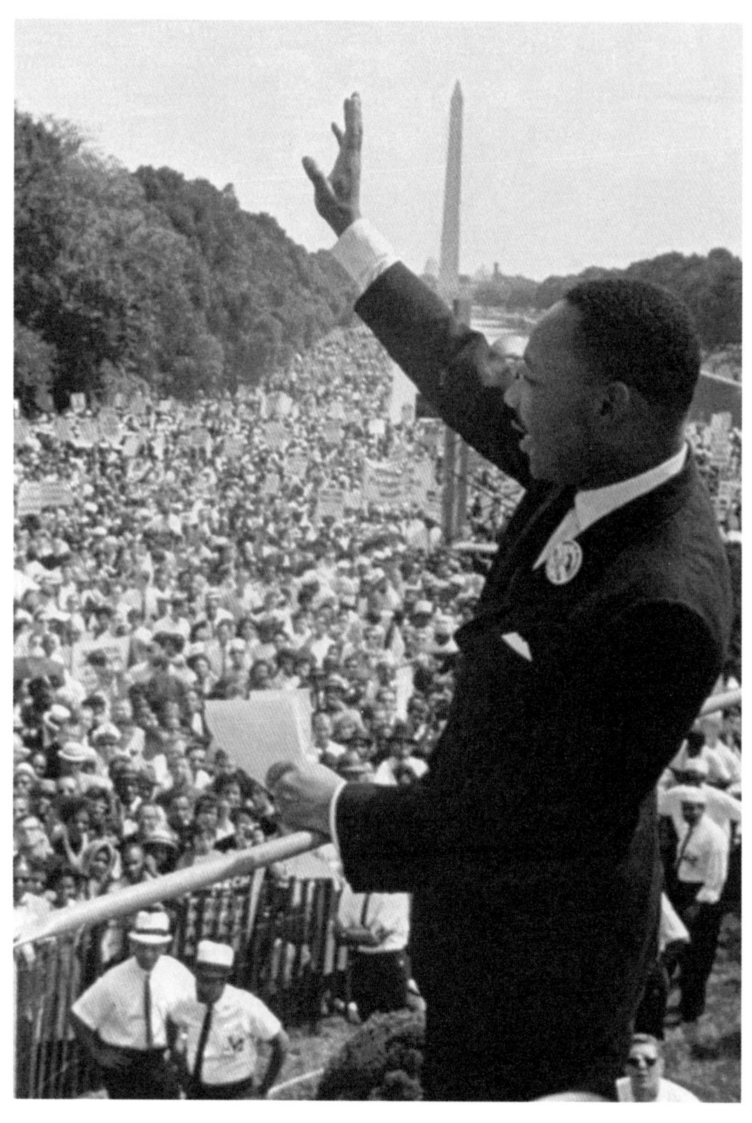

워싱턴 D.C. 내셔널 몰 워싱턴메모리얼 앞에서 열린 가장 유명한 인권 행진.
마틴 루서 킹 목사의 "나는 꿈이 있습니다"라는 연설로 시작된
미국 인권 평등 정신의 상징이 된 장면. ©연합뉴스

임식에서도 그 행진은 어김없이 이어졌다. 백악관 앞의 넓은 잔디밭에서는 피켓을 들고 모인 크고 작은 시위가 연중 열리고, 헌법재판을 담당하는 연방대법원 앞의 장엄한 계단 앞 역시 시위와 집회가 그치지 않는다. 그중 가장 유명한 행진은 두말할 것 없이 미국 의회와 워싱턴메모리얼 사이에 있는 리플렉팅 풀 주변 잔디밭을 꽉 메웠던 1960년대의 행진이다. 바로 마틴 루서 킹 목사의 "나는 꿈이 있습니다I have a dream" 연설이 펼쳐졌던 그 역사적 순간이 이 공간에서 일어난 것이다.

상트페테르부르크는 건물과 공간의 규모가 워낙 장대해서 사람들의 존재감이 미약하게 느껴진다. 사람들의 존재를 마치 개미처럼 위축시켜 버리는 것이다. 그 대표적인 공간이 겨울궁전 앞에 있는 팰리스광장이다. 궁전 자체도 엄청나게 크지만, 이 광장은 끝이 아득할 정도여서 마치 호수 같은 느낌이다. 막강한 군사력을 과시하기 위해서 전쟁 때마다 황제가 군대를 사열했던 광장이다. 그런데 바로 이 광장에서 러시아혁명이 시작됐다. 성난 시민들이 망치와 낫을 들고 돌진하며 구름같이 모였던 10월 혁명이 일어난 것이다. 파워가 집중된 공간은 결국 혁명의 공간으로 바뀌는 것인가?

워싱턴이 일상적인 인권 행진의 도시가 되고, 상트페테르부르크에서는 오랜 시간 누적된 불만이 일거에 터지고 말았다. 두 도시에 닥친 이러한 상황은 과연 우연일까, 운명일까?

1917년 10월 혁명이 일어난 상트페테르부르크 겨울궁전 앞 광장.

바티칸, 패권 도시의 원형

권력을 가시화하는 시도는 워싱턴이나 상트페테르부르크에서만 행해진 것은 아니다. 모든 도시에서 크건 작건 이런 시도를 해왔다. 특히 패권을 다투던 도시들, 예컨대 중국의 시안과 베이징, 그리스의 아테네, 동로마제국의 콘스탄티노플(현재 터키 이스탄불), 로마제국의 로마가 그러했다.

하지만 패권 도시의 형태 자체가 강력한 도그마로 변한 시점은 도시 규모가 급속히 커진 근대도시에 들어와서다. 그 원형은 어디에서 왔을까? 바티칸이다. 바티칸은 공간도 형태도 파워풀하다. 신의 손이 닿은 듯한 산피에트로대성당, 그 앞에 조성된 산피에트로광장, 그리고 도시로 뻗어나가는 거리 축의 세 단계로 구성되며 파워풀한 장면을 만든다. 신에 필적하는 거인의 마인드를 가진 미켈란젤로가 오랫동안 표류하던 대성당의 디자인을 완성했고, 후대에 베르니니가 마치 두 손으로 감싸 안은 형태의 광장(열쇠 모양의 형태이기도 함)을 추가함으로써 대성당의 위용을 공간적으로 느끼게 만들었다. 여기에 20세기에 들어와 산피에트로광장으로 인도하는 방사상 가로를 조성함으로써 더욱 강력한 시각 축을 만든 사람은 흥미롭게도 파시즘을 주도한 독재자 무솔리니였다. 바티칸의 힘을 빌려 정통성을 확보하려 했던 것일까 아니면 스스로 신의 공간을 완성한다는 명성을 얻고 싶었던 것일까?

그런데 신을 상징하는 공간인 바티칸이 가장 세속적인 근대 권력도시의 모델이 되었다는 것이 인간사의 역설이라고 해야 할까? 생각해보면 산피에트로대성당같이 절대적이고 궁극적인 신의 공간이 인간의 전인적 잠재력을 새롭게 발견한 르네상스 시대에 만들어졌다는 자체가 역설이다. 인간의 힘에 대한 확신이 커진 만큼 신을 향한 숭배의 힘이 커진 걸까, 아니면 세속의 힘이 커진 만큼 신의 대리인으로서 세속에 대한 영향력을 더욱 키우려는 동기가 작용한 걸까?

여하튼 바티칸 모델은 그 후 수없는 도시계획과 건축에 영향을 주었다. 바로크 시대를 연 것도 산피에트로대성당에서 절정에 이른 르네상스 시대였고 프랑스에서 베르사유라는 아이콘으로 바로크적 모델을 확립했으며 다시 상트페테르부르크, 워싱턴의 도시 만들기에까지 영향을 미쳤던 것이다. 기실 워싱턴은 서구 문명의 모든 파워 모델을 모방하고 혼합하여 만든 결과물이다. 미국 의회는 산피에트로대성당을 모델로 삼았고 내셔널 몰은 영국식 공원 문화와 바티칸의 강력한 거리 축의 합성이며 도시의 방사격자구조는 베르사유의 방사 축을 모델로 삼았다. 또 백악관은 그리스 신전과 미국 뉴잉글랜드 스타일이 혼합된 형태다.

이처럼 패권 도시는 항상 어디서 모델을 가져오느냐에 관심을 쏟는다. 전범典範을 어디에서 찾느냐는 것은 바로 정체성과 권위를 어디에서 찾고 어떻게 세우느냐 하는 절체절명의 과제와 통하기 때문이다. 권력의 속성이자, 파워 플레이의 속성이다.

* * *

역사상 패권을 추구했던 도시들은 이후 상당히 변화하였다. 19세기 세계 패권을 다퉜던 런던이나 파리는 패권 도시에서 세속의 보통 도시로 변모했다. 베르사유는 한때 절대왕정의 도시로서 관광지로 박제화된 셈이고, 바티칸은 여전히 그 상징 파워를 인간 사회에 떨치고 있다. 워싱턴이나 상트페테르부르크는 어떻게 될까? 워싱턴은 그 역사에서 특수적 위상을 누리는 역할이었고 앞으로도 그럴 수밖에 없으리라는 것이 나의 예측이다. 상트페테르부르크는 현재 러시아에서 보통 도시로 거듭나기 위해 상당한 노력을 하고 있다. 푸틴 대통령의 출신 도시로 유명한 이 도시는 전성기 상트페테르부르크의 명성을 찾고 핀란드만의 중심 도시로 다시 태어나기 위하여 새로운 투자가 상당한 규모로 이루어지고 있다.

도시에서의 파워 플레이는 필요악이면서도 필연적이라고 할 수 있다. 인간의 과시욕, 인간의 자기합리화 욕구, 인간의 영원불멸화 욕구로 볼 때 자연스럽거니와 또한 권력의 자기합리화와 지배 욕구상 필연적이기도 하다. 이런 점에서 우리는 파워 플레이 자체를 부정할 이유는 없다. 다만 어느 정도 정당한가, 합목적성을 갖는가, 공감하는 가치가 있는가, 지나치지 않은가에 대해 의문하면서 과도하고 가식적인 파워 플레이에 조작당하거나 이용당하지 않는지 조심해야 할 뿐이다.

개인이나 조직에서도 파워 플레이란 이중의 의미를 갖는다. 한편으로는 파워 세력의 외형적인 파워 플레이에 쉽게 넘어가거나 이용당하지 않는지 주체적으로 판단할 수 있는 시각이 필요하다. 파워 플레이를 통해 관계를 호도하거나 상대를 거짓된 사실로 몰아가거나 악용하는 일이 현실에서 종종 일어나기 때문이다.

다른 한편으로는 우리 자신 역시 어떤 위치에 있든 파워 플레이의 주체가 될 수 있다는 사실을 잊어서는 안 된다. 이른바 권력자, 힘센 자만이 파워 플레이를 하는 것이 아니다. 어떤 사람이든 자신의 위치에서 다른 사람들과 관계를 맺는 가운데 끊임없는 파워 게임을 하기 마련이다. 파워 플레이는 우리의 일상이다. 가정에서, 부부 간에, 부모 자식 간에, 연인 간에, 친구 간에도 무의식적인 관계 설정과 그에 따른 파워 플레이가 존재한다.

스스로 일방적인 파워 게임의 유혹에 빠지지 않는지 돌아보고, 자신의 행동이 인간됨을 상실한 파워 플레이의 도구가 되고 있지 않은지 자문해봐야 한다. 파워 게임의 현실을 있는 그대로 파악하고 파워 플레이의 속내를 읽을 수 있는 능력이 있어야 자기 자신을 성찰하는 것도 가능함을 잊지 말자. 모르고 속지는 말자. 알면서 대응하자.

이데아를 넘어서라

서울과 평양 + 동베를린과 서베를린

"이렇게 나의 자세를 의문한다는 데에서,
이데아를 넘어설 수 있는 가능성도 발견한다."

도시의 파워 게임을 생각하면서 우리가 처한 상황이 자연스레 떠오른다. 나라가 이념으로 갈라진 특수한 상황에서 도시는 어떤 역할을 하는가? 이런 상황에서 도시는 어떻게 변모하는가? 어떤 이데아가 작용하는가? 우리나라가 처한 상황이고 또 독일 베를린이 처했던 상황이다.

도시가 체제의 산물일 수밖에 없다면 권력체제, 경제체제, 사회체제, 문화체제가 모두 도시에 드러날 수밖에 없다. 과연 어느 정도까지 드러나는가? 어떤 영향을 미치는가? 도시의 형성과 구성, 도시의 성장, 시민 삶의 질 그리고 시민의 심리에 어떤 영향과 흔적을 남기는가?

우리가 이런 질문을 하는 이유는 지적 호기심 때문도 있지만, 자신과 뿌리는 같되 다른 상황에 놓인 도시에 대한 이해를 높여보고자 하는 욕구도 작용한다. 지금은 불가능하지만 언젠가 같이할지도 모를 상황을 그려보는 의미도 있다. 이미 베를린이 겪었던 상황에서 배울 바도 있다. 중요한 것은, 우리와 다른 것을 이해하려는 태도, 편견 없이 이해하고자 하는 자세일 것이다.

동베를린과 서베를린, 통합과 재통합

어느 날 갑자기 도시에 벽이 쌓이기 시작했다. 높이 2미터가 훌쩍 넘는 벽이었다. 동네가 잘리고 이웃집이 잘리고 길도 잘렸다. 벽은 국경이 되었다. 넘으면 사살이다. 1961년 8월 베를린에서 있었던 일이다. 돌아보면 블랙코미디 같은 일이다. 전쟁으로 한 나라가 두 동강이 나거나, 한 지역이 1년에도 몇 번씩 이 나라가 되었다 저 나라가 되었다 하는 일이 역사상 비일비재하게 일어났지만 도시 한가운데 갑자기 벽이 쌓인 경우는 베를린이 유일하다. 그것도 20세기에 말이다.

그런데 어느 날 아침 갑자기 벽이 허물어졌다. 영원히 서 있을 것 같았는데 하루아침에 모든 시민들이 망치를 들고 나와 다 같이 벽을 무너뜨렸다. 1989년 11월의 일이다. 베를린 장벽이 무너진 다음 해에 드디어 독일 통일이 이루어졌다. 베를린 장벽 쌓기와 베를린 장벽 허물기의 극적인 장면이다. 한 도시에 이런 일이 일어났을 때 도시는 어떻게 달라졌을까? 궁금증이 나지 않을 수 없다.

지금 베를린에는 장벽이 있던 위치를 따라 바닥 포장에 표시를 해두었다. '여기에 베를린 장벽이 있었다'는 표시다. 정말 여기에 그렇게 높은 벽이 쌓였던 건지 믿어지지 않을 정도로, 현재 연방의회 건물의 코앞에도 베를린 장벽 선이 있다. 그 유명한 브란덴부르크 문은 어느 쪽에 속했을까? 서베를린 측이긴 하지만 동베를린과 바로 붙어 있기 때문에 시민들은 통행은커녕 가까이 갈 수도 없었다. 그나마 브란덴부르크 문에 장벽을 쌓는 짓까지는 안 했으니 다행이었다고 할까? 지그재그로 장벽 선이 그려져 있는 베를린 지도를 보면 마치 우리의 비무장지대DMZ를 보는 듯 착잡하다.

장벽 양쪽은 각기 어떻게 달라졌을까? 한 도시 안에 두 개의 도시, 두 개의 시스템이 존재할 때 도시는 어떻게 변화할까? 말할 것도 없이 체제에 따른 변화가 가장 큰 변수였다. 수도가 본으로 옮겨 간 후 서베를린은 위축될 수밖에 없었다. 어렸을 적 나는 서베를린이 사방으로 장벽에 둘러싸여 있으리라고는 차마 생각하질 못했다. 국경이

베를린은 베를린 장벽이 있던 곳에 금속판을 박거나 기념 공원을 조성했다.
도시가 두 개로 나뉘었던 역사를 실감할 수 있다.

갈라지며 도시가 양쪽으로 갈렸다고 생각했는데 어느 날 동독 안에 섬처럼 떨어진 도시를 에워싸고 또 가르는 벽이 쳐져 있다는 사실을 알고 깜짝 놀란 기억이 있다.

이런 상황에서 서베를린이 정상적으로 운영되기란 힘들었을 것이다. 인구는 줄어들고 새로운 산업 유치는 불가능했다. 대신 서베를린에는 자유의 상징적 의미가 부여되었다. 베를린 자유대학 등 교육 활동에 대대적 투자가 이루어졌고 냉전시대에 동서 소통 공간으로서의 역할이 강조되었다. 서베를린에 다양한 교육, 미디어, 영화, 국제 교류 산업이 발전한 것은 이런 배경 덕분이다.

반면 동베를린은 동독의 수도로서의 위상을 지켰고 그에 따른 투자도 이루어진 편이다. 흥미롭게도 동베를린은 장벽에 가까운 구역을 따라 고층 아파트 단지를 지었다. 서베를린 보라고 뽐냈던 셈이다. 마치 북한이 비무장지대 북측에 사람이 살지도 않는 마을을 조성한 것과 마찬가지 이치다. 소련의 스탈린 스타일을 따른 아파트들의 전체주의적 모습은 그 시각적 폭력으로 현재의 통합 베를린에서 눈엣가시 같은 존재가 되어버렸다.

그런데 분단 상황에서 동베를린에는 국가적으로 대대적인 투자가 이루어졌고 서베를린의 시민들은 투표권조차 부여받지 못하는 불안한 상태였음에도 불구하고 베를린 장벽이 쌓이고 20여 년 후, 양측의 도시 상황이 바뀐 것은 의미심장하다. 1989년 재통합될 때 동베를린의 인구는 128만, 서베를린의 인구는 200만(현재 베를린 인구는 약 370만이다)으로 오히려 동베를린의 인구가 적었다.

베를린 장벽 위에 그린 벽화.

분단 상황에서 서베를린의 변화는 1980년대 들어와서 시작됐다. 장벽에 가까워서 퇴락을 면치 못하던 동네를 재생하는 정책을 통해 도심의 기능을 활발하게 했다. 쇠락하고 비어 있던 기존 타운하우스들을 하나하나 리노베이션하면서 신축 건물들을 사이사이에 세워 새로운 주민들을 유치하는 작업을 대대적으로 펼친 것이다. 베를린 IBA라는 이름의 국제건축전시회를 열어 전 세계 유명 건축가들과 신인 건축가들 수백 명이 같이 작업하면서 국제적으로 큰 화제가 되었다. 재통합 이후에는 이런 개발 방식이 동베를린 동네에까지 번지며 도시 재생을 추진해왔다. 1980년대 서베를린의 활발한 도시재생 작업은 경제력과 사회체제에서 비교 우위를 확연히 드러냈고 베를린 장벽을 허물게 하는 촉매도 되었다. 퇴락해가는 도시와 활력 있는 도시 사이의 차이는 그렇게 중요하다.

서울과 평양, 다른 체제 같은 민족의 두 도시

그렇다면 서울과 평양은 어떤 공통점과 차이점이 있을까? 차로 두 시간 남짓한 거리에 떨어져 있는 서울과 평양은 남한과 북한의 수도이고 각기 조선의 수도, 고구려의 수도를 이어받은 역사도시다. 공식적으로 1948년부터 분단된 한 나라의 두 도시다.

이방인들의 인상비평은 오히려 핵심을 찌르기도 한다. 외국인들은 서울에 대한 놀라움을 대개 이렇게 표현한다. 첫째, 비무장지대에서 불과 40여 분 거리에서 어떻게 거대도시로 성장할 수 있었느냐. 둘째, 전쟁 이후 불과 몇십 년 사이에 이렇게 달라질 수 있느냐. 셋째, 서울에서는 분단의 정서가 별로 느껴지지 않는다. 종전이 아닌 휴전의 상황, 물리적 충돌로 이어질지 모르는 근접 거리에서 1945년 인구 100만이었던 도시가 반세기 만에 인구 1000만에 달했으니 놀라는 것이다. 서울을 휩싼 분위기는 자본주의, 세속주의, 물질주의, 소비주의, 개발주의로 느껴지는 게 당연할 것이고, 겉으로 보기에 서울에서 분단 상황의 그 어떤 징표를 느끼기 어려울 것이다.

그렇다면 평양에 대한 이방인들의 인상비평은 어떨까? 첫째, '은둔의 나라Hermit Country' 북한처럼 고요하고 변화가 별로 없는 도시. 둘째, 인물 숭배와 전체주의가 직설적으로 느껴지는 기념비들이 많고

＼
서울 위성 사진.

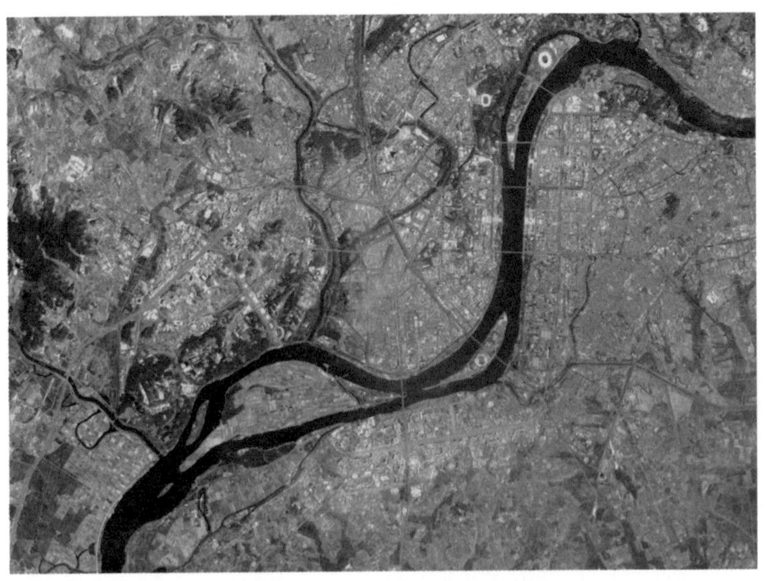

＼
평양 위성 사진.

강력하게 통제되는 도시. 셋째, 민족주의와 폐쇄성이 느껴지는 도시라는 평이 대세를 이룬다. 평양은 체제의 이미지가 곧이곧대로 도시에 투영되고 있다는 뜻이리라.

두 도시를 다 가본 이방인들은 서울을 '아파트 공화국의 도시'라 부르고, 평양을 '기념비 공화국의 도시'라 부른다. 서울에서 미국 도시를 느끼고 평양에서 러시아 도시를 느낀다고 토로하기도 한다. 서울의 인상이 소비와 부동산과 자본에 좌지우지되는 난개발이고 이렇듯 무국적 개발 스타일을 미국식이라 얘기하기 때문일 것이다. 공산권 패권 국가 소련의 스탈린 스타일이 중국의 도시, 북한의 도시에 영향을 줬음은 부인할 수 없는 현상이다. 수많은 구호성 기념비들은 공산권 도시들 대부분에서 나타나는 특징이다. 중국 도시들이 소련 양식에서 벗어나며 이른바 자본주의 양식을 선호하는 현상이 뚜렷해진 반면, 북한 도시들은 여전히 소련 시대의 영향권에서 벗어나고 있지 못하다.

이방인의 눈에 확연하게 드러나지는 않겠으나 분단 상황이 서울에 영향을 주지 않았다고 보기는 어렵다. 서울의 개발은 언제나 남쪽 지향적이었다. 북한산 등의 강한 산세 때문에 북쪽에 상대적으로 개발 가능한 땅이 적은 이유도 작용했지만, 남쪽 지향 개발이 높은 우선순위를 차지했고 이른바 한강 이남을 선호하는 현상도 뚜렷했다. 이런 성향에 변화가 생긴 것은 불과 지난 20여 년 동안이다. 일산 신도시 개발 이후 고양, 파주, 강화, 의정부 같은 지역을 새로운 개발지로 주목한 이유는 북한과의 해빙 무드 속에서 평화 공존에 대한 기대가 커

평양 대동강 변의 김일성광장.

졌기 때문이다.

도시 안에서는 어떨까? 동서 베를린처럼 맞붙어 있지 않으니 눈에 드러나는 경쟁이라기보다는 오히려 차별화가 확실하게 드러난다. 첫째, 도시 패러다임이 다르다. 면적 1747제곱킬로미터 인구 306만의 평양과 면적 605제곱킬로미터 인구 967만의 서울은 숫자에서 상당한 차이를 보인다. 평양이 계획도시이자 저밀도 도시인 반면, 서울은 시장 우위 도시이자 고밀도 도시다. 특히 서울 수도권에는 북한의 전체 인구수에 필적하는 2300만이 사니 근본적으로 다른 패러다임이다. 서울이 계획도시를 표방하지 않았던 것은 아니다. 다만 1970년대까지 세웠던 서울 집중 억제, 계획도시 같은 목표를 실천하지 못했고,

1980년대 이후에는 오히려 서울 집중 현상에 대해서 자유방임에 가까운 정책을 펼쳐 지금의 모습이 되었다.

둘째는 주체문화, 개방문화의 문화 스타일이 확연히 차별된다. 1970년대까지만 하더라도 남북은 한국의 주체성을 표현하는 문화시설, 공공시설 건설 경쟁으로 뜨거웠다. 정권으로서의 정통성 경쟁이었던 셈이다. 북한은 수많은 민족주의 스타일의 기념비적 건물들을 지었고, 남한에서도 역시 전통성과 한국성에 대한 논쟁이 적지 않았다. 이런 성향이 완전히 갈라지게 된 것은 1980년대 이후다. 서울은 개방적, 시장적, 세계 스타일에 편승한 반면, 평양은 더 극렬한 주체문화를 강조하는 방향으로 나아갔다. 최근 김정은 위원장의 체제 이후 건설한 평양의 선진 지역들이나 관광도시에 세운 고층건물들을 보면 변화의 조짐이 느껴지기도 하지만, 그런 변화는 아직은 특정한 지역에 한정되어 있다.

이렇게 서로 다른 서울과 평양은 앞으로 어떻게 될까? 또 통일이 된다면 어떻게 달라질까? 같아질 수 있을까? 동·서베를린보다 훨씬 더 극명하게 다른 패러다임에 따라 만들어진 도시들이니만큼 호기심은 더 커진다.

'이데아'의 도시, 도시의 이데아

빔 벤더스 감독의 영화 〈베를린 천사의 시〉(원제는 〈베를린 위의 하늘Der Himmel über Berlin〉인데, 국내 개봉 제목이 영화 메시지에 더 잘 맞는다)는 베를린 장벽이 무너지기 직전의 베를린의 풍광과 삶의 심리를 묘사한다. 마치 종

말을 눈앞에 둔 듯한 회색의 인간세계지만 희망을 떠올리는 인간들이 있고, 그들을 향한 천사들의 짙은 애정이 새로운 시작과 구원을 약속하는 영화다. 이 영화 첫 장면에 등장한, 천사가 올라선 천사의 탑에서 보는 현재의 베를린은 영화에서처럼 구원을 받았을까?

베를린은 통합unification과 재통합reunification, 두 번의 통합을 거쳤다고 일컬어진다. 유럽 다른 나라들보다 훨씬 늦은 1871년에 비스마르크가 통합한 독일제국의 베를린, 그리고 1990년 동독과 서독이 재통합된 후의 베를린이다. 독일의 근·현대사는 프러시아제국, 독일제국, 바이마르공화국, 제3제국, 분단 독일 그리고 통일 독일에 이르기까지 끊임없는 전쟁과 이념 투쟁을 거쳐야만 했다. 그 과정에서 베를린이 이데아가 강하게 느껴지는 도시가 된 것은 자연스럽다. 베를린의 역사 장소들에는 하나같이 다른 시대가 추구했던 질서, 사회 이상, 이념, 권위가 표현되어 있다. 도시 공간 하나하나에 이렇게 역사와 인간 사회의 의미가 층층이 담기기도 참 어려운데, 독일 문화 특유의 이데아 논쟁이 공간에도 드러나는 것이다.

통일 수도로 다시 태어난 베를린은 어떤 이데아를 추구할까? 베를린의 면모는 일단 평화롭다. 베를린은 인구 360만, 광역 도시권을 합해도 600만 정도로 차분하고 청정한 느낌의 도시다. 본으로 가 있던 행정부 기능이 상당 부분 돌아왔고, 과거 독일제국의 의회로 사용되었던 건물 '라이히스타크Reichstag'와 관련 시설들이 통합을 상징하며 다시 부활했다. 전쟁 폐허의 흔적으로 수십 년 동안 방치되었던 포츠담광장이 소니센터 등 국제자본을 유치하며 새로운 도심상업센터로

＼

베를린 홀로코스트광장.
도심 가까이에 있는 이 광장에서 역사를 반성하는 그들의 자세를 엿볼 수 있다.

거듭났는가 하면, 홀로코스트메모리얼, 홀로코스트광장 등 역사적 과오를 성찰하는 공간들이 만들어지면서 베를린의 이데아를 재조명하고 냉전시대에 동서 검문소였던 체크포인트 찰리와 베를린 장벽 일부를 소통의 공간으로 재구성하기도 했다.

통일 베를린의 재구축 계획은 강력한 파워의 상징이 되기보다는 통합과 화합의 도시, 상식의 도시, 건강한 도시, 시민의 도시, 성찰의 도시, 평화의 도시로서의 재탄생에 초점을 두고 있다. 물론 그동안 침체했던 베를린 경제를 활성화하기 위한 다양한 산업 유통 공간에 대한 투자도 이루어지고 있다. 시청에는 베를린 전체 구상을 담은 아주 큰 모형이 설치되어 있다. 보전해야 할 도시 공간과 새로 만들 공간이 색깔별로 구분된 이 모형은 정부와 시민과 전문가가 모여 베를린이 추구할 가치와 그 실현 방식에 대한 토론을 촉진하는 장치다. 세심하고 신중하게 베를린의 미래를 끈기 있게 조율하는 태도가 인상적이다.

제2차 세계대전 중 승전을 거듭하던 시절에 히틀러가 세웠던 베를린 재구축 계획이 있다. 건축가 출신이자 전쟁 말에는 국방장관으로까지 기용되었던 알베르트 슈페어가 세운 계획인데 그 전체주의적 구상이 실현되지 못해서 망정이지, 만약 그렇게 되었다면 지금의 베를린은 어떻게 되었을까? 일제강점기에 조선총독부가 일본 도시에는 감히 추진하지 못했던 전체주의적 계획을 '경성대개조계획'이라는 이름으로 사대문 안 도심을 난도질하는 그림을 그렸는데, 그 계획이 실현되었으면 현재 서울이 어떻게 되었겠는가 하는 의문과 결합되어

＼
베를린 시청 안에 위와 같은 커다란 베를린 도시 모형이 있다. ⓒ김진애

가슴이 서늘해진다.

베를린이 뼈아픈 역사의 시간을 지나 새로운 가치를 찾아가려 노력하는 모습을 보면서 남한과 북한의 통합이 일어날 때 서울과 평양은 또 어떻게 달라질까라는 의문을 떠올리지 않을 수 없다. 독일의 분단과 재통합 과정이 우리나라에 시사점을 주듯, 통일 베를린의 역사 반성, 시민 공간의 재발견, 건강한 보통 도시, 통합과 화합의 평화 도

시로의 귀환 노력은 서울과 평양의 미래에 시사점을 던진다.

* * *

우리가 동베를린과 서베를린, 서울과 평양을 들여다보는 것은 때로 이성이나 합리로써만 대하기 어려운 그 어떤 이데아가 도시에 작용한다는 현실을 이해하기 위해서다. 이념과 체제라는 뜨거운 이슈란, 피하고 싶지만 피하기 어려운, 근본적 이데아다. 우리가 사는 방식, 일하는 방식, 돈을 버는 방식, 돈을 쓰는 방식, 모여 사는 방식, 자연을 대하는 방식, 땅을 대하는 방식, 시설을 배치하는 방식, 건물을 세우는 방식, 공간을 컨트롤하는 방식, 치안을 유지하는 방식, 서로 소통하는 방식 등 은연중 인간의 모든 측면에서 작용한다. 도시란 필연적으로 우리가 갖고 있는 이데아를 뿌리로 하고 있는 것이다.

도시문명사에서 지금은 없어진 체제들이 수없이 많다. 당시로서는 당연시되던 체제들이었고 각기의 체제를 받쳐주는 이데아가 굳건했다. 예컨대 직접민주주의의 이상향이지만 엘리트만이 그 권리를 누릴 수 있었던 그리스 도시국가들, 1인 황제 시대의 로마제국 도시들, 태양신을 섬기던 이집트와 남아메리카 문명의 도시들, 교황이 세속까지 다스리던 신의 왕국들의 도시들, 세습 왕권의 승계가 당연시되던 왕권사회의 도시들, 전제적 영주가 생살여탈권을 갖던 중세 봉건시대의 도시들, 로마제국의 식민도시들, 제국주의시대에 만들어졌던 남아메리카와 아시아의 수많은 식민도시들과 식민 지배의 수단으로 변해버렸던 기존 도시 등은 모두 지금 우리가 살고 있고 지향하는 이데아로서는 도저히 이해하기 어렵지만 당시에는 당연시되던 이데아에 따라 만든 체제에서 존재했던 도시들이다. 그런 도시들을 읽을 때에 현재의 개념만으로 보려 든다면 우리는 그 도시의 풍성한 콘텐츠를 제대로 이해하기 어렵다. 마찬가지로 지금도 우리와 다른 체제를 가진 도시를 볼 때 우리의 잣대만으로 보려 들면 그 도시를 제대로 이해하기 어렵다.

이것은 우리 개인에게 어떤 시사점을 줄까? 점점 좁아지는 지구, 서로 가까워지는 국가들 사이에서 우리는 체제를 넘어 다채롭게 일상적으로 교류하고 있다. 굳이 외교통상이라는 말까지 붙이지는 않더라도 수많은 학술, 관광, 기술, 문화 교류 활동이 동서를 넘나들며 왕성하게 일어난다. 우리는 냉전시대를 넘어, 이른바 이념을 넘어선 시대에 살고 있는 것이다. 더구나 우리는 러시아, 동구권, 중국권, 중동권 등 우리와 체제가 다른 나라들에서 새로운 교류 기회를 넓힐 수 있는 커다란 잠재력을 갖고 있다.

다행히 다양한 문화를 포용하는 일의 중요성에 대해서 상당히 공감대가 넓어졌다. 실제 우리가 문화 차이에 얼마나 포용력이 있느냐는 논외로 하더라도 적어도 포용의 가치에 대한 공감대는 생긴 것이다. 마찬가지로 다른 체제를 편견 없이 이해하는 일에 대해서 역시 공감대를 넓힐 필요가 있다. 편견이나 경직된 평가 잣대를 가지고 있으면 상대를 제대로 읽어낼 수 없기 때문이다.

세계화 시대를 살고 있는 우리에게는 이데아를 넘어설 수 있는 태도, 상대의 다른 개념을 있는 그대로 읽고 인정하고 또 수용하는 포용의 태도가 절대적으로 필요하다. 쉽지는 않은 일이다. 하물며 나 역시 동베를린이나 평양을 볼 때 나의 선입관이나 평가 잣대가 작용하지 않는다고 자신하기 어렵다. 하지만 바로 이렇게 나의 자세를 의문한다는 데에서, 이데아를 넘어설 수 있는 가능성도 발견한다.

복잡한 도시정치에 눈을 뜨다

임시행정수도 + 행복도시(세종시)

*"실험실이 아니라 실제 현장에서 일어나는
인간 사회의 모든 일들이
복잡계의 속성을 가지고 있다."*

도시는 만드는 것일까, 생기는 것일까? 도시는 누가 만드는 것일까? 도시는 어떻게 관리되나? 누가 도시를 경영하는가? 도시에 드는 비용은 얼마나 될까? 도시의 크기는 어느 정도가 적절한가? 도시는 끝없이 성장할 수 있나? 도시의 수명은 얼마나 긴가? 도시는 영원 불사하나? 도시에 대한 의문은 참으로 많다.

도시는 복잡하다. 복잡한 도시를 운영하는 일이란 아주 복잡한 과제다. 그래서 도시는 전문 노하우를 필요로 한다. 도시 역학을 이해하고, 기술 기반을 이해하고, 문제를 예측하고 사후를 관리해야 한다. 도시계획, 도시정치, 도시행정, 도시관리, 도시경영, 도시경제, 도시사회, 도시교통, 도시주거, 도시설계, 도시복지, 도시안전, 도시문화 등 다양한 전문 분야들이 존재하는 것도 이 때문이다.

다른 한편, 도시는 전문 분야 이상의 이슈를 제기한다. 도시가 인간 사회를 담는 그릇인 만큼 정치, 경제, 산업, 안보 등 거시적 이슈들이 도시와 얽힌다. 그래서 도시는 종종 사회 이슈 한가운데에 서기도 한다. 일단 이슈가 되면 전문적 판단을 넘어선 논쟁으로 비화되는 경우도 적지 않다. 이른바 정치화하는 것이다. 수많은 이해 집단들이 관여하고 그들의 다양한 가치들이 충돌하면서 '좋고 나쁨, 옳고 그름, 최선과 최악, 차선과 차악'을 놓고 어떤 선택을 해야 하는가 논쟁이 붙게 되는 것이다.

도시의 복잡한 역학에 눈을 떠보자. 내가 도시라는 주제에 입문할 때 맞닥뜨렸던 임시행정수도, 또 나름의 경력과 소신을 세운 후에 맞닥뜨렸던 행복도시(행정중심복합도시의 준말, 지금은 세종시가 공식적인 명칭)라는 두 개의 국가적 도시 과제를 통해 복잡한 도시 역학을 깨닫게 된, 내 나름의 소회를 펼쳐본다.

임시행정수도 백지계획

도시가 전문적 화두로서 나에게 다가왔던 것은 1970년대 말 박정희 전 대통령이 추진했던 임시행정수도를 통해서다. 1977년부터 1980년 사이의 일로 사회적으로는 민주화 운동이 거세던 시대에 정권이 임시행정수도를 통해 강하게 부각하려 했던 이슈는 안보였다. 서울의 비대화와 지방 발전 이슈도 물론 제기되었지만 '임시'라는 말이 붙은 데에서도 알 수 있듯이 안보 이슈를 통해 정권 안정의 필요성을 부각하려 했던 정책이었다.

행정수도 추진에 별로 어울리지 않는 이름의 '중화학기획단'이라는 기구가 총괄해서 이른바 '백지계획'을 수립했다. 당시 지도교수님이 연구의 한 부분을 담당하셔서 나도 옆에서 조수 역할을 하게 됐다. 기껏 토지구획정리사업이나 신시가지 계획 정도만 시도하던 시절이다. 그린벨트 제도가 1970년대 초 도입된 것이 큰 사건이었고, '신도시'란 말도 아직 등장하지 않았을 때다. 창원 신도시가 있었지만 공업도시를 새로 만든다는 개념 정도였다.

이때 난생 처음으로 정부종합청사에서 열리는 회의에 배석했다. 아직 뭐가 뭔지 전혀 모르던 학생 시절이었다. 여러 사람들이 발표를 하는데 이후 쟁쟁한 전문가로 이름을 날린 사람들이지만 당시 발표들은 어린 내가 듣기에도 초보적인 수준이었다. 임시행정수도를 어떻게 구상해야 하느냐, 어떻게 추진해야 하느냐라는 핵심 사안에 대한 제안은 빠진, 마치 각 분야의 원론적 강의 같은 발표가 이어졌다. 보고받던 당시 중화학기획단장은 발표 내용이 영 마땅찮음을 가끔 직설적으로 표현해서 어린 배석자인 나는 당황스러웠지만, 주문자의 입장과 수행자의 입장은 확실히 다르다는 것을 파악하게 되기도 했다.

도시에 대한 관심이 부쩍 커지면서 나는 '도시주거에서의 사회적 융합'이라는 주제로 논문을 쓰게 되었다. 요사이 제기되는 소셜 믹스 social mix에 관해서다. 쉽게 말하자면 이렇다. 도시에 사는 여러 계층의 사람들이 섞여서 사는 것이 사회적으로 건강하다. 그러기 위해서는 다양한 주거를 한 동네에 섞어놓는 게 좋다. 소유 주택과 공공 임대주택을 섞고 다양한 규모의 집과 다양한 가격의 주택을 섞는 게 좋다. 다양한 경제활동이 가능하도록 용도를 섞는 계획이라면 최상이다. 40여 년 전의 문제 제기였으니 꽤 앞선 주택정책과 도시정책 인식이었던 셈이다. 하지만 당시 정책 현장에서는 전혀 반영이 안 되었고 최근에 들어와서야 비로소 의제로 떠오르긴 했지만 아직도 립서비스 수준에 불과하며 현장에서는 더구나 정착이 잘 되지 않고 있다.

여하튼 나는 이 논문 덕분에 졸업 후 임시행정수도 백지계획 수립팀에서 본격적으로 일하게 되었다. 한국과학기술연구원KIST 부설로 만든 지역개발연구소인데 이 프로젝트를 수행하기 위해 새로 꾸린 연구소였다. 이 연구소를 촉매로 하여 이후 국토도시정책을 본격적으로 다루는 국토연구원이 설립되었다. 학교에서 행정수도 계획 준비에 기웃거려 봤고 논문도 써봤지만, 도시를 만드는 계획을 수립하는 과정에 직접 참여하기는 처음이었다. 흥미진진했다.

첫째, 엄청나게 많은 분야가 참여한다는 게 충격적일 정도였다. 인문사회 분야에서 지리학, 인구학, 사회학 등, 경제사회 분야에서 산업경제, 부동산 경제, 마케팅, 인구경제학, 금융, 재정 등, 도시계획 분야에서 토목, 교통, 도시설계, 조경, 건축, 주거정책, 도시관리, 계획과정관리, 주민관리, 보상처리, 관련 법제 등, 행정 분야에서 중앙행정, 지방행정, 조세 등, 기술 분야에서 에너지, 물 관리, 재해 관리 등, 문화예술분야에서 시각예술, 퍼포먼스, 주민행사 관리 등, 그리고 가장 중요한 안보 분야에서 육·공군의 작전 계획과 국방 체계와 비상체계 관리 등. 이십 대의 새파란 초짜로서 이런 광범위한 분야들의 역학을 한꺼번에 볼 수 있었던 것이 행운이라면 행운이었다.

둘째, 팀 작업과 회의다. 한 이슈에서 다음 이슈로, 이슈들 간의 충돌과 조정, 문제 상황에 대한 대책, 프레젠테이션 준비를 위한 회의들이 이어지는데 그야말로 수도 없었다. 도시가 만들어지는 과정이란 끝없이 다른 의견 사이의 조정, 다른 이해 집단 사이의 조정이라는 걸 막연하게나마 깨닫게 되었고 덕분에 유학 중 특히 미국이라는 민주사회, 다문화사회에서 복잡한 도시계획 과정을 더 잘 이해할 수 있었다. 미국에서는 도시계획 과정을 아예 '진흙탕 헤쳐나가기muddling through'라는 말로 표현할 정도다.

셋째, 정치 역학에 눈을 뜬 것이었다. 이전에는 전혀 몰랐던 게임이다. 막연히 짐작했던 상황을 직접 목격하게 된 것이다. 대통령이 시작한 사업이고 이른바 '실세'가 확실한 사업이라 일사불란하게 진행될 것 같지만 그게 그렇지 않았다. 내가 일하던 지역개발연구소팀은 공식 팀이었는데, 다른 두 팀이 비공식적으로 운영되고 있었고 비공식 팀에는 또 다른 정치 세력이 붙어 있었다. 어느 시점이 되자 누가 주도권을 잡느냐를 놓고 갈등이 불거졌다. 공공 과정이 투명하지 못했던 시절이라 더 심했던 측면도 있으나, 이런 정치 게임은 모습만 달리할 뿐 언제 어디에서나 일어난다.

무엇보다도 도시가 정치 게임의 하나임을 확실하게 알게 된 것은 박정희 전 대통령 암살 사건 후 일련의 정치 불안 상황이 전개되면서, 임시행정수도 자체가 흐지부지되다가 사라져버린 사실 때문이다. 결국 정책 목표라는 것도 정치 상황과 정치 세력의 이해에 따라 좌지우지될 수 있는 것이다. 결국 백지계획 수립은 말 그대로 백지계획이 되어버리고 말았다.

21세기 초 참여정부의 행복도시

역사에 가정은 없다고 하지만, 만약 1980년대 초에 우리나라 중부권에 행정수도가 만들어졌다면 어떻게 되었을까? 유학 중 도시 공부에 전념할 때에도, 다시 돌아와 본격적으로 일하면서도 항상 머리 한쪽을 묵직하게 당겼던 의문이다. '서울은 만원이다' 현상이 줄어들었을까? 수도권 집중 현상이 덜해졌을까? 지방 도시들이 힘을 받을 수 있었을까? 지방의 작은 도읍과 농촌 지역의 경쟁력과 삶의 질을 높이는 후속 정책들이 불붙었을까? 우리 사회에서도 도시 네트워크가 제대로 작동하게 되었을까? 그때 설계된 임시행정수도는 괜찮은 도시가 되었을까?

임시행정수도 백지계획이 휴지 조각이 되고 사반세기 후, 21세기 초에 이 의문을 다시 본격적으로 생각하게 하는 기회가 왔다. 노무현 대통령과 참여정부가 추진한 행정수도, 나중에는 행복도시가 중심이 된 국토균형발전정책을 통해서 도시 이슈가 우리 사회 전면에 등장한 것이다. 2003년에서 2005년까지 3년 가까이 우리 사회를 뜨겁게 달구었던 의제였으니 독자들도 기억할 것이다.

수도 이전에 대한 헌법 소원에 얽혔던 논쟁은 우리 현대사에서 도시가 주인공이었던 가장 논쟁적인 사건이었다고 볼 만하다. 몇 번의 도시 관련 주요 사건들이 있었지만 그토록 뜨거운 의제가 된 바는 없었다. 1970년대 말 박정희 전 대통령의 임시행정수도는 정부의 일방

주도로 추진되어서 그랬는지 아니면 당시 훨씬 더 심각한 의제들이 있어서 그랬는지 사회적으로는 큰 쟁점 의제가 되지 못했다. 1990년대 초 노태우 전 대통령이 추진한 주택 200만 호 건설과 5개 신도시가 묵직한 과제로 등장했지만, 당시의 집값 앙등 문제가 거의 패닉 수준이어서 그랬는지 추진 속도와 바다 모래 사용 문제에 대한 우려 외에는 뜨거운 사회 의제가 될 정도는 아니었다.

그런데 노무현 전 대통령이 제기한 행정수도와 행복도시에 얽힌 의제는 거리의 여느 시민들도 한마디씩 입에 올렸을 정도니, 가히 우

세종시, 일명 행복도시(행정중심복합도시의 애칭)의 도시 조감도. 행복도시의 설계는 독특하다. 도시 한가운데 큰 녹지를 보전하면서 도시가 그 주변에 원형을 그린다. 도시 녹지에 대한 대담한 개념이다. ©행정중심복합도시건설청

리 사회를 흔들어놓은 정도였다고 해도 좋을 것이다. 속마음을 털어놓자면, 나는 전문가로서 도시에 대한 국민적 의제가 떠오른 현상 자체가 반가웠다. 모든 시민들 입에서 도시 이야기가 나오니 얼마나 의미 있는가. 하지만 논쟁 과정에서 나타난 현상들을 보면 반가움만을 표하기는 어려웠다. 도시와 지역 균형이라는 의제 이상으로 정치화된 논쟁들이 표출되었기 때문이다. 하지만 그 과정에서 크게 깨달은 바가 많다.

첫째, 헌법재판소 판결에서 제기한 수도에 대한 관습 헌법이 불러온 주의 환기다. 의외의 논거 기준이라는 평도 있었고 나름 찬반 논쟁을 중재하는 판결이라는 평도 있었지만, 보통 국민들이 의식하는 수도에 대한 이미지를 제기했다는 점에서 의미 있는 현상이었다. 아무리 그 실체가 막연하더라도 수도에 대한 심상 이미지가 중요하다는 것을 새삼 깨닫게 된 것이다. 다만 헌재 판결 이후에 수도의 이미지란 무엇이냐, 그 이미지는 지속되어야 하느냐, 수도의 실제적 내용이 무엇이어야 하느냐에 대한 추후 논의가 그쳐버렸음은 안타깝다. 우리 사회의 통합을 위해서 피할 수 없는 중요한 주제이기 때문이다.

둘째, 흥미로운 사실은 당초 사회적으로 큰 논란이 되기 전에 행정수도 관련 특별법이 이미 국회에서 통과되었고, 헌법재판소에서 위헌 판결이 나온 후에도 '행정중심복합도시 관련 특별법'이 통과되었다는 것이다. 행정수도를 극렬하게 반대하는 정치 세력이 있었고 행복도시를 반대하는 의견 또한 극렬했음에도 불구하고 어떻게 국회에서 합의가 되었을까? 이른바 지역 배려에 대한 고민, 지역 여론의 향방에 대한 고민이 작용하지 않았으면 이런 결과가 나왔을까? 도시의 입지와 추진은 필연적으로 정치적 고려가 절대적임을 보여준 현상으로, 도시라는 이슈에는 전문성 이상의 정치성이 개입됨을 생생하게 깨닫게 된 과정이었다. 이때의 정치성이라 함은 이해 집단 간의 갈등과 그 사이의 타협에서 일어나는 역학을 말한다.

셋째로 주목할 만한 현상은 국민여론조사에서 국토균형발전에 대한 찬성 여론은 절대적이었지만 행정수도 찬성 여론은 항상 그보다는 낮게 나왔다는 것이다. 즉, 수도권과 지방과의 불균형을 인정하고 국토균형개발의 목표에는 총론적으로 찬성하지만, 행정수도 또는 행복도시라는 구체적 정책을 선택하는 데는 상대적으로 유보적이었던 것이다. 원론적 목표에는 찬성하더라도 수단적 방식에 대해서는 찬반이 엇갈릴 수 있음을 보여주는 현상이다. 이러한 현상은 도시, 특히 행정수도나 행정도시 설립과 같은 도시 이슈가 얼마나 정치적인 과제인가를 보여준다. 이때 정치적이라 함은 여야 등 정파 간의 싸움만을 뜻하는 게 아니라, 공동의 목표를 모아가고 그 방법에 대해 여론을 수렴해가는 과정이 절대적으로 필요하다는 뜻이다. 즉 정치라 함은 총론과 각론을 모아가는 과정이어야 하는 것이다.

넷째, 흥미롭게도 또는 아쉽게도 행복도시 관련 특별법이 만들어지고 본격적으로 추진되기 시작한 2005년 말 이후에는 오히려 논의 자체가 사라져버린 현상이다. 그렇게 뜨겁던 사회 의제였다면 마땅히 그 콘텐츠에 대해서도 뜨겁게 달궈져야 하련만 실제로는 그렇지 않았다. 휘발성 높은 정치적 의제에 불과했던 것인가? 행복도시 계획 과정에 참여했던 나로서는 아쉬움도 크고 또 우리 사회의 지나치게 정치화된 현실에 대해 새삼 깨닫는 바도 있었다. 정파적인 정치화 논쟁이 되지 않으면 별로 언론의 주목을 받지 못하고 언론의 주목을 받지 못하면 대중의 관심에서 곧 멀어진다는, 안타까운 현상이다. 콘텐츠 자체에 대한 모색과 토론 문화가 약한 우리 사회가 안타깝기도 하다.

다섯째, 행복도시가 다시 이슈로 떠오른 것은 공교롭게도 이명박 정권이 들어선 2008년 이후 행복도시 추진이 미적지근해지면서부터다. 해당 지역의 반발이 거세지고 세종시 자치단체의 법률적 위상에 대한 논쟁이 불붙었다. 그 와중에 2009년에는 이명박 정부가 행정기관 이전을 축소하고 도시 자족 기능을 늘린다는 명분으로 복합도시 수정안을 국회에 제출함으로써 엄청난 논쟁이 다시 불붙었다. 흥미롭게도 당시 박근혜 전 의원이 이명박 전 대통령의 행복도시 수정안에 본격적으로 반대를 표명했고 당시 여당 내에서도 의견이 갈리면서 국회에서 수정안이 부결되고 원안이 지켜지게 되었다.

여섯째, 우여곡절 끝에 세종특별자치시로서의 위상은 세워졌지만 자치행정 권한에 대한 논쟁은 현재진행형이다. 행복도시특별법에 의거해서 진행되는 도시 건설은 행복청(행복도시건설청)이 담당하고, 세종특별자치 관련 법률에 의거한 도시 운영은 세종시가 담당하는 이중 시스템이 존재하는 한 계속될 논쟁이지만, 2017년 문재인 정권이 들어선 후에 행정중심도시로서의 기능 강화와 함께 세종시의 자치 권한에 힘을 실어주는 여러 법률 개정안이 통과되고 있다. 일례로 행정안전부가 세종시로 이전하기로 했고(국토균형발전을 총괄하는 행정안전부가 세

세종시 행정지구, 청사 전체가 하나의 유기적 선형으로 설계되었고
옥상 생태정원이 유명하다. ©연합뉴스

종시에 있지 않다면 균형 행정에 무슨 명분이 있느냐는 비판이 계획 초반부터 있었다), 건축허가권이 행복청에서 세종시로 이관됨으로써 세종시의 본격적인 도시 경영이 가시화되고 있다.

일곱째, 2005년 행복도시 건설에 관한 법률이 국회에서 통과되고 2007년 착공된 후 갖은 풍파를 겪어온 현재의 세종시는 어떤 모습일까? 착공 12년밖에 안 된 도시라고 믿기 어려울 정도로 빠르게 성장했다. 인구 30만을 훌쩍 넘겼으니 행정기관 이전 효과만이 아니라 지역개발 효과도 컸다는 얘기다. 물론 후유증도 있다. 부동산 값이 가장 오르는 도시가 세종시라는 말이 생겼을 정도로 투기 현상이 극심했다. 도시 성장이 안정세에 오르면서 어느 정도 진정될 기미지만 여지는 항상 있다. 행복청은 주변 연기·공주 지역에 대한 광역계획을 세우는 권한도 갖게 됐다. 초기의 반발을 생각하면 현재 주변 지역의 호응은 큰 변화지만 행복도시의 광역화가 자칫 개발 수요를 빨아들이지 않을까 하는 우려도 있다. 무엇보다도 행복도시의 제1목표였던 국토균형발전의 진전에 얼마나 기여했는지에 대한 분석과 성찰이 빠져 있다. 도시 만들기 자체에 몰입하느라, 세종시 자체의 완성도를 높이는 데 몰입하느라 대승적 목표를 잃고 있지나 않은지 우려되는 것이다.

도시라는 복잡계

행복도시에 얽힌 여러 논쟁적 과정에서 새삼 깨닫게 된 것은 도시는 사회 정치적인 이슈라는 분명한 현실이다. 정도의 차이는 있지만 어떠한 도시개발도 이런 사회 정치적 의문과 무관하지 않다. 현실 정치의 차원에서는 정파적 갈등과 이해 집단의 갈등을 다루는 과제인 동시에, 근본적인 차원에서는 도시가 어떤 가치를 지향하느냐, 어떤 목표를 위한 것인가, 수단이 목표를 정당화하는가, 추진의 콘텐츠가 지향하는 가치를 실현할 수 있는가 하는 핵심적인 의문을 다루는 과정이 도시 만들기의 과정인 것이다.

솔직히 나는 도시라는 주제가 이렇게 복잡하리라고는 행여나 생각지도 못하고 도시 분야에 입문했다. 임시행정수도에 초짜로 참여하면서 접했던 도시의 그 역동성, 복합성, 다양성에 매혹되었고 지금도 여전히 도시라는 주제에 무한한 매혹을 느끼지만 그 이후의 공부와 실무를 통해서 도시가 정말 만만찮은 주제임을 점점 깨닫게 되었다. 행복도시라는 가장 강렬한 사례를 통해 도시란 전문 분야를 넘어서는 사회 정치적 함의와 영향력을 가질 뿐 아니라 사회 정치에 영향을 받음을 절실하게 맞닥뜨리게 된 것이다.

비유하자면 1970년대 말에 임시행정수도를 통해 내가 접했던 도시의 전문성이란 일종의 실험실 상황이었다고 본다면, 21세기 초 전개된 행복도시는 사회 현장 그 자체였다. 실험실은 외부 현장에 존재하는 복잡한 변수에서 상대적으로 떨어져 나름대로의 내적 논리를 다룰 수 있지만, 사회 현장이란 내적 논리뿐 아니라 복잡한 외적 변수들까지 고려하지 않을 수 없는 것이다. 실험실 내부도 물론 치열하지만, 현장은 더욱 치열할 수밖에 없다.

현장으로서의 도시는 필연적으로 복잡계다. 그 복잡한 속내를 다

알기도 어렵거니와, 속내를 알더라도 맘대로 컨트롤하기도 쉽지 않다. 복잡계를 학문적으로 정의하는 것은 그 자체로 복잡하지만 내가 정의하는 복잡계의 기본 속성은 세 가지다. 첫째, 행위자가 많다. 둘째, 행위자들의 행동 동기가 상당히 다양하다. 셋째, 그런 만큼 변수가 많다. 궁극적으로 도시란 쉽게 통제되지 않는 존재이자 쉽게 통제하기 어려운 대상인 것이다.

행위자가 많고, 행동 동기가 다양하며 변수가 무한한 도시라는 복잡계의 속성을 어떻게 받아들이고, 이해하고, 대응할 것인가? 어떤 태도가 바람직할 것인가? 이는 필연적으로 컨트롤에 대한 태도를 시사한다. 통상, 도시를 통제의 대상, 통제할 수 있는 대상으로 여기는 경우가 많다. 꽉 짜인 질서, 체계적인 계획, 일사불란한 시행 추진과 같은 것을 연상하는 것이다. 하지만 실제 그것이 가능한가? 무엇보다 그런 컨트롤이 바람직한가? 특히 복잡계의 특성이 더욱 두드러지게 나타나는 현재의 사회, 현재의 도시사회에서 그런 집중적 컨트롤, 위에서 아래로 내려오는 컨트롤이 가능하고 또 바람직한가? 이것이 관건이다.

도시를 복잡계로서 이해하는 태도와 도시를 통제 대상으로 보는 태도에는 상당히 차이가 있다. 도시를 복잡계로서 이해하려는 태도는 분산의 유연성과 다수의 자율적 컨트롤의 가능성을 고민하게 만들고, 도시를 통제 대상으로 보는 태도는 집중과 소수의 통제적 컨트롤을 당연시하게 만든다. 기실 도시의 역사는 도시라는 복잡계를 어떠한 방식으로 통제하려 들었는가, 누가 통제하려 들었는가, 그 통제가 어떤 성공과 실패를 겪었는가에 대한 역사라고 해도 무방하다. 우리가 도시의 역사를 들여다보는 이유도, 또 다른 도시들의 사례를 들여다보는 이유도 이 복잡계를 어떤 방식으로 다루었는지 좀 더 잘 이해함으로써 현재의 실패를 줄이기 위해서다.

* * *

내가 이 장을 쓰면서 그러했듯이, 독자들도 이 장을 읽으면서 여러 생각들이 오가리라 짐작한다. 자신이 몸담을 분야를 택할 때 어떤 기대를 가졌었는지, 그 이후 일해오면서 어떤 고민을 하게 되었는지 여러 생각이 교차할지도 모르겠다.

당신이 당신의 분야를 택했을 때에는 이른바 분야의 전문성, 그 전문성의 세계, 전문성을 통해 할 수 있는 일들에 대한 기대로 시작했을 테다. 전문성을 잘 닦기만 한다면 무엇이든 할 수 있다고, 전문 수준을 높이면 좋은 일을 할 수 있다고 여겼을 것이다. 시작할 때는 전문 지식의 산이 너무 커서 그 앞에 압도당했을지도 모른다. 하지만 어느덧 전문 지식의 산길을 몇 고비 넘어서 나름의 전문성을 갖추고 자신의 분야에 눈이 뜨일 만할 때, 더 험한 산이 앞에 놓여 있음을 깨달았을 것이다. 또 그 험한 산은 자신의 전문성으로써만, 자신의 지식으로만 넘기는 어렵다는 현실을 깨닫게 되었을 것이다. 드디어 자신의 전문 분야를 넘어선 더 큰 것에 부닥치고, 자신의 전문 분야가 얼마나 약한지, 더 큰 사회 변수에 어떤 영향을 받는지, 자신의 분야와 사회 현실 사이에 존재하는 역학을 깨닫게 되었을 것이다.

이런 과정에서 어떤 태도를 취할 것인가? 이는 우리가 인생에서 부닥치는 큰 의문 중 하나다. 자신의 전문 분야의 내적 세계만을 고집할 것인가, 외부와의 관계를 차단할 것인가, 자신에게 주문된 것만 하려 들 것인가, 자신의 일을 도구로만 한정하려 들 것인가? 아니면 사회 현장이라는 현실과 끊임없이 공명하면서 자신의 전문성을 객관화하는 과정을 거치겠는가? 자신의 전문성과 사회 현실과의 관계를 어떻게 맺을지 고민할 것인가? 그 역학을 좀 더 긍정적인 방향으로 이끌려고 노력할 것인가?

선택은 당신에게 달렸다. 하지만 분명한 것은 어떤 전문 분야도 사회 현실과 무관한 것은 없고, 당신이 하는 어떤 일도 가치중립적일 수 없다는 사실이다. 이러한 사실을 담담하게 인정할수록 당신이 하는 일의 의미는 더욱 커질 수 있음을 나는 또 믿는다.

나는 이 장에서 도시를 복잡계의 한 예로 들었지만, 인간이 행하고 만드는 것들 중에 복잡계가 아닌 것이 어디 있으랴. 우리가 하는 거의 모든 일이 복잡계의 속성을 가진다. 실험실이 아니라 실제 현장에서 일어나는 인간 사회의 모든 일들이 복잡계의 속성을 가지고 있다. 행위자가 많고, 각 행위자들이 다양한 동기를 가지고 행하기에 변수들이 수없이 많다. 하지만 현장은 복잡계라서 더욱 매혹적이지 않은가? 바로 그렇기 때문에 우리 각자가 무엇인가를 해내리라 믿을 수 있지 않은가? 바로 그렇기 때문에 우리는 항상 더 좋은, 또 다른 가능성을 꿈꿀 수 있지 않은가?

성찰이란, 아무리 미약하나마 우리의 존재를 긍정하는 행위다. 성찰하라. 괴로운 날도 많겠지만 우리 존재의 의미는 커지고, 우리의 행위에서 더 좋은 선택의 가능성이 높아질 것을 믿으면서.

3부

몸을 담고 기쁨에 빠져라

당신의 주제와 당신의 삶을 연결하라.
삶이 풍부해지고 주제가 풍성해진다.
당신의 몸을 싣고 온통 기뻐하라.

흠뻑 빠지려면 온몸을 써야 한다.
몸을 움직이면 저절로 흠뻑 빠지게 된다.
몸을 쓰면 저도 모르게 기쁨이 찾아온다.
도시는 당신의 온몸을 필요로 한다.
발 가는 대로 도시를 걸어라!

도시를 보는 대상으로만 여기지 말라.
당신의 시각은 물론 중요하지만
시각 이상으로 오감을 다 써보라.
청각, 후각, 촉각, 미각, 눈을 감고 느끼는 육감.
그리고 사람들에게 기를 주고 사람들에게서 기를 받는
도시의 삶을 기뻐하라.

그리고 그 기쁨의 원천이 어디에 있는지 곰곰 생각해보자.
도시는 삶의 기쁨을 더해주는 공간이 되어야 하니 말이다.
당신의 주제는 당신의 삶에 기쁨을 더해주어야 하니 말이다.

걷고, 걷고, 또 걷다

제주올레 + 인사동과 북촌

"함께 걷기는 일종의 메타포다.
일에서 같은 길 함께 걷기와
삶에서 같은 길 함께 걷기는 다르지 않다."

"걷고 싶은 도시가 가장 좋은 도시"라는 말을 입에 달고 산 지 30년도 넘었다. 가끔 이 말이 외형에 치우치는 거리미화사업을 추진하는 지자체의 구호로 쓰여서 못마땅하기도 하지만, 그래도 여전히 내 철학은 같다. 걷고 싶은 도시가 가장 좋은 도시다.

흠뻑 빠져보려면 몸으로 빠져야 한다. 몸을 쓰면 마음도 열리고 정신도 깨이며 영혼도 맑아진다. 그렇게 푹 빠지면서 맛보고 나면 이게 더 빠질 일인지 아닌지 감도 확실히 온다. 도시에서 온몸을 쓰는 가장 쉬운 비결은 걷기다. 두 다리를 움직이고, 발바닥을 땅에 붙이고, 온몸을 바로 세우며 걷고, 걷고, 또 걸으면 평소에 잠자고 있던 감각들이 발동하기 시작한다. 아주 단순한 비결이다. 비결은 그 단순함에 있다.

'제주올레' 걷기 예찬

이국적인 풍광의 제주도에 훌쩍 비행기를 타고 가서 호텔에 머물다 유명한 명소들을 차로 덤벙덤벙 돌고 오는 게 아니라, 발로 타발타발 걸으면 여태까지 느끼지 못한 그 무엇을 느끼게 된다. 제주올레의 표현을 빌리자면, '제주의 속살'을 느끼게 된다. 이름 짓기를 좋아하는 내가 지어준 여러 이름들 중에서 제주올레는 각별히 마음에 든다.

사단법인 '제주올레'를 설립하고 운영하고 있는 서명숙 이사장은 언론계를 떠난 후에 '걷기'의 뜻을 새삼 찾았단다. 그러더니 전 세계적으로 유명한 스페인의 산티아고 순례길을 걷고 난 후에 고향 섬에서 본격적으로 걷기 운동을 시작했다. 좋은 이름을 짓느라 고민하던 때에 한 회합에서 만났는데, 내가 "제주올레 어때?" 하니까 모든 사람들이 "그것 참 괜찮다"고 했다.

그런데 정작 제주도에서는 '올레'가 워낙 흔한 말이라며 "그 이름 가지고 되겠냐?"는 반대에 직면했었단다. 결국 서명숙 이사장이 결단한 덕분에 제주올레가 성공했다고 아주 좋아한다. 올레는 "올래, 갈래?"라는 뜻도 되고 영어로도 아주 간단히 'olle' 아닌가? 축구 응원가 중 '올레~오레~오레~오레' 후렴이 반복되는 그 흥겨운 노래가 금방 연상되는 이점도 있다.

올레는 내가 아주 좋아하는 단어이자 아주 좋아하는 공간의 이름이다. 올레란 제주도 사투리로 집으로 들어가는 짧은 골목을 칭한다. 바람 많은 제주도에서 집을 바람으로부터 보호하기 위해 만든 골목 장치다. 제주 옛집에서는 대문을 안 다는데, 대신 달팽이처럼 담을 한

겹 더 겹쳐 집을 감싸줌으로써 바람이 한 바퀴 휘이 돌게 만드는 장치다. 대학 시절에 이 공간을 발견하고 어찌나 정겨운지, 게다가 입에 올려도 귀에 들어도 좋은 이름이 어찌나 맘에 드는지 내 가슴에 콕 박혀버렸는데, 이름에 담긴 뜻에 걸맞게 제주올레로 거듭났으니 기분 좋다.

제주올레는 섬길 걷기다. 타원형으로 생긴 제주도를 한 바퀴 돌고, 해안 곳곳에서 한라산으로 동서남북으로 종단하는 코스가 생기고, 제주의 길 곳곳에서 손에 제주올레 가이드를 들고 걷는 사람들을 만나는 장면이 얼마나 멋진가. 옛날 옛적에 순례자가 걷던 길을 따라 걷겠다며 산티아고 순례길을 꼭 한번 걸어보겠다고 세계 방방곡곡에서 온 사람들이 모이듯 제주올레도 그렇게 되었다. 꿈을 꾸면 이루어진다. 2007년에 9월에 1코스를 개장한 후 제주도에 스무 개가 넘는 코스가 생겼고, 우도, 가파도, 추자도에 섬 속의 섬 코스까지 현재 스물여섯 개 코스인데, 앞으로도 더 생길 것이다.

제주올레는 걷기의 두 가지 기본 조건을 만족시켜서 좋다. 첫째, 홀로 걷기가 가능하다. 물론 여럿이 그룹 걷기를 해도 좋지만 혼자 걸어도 충분히 안전하고 충분히 흥미롭고 충분히 뜻깊은 길이 많다. 여럿이 걷는다 하더라도 때로는 홀로 묵묵히 온 사방의 바람에, 향기에, 땅의 기운에, 사람 내음에 자신을 맡기는 시간이 필요하다.

둘째, 여러 종류의 다양한 길 체험이 가능하다. '바닷길, 오름길, 산길, 개울길, 논두렁길, 밭머릿길, 돌담길, 마을길, 도시길'이 섞인다. 하루를 걸으며 이렇게 다양한 길을 체험할 수 있다는 것은 정말 축복이

＼

제주도 한 바퀴를 잇는 도보 여행길, 제주올레. 마지막으로 개장한 제주올레 21코스 중 구좌읍 종달리 지미봉에서 바라본 바다. 멀리 성산일출봉이 보인다. ©연합뉴스다. 바닷길을 걸으면 속이 확 풀리고, 오름을 오르면 기대고 싶고, 산길을 걸으면 푸근하고, 개울길을 걸으면 찰랑찰랑 마음이 차오르고, 논두렁 밭두렁 길을 걸으면 생명의 힘을 느끼고, 돌담길을 걸으면 다정하고, 마을길을 걸으면 사람의 손길과 정을 느끼고, 도시길을 걸으면 사람이 모여 사는 맛을 느낀다.

도시 걷기는 동네 걷기

걷고, 걷고 또 걸으려면 그럴 만한 길이 있어야 하는 것 아닌가? 맞는 말이다. 어느 도시에나 그런 길이 있다. 꼭 아름다운 제주도가 아니더라도, 유유하고 아기자기한 섬진강 길이 아니더라도, 위풍당당한 문경새재 과거길이 아니더라도, 시원한 한강 둔치 길이 아니더라도 도시 속에도 얼마든지 즐겁게 걸을 수 있는 길이 있다.

자연 걷기와 도시 걷기는 분명 다르다. 자연 걷기에서는 걷기 자체의 즐거움과 도처에 흐르는 분위기에 몸을 싣는 즐거움에 방점이 찍히는 반면, 도시 걷기에서는 걷기 자체보다 걸으며 마주치는 체험의 즐거움에 방점이 더 찍히기 마련이다. 운동 삼아 걷는 게 아니라면, 우리의 흥미를 끌어내는 그 무엇이 있어야 걷고 싶은 마음이 우러난다.

그래서 도시 걷기에서는 길보다 동네를 먼저 생각하는 게 훨씬 더 유리하다. 동네란 우리의 관심을 끄는 그 어떤 콘텐츠를 담고 있기 때문이다. 삶의 생기를 느끼게 하는 활동과 장면들, 우연스레 만나는 장면들, 예기치 않게 만나는 즐거움들, 그런 것들을 만나리라는 기대가 동네에 담기고, 그런 동네에는 어김없이 흥미로운 길들이 있기 마련이다.

골목길, 작은길, 꼬부라진 길, 미로 같은 길들이 있는 동네에 사람들이 꼬이는 까닭도 바로 이런 즐거운 기대 때문이다. 커다란 시설보다 작은 가게, 작은 전문점, 작은 식당들이 모여 있는 동네에 사람들이 꼬이는 이유도 이런 기대 때문이다.

대개 옛 도심에 있는 동네들이 이렇다. 우리 도시를 보자. 부산이라면 남포동 일대, 감천문화마을, 비석문화마을 등, 전주라면 교동 한옥마을, 인천이라면 차이나타운, 대구라면 남성로 동네, 목포라면 유달산 아랫 동네 등. 외국 도시들도 마찬가지다. 런던의 코벤트가든과 노팅힐, 교토의 가모가와 강변, 바르셀로나의 고딕지구, 요코하마의 차이나타운과 모토마치, 보스턴의 노스엔드, 파리의 몽마르트르 등 대도시에도 옛 도심에는 이런 걷고 싶은 동네들이 있다. 걷다 보면 그 무언가를 만나리라는 기대를 던져주는 동네들이다.

걷고 싶은 동네가 갖춰야 할 조건이 있다면, 다음 세 가지를 꼽아보면 어떨까?

- 최소한 세 시간은 헤맬 수 있을 것
- 최소한 한 끼는 먹고 싶을 것
- 최소한 한 가지는 사고 싶어질 것

세 시간이라면 한나절이고, 적어도 3~4킬로미터는 걷게 될 것이다. 도시 걷기는 속도가 느리기도 하거니와 중간중간 볼거리, 머물 거리, 쉴 거리도 있기 마련이니 그 정도 거리면 충분하다. 세 시간이라면 한 끼는 끼워 넣어도 될 시간이다. 먹으면 체험이 더 생생해진다. 이왕이면 뭐 하나라도 사고 싶어진다면 금상첨화다. 그 동네를 더 생생하게 기억하게 만든다.

인사동, 북촌, 서촌, 익선동으로

도시 걷기의 이런 조건을 염두에 두고, 걷고 싶은 동네의 대표 격으로 떠오른 서울 사대문 안의 옛 동네들을 돌아보자. 항상 그곳에 있었지만 그리 관심을 받지 못했던 동네들이 새로운 모습으로 우리 곁으로 성큼 다가왔다. 불과 15년 동안의 변신이다. 신호탄은 인사동이 쏜 셈이다. 전통문화 동네로 워낙 명성이 높았던 인사동이 변화를 시작하자, 북촌이 의미 있는 변신을 꾀했고, 그 변화의 바람이 삼청동을 향하다가, 다시 서촌으로 바람이 불고, 그 바람이 다시 낙원상가 동쪽 익선동으로 불어 갔다. 변화의 바람은 조용하고 꾸준하게 주변 동네로 퍼지고 있다.

최근 이쪽 동네에 가면 깜짝 놀랄 지경이다. 인사동은 언제나 시민들과 관광객들로 바글댔지만, 북촌 한옥마을에도 관광버스가 설 지경이 되고 이 골목 저 골목에 카메라를 메거나 '셀카봉'을 들고 다니는 사람들로 가득하다. 삼청동이 한동안 붐을 이루다가 젠트리피케이션으로 열기가 다소 잦아든 틈에 급부상한 서촌에는 가게 앞에 기다리는 줄이 길어서 '대체 무슨 맛집이기에?' 호기심이 들게 만든다. 가장 최근 떠오른 익선동은 핫플레이스라는 명성에 걸맞게 한옥 가운데 전위적인 분위기까지 섞여 있고 밤 문화까지 색다르게 변했다. 왜 이렇게 사람들이 많이 찾게 되었을까? 그 속을 들여다보면 '걷고 싶게 만드는 비결'이 보인다.

첫째는 수많은 이야깃거리들이 생긴 덕분이다. 볼거리, 먹을거리, 만날 거리, 사진 찍을 거리, 구경거리, 그냥 서성일 거리가 늘었다. 그저 식당, 그저 가게, 그저 카페, 그저 갤러리가 아니라 정성이 가득하고 분위기가 색다르며 소품들이 근사하고 찾는 사람들까지도 근사해 보인다. 하다못해 노점상들도 색깔을 내지 않으면 배겨나지 못할 정도로 다들 이야깃거리를 만들고 즐기는 데 열중한다.

둘째는 길과 공간의 재미 덕분이다. 인사동을 남북으로 가로지르는 인사동길의 길이는 겨우 600미터밖에 안 되지만, 그 안에 마치 이파리의 잎맥처럼 또 뿌리처럼 뻗어나간 골목들의 길이는 장장 10킬로미터가 넘는다. 이렇게 좁은 면적 안에 그렇게 길이 많다는 것은 무슨 뜻일까? 그만큼 하나하나 공간은 작고 숫자는 많다는 의미다. 자연 생태계와 비슷하다. 이런 생태계는 생명력이 길다는 이점이 있다.

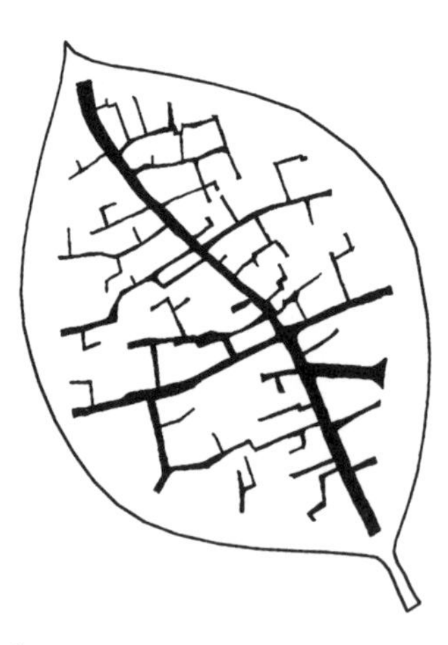

서울 인사동의 잎새 모양 골목길.
열두 개의 큰 골목, 열두 개의 작은 골목이 있다. 골목 속이 진짜 인사동이다. ©김진애

가회동은 불행히도 남북 방

향 길을 확장해서 예전 분위기가 많이 깨져버린 아쉬움이 있지만 동네 깊은 속 골목길들은 살아남아 명맥을 유지하고 있다. 골목길이 살아남으니 때가 되어 한옥 보전과 복원의 기운도 같이 살아났다. 한때는 한옥 보전을 일종의 굴레처럼 여겼지만 완전히 트렌드가 바뀐 것이다. 최근에 한옥 개축과 신축이 크게 늘게 된 데에는 비단 주택뿐 아니라 레스토랑, 카페, 가게 같은 상업 공간, 갤러리나 책방 같은 문화 공간, 사무실과 병원, 주민센터 같은 공간에도 한옥을 적극 이용하면서 한옥 예찬론이 커진 덕분이다.

다재다능한 퓨전 스타일의 등장은 그 기발한 창의성과 상상력에 찬탄하게 만들 정도다. 우중충한 시멘트나 타일 건물조차도 화려하게 변신하고 한옥의 리노베이션 기술도 일취월장했다. 국적불명이라고 비판하기 어려운 이유는 어딘가 우리 문화의 특징이 배어 나오는, 너무도 세련된 퓨전을 이루어내기 때문이다. 언제 이렇게 색다른 방식으로 세련된 맛을 내게 되었는가?

셋째는 오래된 시간에 대한 긍지가 되살아난 덕분이다. 북촌, 서촌이라는 이름을 즐겨 쓰는 데에서도 나타나는 현상이다. 북촌이란 조선시대부터 경복궁과 창덕궁 사이의 동네를 일컫던 이름이다. 중인층이나 몰락한 양반층이 살던 남산 녘 남촌에 비해 이른바 지체 높은 사람들이 살아서 자존심 드높던 동네다. 오랫동안 재개발 위협에 시달리던 서촌이 보전으로 방향을 틀 수 있었던 데에는 서촌이라고 이름을 불러주기 시작했다는 점이 영향을 미치지 않았을까? 북촌과 서촌이라는 이름 자체에서 우러나는 시간의 힘이 은연중 우리에게 작용한 것이라 믿고 싶다.

넷째는 '명성'이다. 사람들이 모이면 더 모인다는 게 정설이다. 한 번 안 가보고는 못 배기고, 한번 가서 그 매력을 확인하면 다시 입소문이 퍼진다. 동네에 새겨지는 명성은 여간해서 없어지지 않는 생명력을 갖는다는 점에서 이 동네들도 오래갈 수 있을 것이다.

물론 모든 것이 긍정적인 것만은 아니다. 이 동네들이 변화하는 과정 중에 잃은 것도 있다. 나쁜 의미의 젠트리피케이션이 거세져서 임대료 앙등으로 동네를 되살리는 데 기여한 원조 상인들이 쫓겨나게 됐고, 지나친 상업화로 인해서 주민들이 더 이상 살지 못하고 쫓겨나는 현상도 생겨났다. 한옥 동네를 방문하는 관광객들이 크게 늘면서 오버투어리즘over-tourism(과잉 관광) 논란이 생기기도 했다. 퓨전 스타일이 성행하면서 원형에서 기대할 수 있는 '진짜성authenticity'이 없어진다는 아쉬움도 있다.

섬세한 조율이 필요한 현상들이다. 하지만 시간이 흘러가며 생태계가 진화하듯 동네 생태계 역시 진화하는 것이 자연스럽다. 관건은 귀중한 문화 유전자를 어느 정도로 지켜가느냐다. 이들 동네에서 가장 중요한 문화 유전자라면 길과 건물이 만들어내는 도시 조직이다. '도시의 패브릭'이라 부르는 기본 직조의 패턴을 유지해야 오래가는 것이다. 건물을 표현하는 디테일이나 사용하는 콘텐츠는 바뀌더라도 기본적인 패턴을 유지하면 의미로운 진화가 스스로 일어날 수 있다.

사실 세계 어느 도시의 걷고 싶은 동네를 가더라도 이러한 네 가지 특성이 있다. 이야깃거리가 풍부하고, 길과 공간의 재미가 생생하고,

서울 익선동. 최근에 떠오른 한옥 동네다.
세련된 퓨전 스타일의 리모델링을 선보인다. ⓒ연합뉴스

오래된 시간의 긍지를 다시 살려내고, 명성이 그 맥을 이어간다. 저절로 걷고 싶어지는 동네는 그렇게 오랜 시간을 통해 만들어진다.

중요한 것은 '걷고 싶어지는 도시'다. 왜 걷고 싶어질까? 즐거워서, 재미있어서, 사람들 보기 흥미로워서, 사람 사는 맛이 나서. 이런 길로 가득 찬 도시에서 사람들은 걷고, 걷고, 또 걷는다. 걷고 싶은 도시를 만들려면 동네가 살아야 한다. 아무리 큰 도시라 하더라도 성격이 뚜렷한 동네들이 생생하게 살아 있다면 사람들은 그 도시를 걷고 싶은 도시로 인식한다. 도시를 동네로 나누라. 큰 도시도 몇 개의 동네로 나누면, 동네의 성격도 살아나고 길도 살아난다. 꼭 행정구역을 나눈다는 뜻은 아니다. 북촌에는 가회동 외에도 계동, 화동, 재동, 원서동, 사간동, 통인동, 소격동, 송현동, 팔판동, 안국동, 삼청동이 있다. 이 작은 동네들이 다 같이 북촌으로 인식된다. 인사동도 삼청동도 북촌 언저리에서 북촌 코드를 누리듯이, 서울에 걷고 싶은 동네가 만들어진다면 당연히 걷고 싶은 서울이 될 것이다. 길만 가꾼다고 되는 게 아니다. 그 동네의 삶을 담은 풍성한 콘텐츠를 만들어내라.

* * *

사람을 뭔가 하고 '싶게' 만드는 비결은 어디에서나 다르지 않다. 예컨대 일하고 싶은 직장의 기준은 어떤 것들일까? 대개는 연봉이 좋으냐, 커리어 전망이 좋으냐, 야근이나 휴일 근무가 많지 않으냐, 안정적이냐 같은 통속적 기준들을 거론한다. 하지만 이 세상 사람들이 그런 기준들만 가지고 일에 임하고 있다면 어느 조직이 발전의 동기를

\
서울 북촌 한옥마을.
전통이 살아 있는 모습에 반해서 사람들이 몰리지만,
오버투어리즘으로 몸살을 앓고 있기도 하다. ©연합뉴스

찾았겠는가? 실제 사람들이 일에 임할 때는 훨씬 더 깊은 동기들이 작용하며 그 동기를 어떻게 발굴하고 키우느냐에 따라 조직의 성패와 개인의 성패가 좌우된다.

'걷고 싶다'라는 기준을 직장에 적용해본다면 다음은 어떤가. 현장 업무를 맡은 직원이 충분한가? 여러 부서들을 거쳐보고 싶어 하느냐? 자기 부서 또는 다른 부서에서 일어나는 업무에 관해서 적극적으로 토론하는가? 자신의 조직이 만드는 상품이나 서비스가 시장에서 어떻게 평가되는지에 귀를 기울이고 있나? 자신의 조직이 걸어온 길에 대해 이야기하는가? 자신의 조직의 미래를 긍정적으로 바라보는가? 무엇인가 긍정적인 변화를 도모하는가? 자신이 좋은 일을 하고 있다고 자부하는가? 일에 대한 속 깊은 자긍심의 정도를 가늠하는 기준들이다. 자긍심이 있을 때 자발성, 자율성, 적극성이 자연스럽게 발휘된다. 주어진 시간과 주어진 공간에 파묻히지 않고 시간과 공간을 넘나들고 넓히면서 자신이 하는 일에 대한 의미를 찾고 또 키우려는 인간의 심오한 본성이다.

리더들은 같이 일하는 사람들이 자신과 함께 태도를 공유하기를, 비전을 공유하기를 바란다. 가장 좋은 비법이라면 함께 걷기일 것이다. 함께 걷기는 일종의 메타포다. 일에서 같은 길 함께 걷기와 삶에서 같은 길 함께 걷기는 다르지 않다. 부지런히 걷기, 너무 빨리 걷지 않기, 너무 오래 쉬지 않기, 끈기 있게 걷기, 길 찾기, 길 새로 정하기, 길에서 만나는 장면에 호기심 갖기, 길에서 만나는 사람에게 감사하기, 느낌 나누기, 체험 나누기, 길이 있음에 감사하기처럼 말이다. 같이 걷기란 얼마나 근사한가? 길을 걷기란 얼마나 감사한가? 걷고 또 걷자.

온전한 하루를 쓰라

빈 + 암스테르담 · 헤이그 · 로테르담

"처음부터 끝까지 온전한 하루를 스스로 계획해보라.

그 하루는 온전히 자신을 위한 하루다."

도시에서 온 하루를 보낸다면 어떻게 보낼 것인가? 투어버스를 탈까? 지하철을 탈까? 버스를 탈까? 렌터카를 탈까? 온종일 걸을까? 무작정 다녀볼까? 어디를 선택할까? 좋아하는 곳만 갈까? 미리 계획을 해놓아야 할까? 우연에 맡겨야 할까?

그 도시를 알려면 새벽부터 밤까지 온전한 하루를 보내는 편이 좋다. 몇 시간씩 잠깐 여러 날을 보내거나 특정한 장소를 골라 가보는 것도 좋지만, 새벽부터 밤까지 하루 온종일을 보내면 그 도시의 전모가 보인다. 이상하게도 자기가 사는 도시에서 이런 경험을 하기란 은근히 쉽지 않다. 항상 거기에 있기 때문에 그럴 필요성을 딱히 느끼지 않기 때문일 게다.

여행의 좋은 점은 어떻게 하루를 보내면 좋을지 고민하게 만든다는 점이다. 이 기회를 어떻게 살려야 할지 요모조모 계획하고 온종일 빨빨거리면서 무언가 찾고 더 체험하려 든다. 여행에서 이렇게 하듯, 당신이 사는 도시에서도 고민해보라. 예컨대 당신을 찾아온 손님과 함께 하루를 보낸다면 하루를 어떻게 디자인할 것인가? 두 사례를 보자. 대도시 그리고 작은 도시들의 네트워크의 사례로 충분히 흥미로운 사례들이다.

빈, 크로스 섹션으로 주파하다

모차르트와 베토벤의 음악 도시, 구스타프 클림트와 에곤 실레의 예술 도시, 또는 정신분석학자 프로이트의 아카데믹한 꿈의 도시 인상 때문인지 빈을 작은 도시로 생각하는 사람이 많다. 나도 한때 그렇게 생각했다. 아마도 작은 나라 오스트리아라는 인상과 겹치기 때문일 테다.

하지만 오스트리아는 한때 독일, 이탈리아, 체코, 헝가리 등을 합병하거나 호령하는 대국이었고 빈은 19세기 말부터 20세기 초까지 급성장하면서 인구 200만의 세계에서 여섯 번째로 큰 세계도시였다. 지금도 빈 내에 190만, 광역권에 260만이 사니(2016년 통계) 유럽 기준으로는 꽤 큰 대도시다.

그럼에도 불구하고 빈은 전혀 큰 도시 같아 보이지 않는다는 것이 장점이다. 전반적으로 높이가 일정한 건물들이 주를 이루고 있어서 높이 규제로 유명한 파리보다도 더욱 통제가 강한 느낌이다. 도심에서는 높은 건물이 거의 보이지 않는다. 이렇게 별로 크지 않은 도시 모습으로 어떻게 450만 명이 넘는 사람들이 살고 있나 이상할 정도로 도시는 낮고 널널하다.

빈이 왜 그렇게 여유 있어 보이는지, 빈에서 하루를 크로스 섹션cross section으로 주파해보니 그 비밀을 알 듯했다. 옛 도심에서 도시 외곽의 그 유명한 빈 숲Wiener Wald 밑자락까지, 말하자면 도시를 단면으로 끊어서 본 것이다.

도시는 대개 둥근 모양으로 성장한다. 해안가를 따라 생긴 도시거나 지형적인 장애물이 있지 않은 한, 도시가 궁극적으로 원형에 가까워지는 현상은 자연스럽다. 도시는 대개 원형 또는 방형의 성곽도시에서 시작해 성내와 성 밖으로 구성되는 중세 봉건시대를 거치다가, 산업화와 도시집중이 이루어진 근대에 성곽을 없애고 방사형으로 커지며 그 축들이 다시 옆으로 붙어서 전체적으로 원형이 된다. 마치 나무에 나이테가 생기듯이 도시에도 나이테가 생기는 현상이다. 역사가 긴 도시일수록 그렇다.

빈은 전형적인 나이테 도시다. 먼 옛날 로마시대에 만든 성곽도시를 중세에 이르러 더 탄탄한 별 모양의 성곽도시로 보강했고, 19세기 말에 급격히 성장하면서 성곽을 허물고 그 자리에 링슈트라세Ringstraße를 만들고 관청과 주요 시설물을 동그라미 모양으로 배치하여 도시 외곽 성장의 거점으로 삼았다. 20세기 들어서도 몇 번에 걸쳐 도시가 커졌는데, 그래서 빈은 더욱 원형의 구조가 뚜렷하고 도시의 나이테가 확실하게 드러난다. 종단해볼 가치가 충분한 도시다.

내가 빈을 종단한 순서는 이렇다. 우선 100년도 더 넘은 옛 카페에

빈 전경. 놀랍도록 낮은 건물이 이어진다.

서 빈 사람처럼 아침을 먹고 슈테판대성당을 중심으로 하는 미로 같은 옛 도심 골목을 거닐다가, 쇼핑가에 새로 지어진 혁신적이고 전위적인 설계의 건물들을 본 뒤 링슈트라세에 몰려들었던 신흥 부자들이 만든 권위적이고도 화려한 개발을 감상한다. 이어서 훈데르트바서하우스라는, 빈에서 제일 유명한 동화 같은 아파트를 구경한 후, 좀 더 떨어진 곳에서 1920~1930년대 '붉은 빈Rotes Wien(제1차 세계대전 이후 사회주의 빈)' 시절에 만든 공공주택들이 여전히 잘 쓰이고 있는 모습을 구경한다. 그리고 그 외곽에 있는 우리의 신도시 같은 모던한 구역들을 지나서 드디어 빈의 숲으로 이어지는 전원 속에 베토벤 하우스가 평화롭게 보전된 모습을 음미하는 것이다. 그 후 다시 도심으로 돌아와 밤의 빈에서 칼바도스 사과술을 들이켰다.

이렇게 크로스 섹션으로 빈의 도시 나이테를 보니 11세기 이후 중세도시, 18세기 오스트리아 왕국시대, 19세기 말 세계도시화 시대, 20세기 초 제1차 세계대전 후 시대, 20세기 중반 전후 시대, 20세기 말 도시 확산 시대의 모습이 확연하게 보였다. 빈의 그 많은 인구들이 어떻게 분포하는지, 그런 개발 속에서도 공원 네트워크가 얼마나 도시를 널널하게 느끼게 만드는지 도시 구성의 비결도 확연하게 보였다.

그런데 어떻게 하루에 도시 종단이 가능했을까? 빈의 기막힌 교통 시스템 덕분이다. 패스 하나로 지하철과 버스와 전차를 언제 어디서나 탈 수 있다. 멀리 가는 종단 거리는 지하철로, 짧게 가는 거리는 버스로, 링슈트라세를 한 바퀴 도는 순환 노선은 전차로, 도시를 누비는 종횡무진한 교통 시스템이 도시의 나이테를 따라 잘 엮여 있는 모습이 인상적이었다. 대중교통은 걷기의 가장 완벽한 파트너임을 다시금 확인시켜주는 도시가 빈이다.

네덜란드의 작은 도시 네트워크

오스트리아처럼 크기가 작은 나라이기는 마찬가지지만 네덜란드의 도시는 전혀 다르다. 그 흔한 대도시라는 게 없다. 인구수가 암스테르담 86만, 로테르담 63만, 헤이그 52만, 위트레흐트 34만, 델프트

작은 도시 델프트의 작은 광장에서 열린 노천 시장. ©김진애

10만, 레이던 12만, 하우다 7만 정도이고 다른 도시들도 대개 5~10만 사이에 불과하다.

네덜란드는 이런 작은 도시 네트워크를 '란트스타트Randstad'라 이름 붙였다. 영어로는 림 시티Rim City라고 하는데 테두리 도시라는 뜻이다. 왜 테두리인가? 도시들은 테두리에 위치하고 이 도시들 가운데에는 '그린 하트Green Heart(녹색 심장)'라 이름 붙인 농지를 보전하고 있기 때문이다.

이 모습은 지도에서도 확실히 보인다. 란트스타트 전체는 700만의 대도시권역을 이루지만 도시들은 크지 않은 규모로 흩어져 각기 역할을 맡고 있다. 네덜란드 공식 수도인 암스테르담은 서비스·관광산업의 중심이고, 실제적인 수도 행정 기능과 국제기구들은 거의 헤이그에 모여 있다. 로테르담은 유럽 1위의 항만물류도시로서 국제 업무 기능을 선도하는 비즈니스 도시고, 위트레흐트와 델프트에는 교육·관광산업이 몰려 있다. 흔히 고다라고 불리는 치즈 이름으로도 유명한 하우다나 레이던 같은 소도시들은 관광과 가공·제조산업이 발달되어 있다.

왜 네덜란드는 다른 나라처럼 모든 기능을 담는 대도시를 만드는 대신 분산형 도시 시스템을 유지하는 걸까? 인구 규모가 작아서는 아니다. 네덜란드 인구는 총 1700만이다. 그런데 오스트리아는 900만 인구인데도 빈 도시권에 450만이 모여 산다. 그 이유는 국가 시스템에서 찾을 수 있다. 네덜란드는 일찍이 의회 민주주의와 지방자치를 시행했다. 대 오스트리아 제국이 수도인 빈을 크게 키운 것과 달리,

네덜란드는 암스테르담의 집중을 막기 위해 일부러 헤이그에 정부 기능을 분산했다. 네덜란드는 국토를 고르게 관리하려는 목표가 확고하다. 국토의 3분의 2가 해수면보다 아래에 있는 네덜란드는 운하와 물 관리를 통한 재난 방지가 국가의 절체절명의 과제인지라 분산 시스템이 훨씬 더 효과적인 것이다.

네덜란드의 분산된 도시 협력 시스템은 참 부러운 일이다. 란트스타트는 중소도시의 네트워크로도 얼마나 강한 경쟁력을 가질 수 있는지 보여주는 훌륭한 사례다. 우리나라도 수도권과 충남권에 여러 도시들을 엮은 작은 도시 시스템이 있지만 각각 서울과 대전에 기능이 집중됐다는 한계가 있다. 다른 지역도 사정은 비슷하다. 대도시가 중심이 되더라도 소도시들과 기능을 분담하고 연계하는 시스템은 우리 사회가 지향해야 할 도시 시스템 목표일 것이다.

란트스타트의 도시들을 엮어주는 세 가지 인프라 시설이 있다. 스히폴공항, 로테르담 항구와 연결된 운하 네트워크 그리고 고속도로인 모토웨이 시스템이다. 유럽 최고의 허브 공항 중 하나인 스히폴공항은 업무와 관광의 연결 통로이고, 로테르담 항구는 물류의 통로로 네덜란드 전역의 산업 시스템을 엮어내고 있으며, 모토웨이는 란트스타트의 작은 도시들을 30분~1시간 거리로 엮는다.

네덜란드 란트스타트의 분산 도시 시스템을 적극적으로 체험하는 방법은 모토웨이를 달려 여러 도시를 하루에 방문해보는 것이다. 마침 업무차 여럿이 그룹 여행을 하던 나는 현지 학생에게 가이드를 받아 하루에 몇 도시를 주파해봤다. 각 도시의 매력도 매력이었지만, 여러 도시를 하루에 보니 각 도시의 색다름이 단번에 하나의 시스템으로 다가왔다.

암스테르담은 한밤을 위해 아껴두는 편이 좋다. 잘 알려진 바대로 레드 디스트릭트의 색다른 또는 '색스런' 분위기 속에서 한밤의 운하와 넘쳐나는 관광객들과 뒤섞이는 체험이 대단히 자유분방하고 감각적이다(지나치게 퇴폐적이어져 2020년부터는 관광을 금지한다는데, 한편 애석하다는 생각도 든다). 로테르담은 부산한 아침과 오전이 적격이다. 항구의 활력과 도심을 활보하는 비즈니스맨들의 행진이 인상적이다. 행정도시인 헤이그에 그렇게 고풍스러운 건물들과 공연문화시설이 많으리라고는 미처 생각하지 못했다. 국제기구가 많고 외국인들이 많이 살기 때문일까? 교육도시 델프트의 학교 건물들은 하나같이 혁신적이었고, 공공 아파트, 공공시설 하나하나가 새로운 에너지의 실험장이 되고 있다는 것이 매우 인상적이었다.

가장 놀랐던 것은 위트레흐트의 저녁이었다. 저녁 무렵 운하를 따라 걷고 또 걷다가 늦은 저녁을 먹겠다고 찾아간 시청 앞 광장에 야외 식탁이 빼곡하고 그야말로 몇천 명이 와글와글한 게 아닌가. 휴가철도 아니건만 도대체 어디서 이렇게 사람들이 몰려온 걸까. 관료적이지 않은 공공 공간을 만드는 네덜란드의 소탈하고 실용적인 생활 모습이 그대로 느껴졌다.

운하는 네덜란드 어느 도시에나 있지만 도시마다 시스템이 다르다. 자기 도시에 필요한 기능에 따라서 운하도 맞춤으로 디자인해서 썼던 것이다. 관광 코스로 잘 알려진 암스테르담은 운하에 바로 내려갈 수 있는 공간이 귀한 대신 길에서 바로 배를 탈 수 있다. 그만큼 암스테르담 운하의 역할은 도시 통로 기능에 방점이 찍힌다. 그런가 하면 위트레흐트 운하는 훨씬 깊은데, 과거 운하 양안의 벽을 따라 창고 시설들이 즐비했고 물류와 제조 기능이 강했던 도시의 성격과 들어맞는다. 지금은 제조업들이 외곽으로 빠져나가 창고들을 식당이나 카페로 개조해서 운하 변을 문화 공간으로 쓰고 있다. 지식인과 상류 계층이 많이 사는 도시 델프트의 운하는 마치 집 앞마당에 물이 흐르는 듯 조용하고 고요하다. 배가 다니는 활동적인 수로 기능보다는 배수와 통수 기능에 충실한 운하로 설계한 것이다.

모토웨이는 이들 도시들 사이의 농촌 지역을 누비는 고속도로인데 운하와 자주 교차한다. 그런 경우 언제나 운하가 먼저다. 운하 밑으로 고속도로가 지하로 달리는데, 운하를 고이 이고 있는 듯한 조형적 디자인이 인상적이다. 네덜란드는 물 재앙에 대한 트라우마가 있는 만큼 항상 운하를 우선함을 상징적으로 보여준다. 자칫하면 물에 잠길지 모를 공포가 만연하지만 그 공포를 나름의 기술과 도시 분산 정책으로 극복하면서 각기 도시의 특색과 경쟁력을 높여가는 네덜란드는 진정 코즈모폴리턴적이고 진정 실용적인 나라다. 네덜란드의 자유와 개방과 관용과 절제, 그리고 그 자유로운 분위기 속에서 항상 효과적인 작동 방식을 찾아내고 있는 것이다.

* * *

도시마다 그곳에서 하루를 보내는 방법은 조금씩 다르다. 도시를

배수 기능 중심의 델프트 운하.

도시교통 기능 중심의 암스테르담 운하.

화물 운송 기능 중심의 위트레흐트 운하.

기능에 따른 네덜란드 운하의 여러 모습. ©김진애

전체적으로 파악하는 방법도 역시 도시마다 다르다. 도시를 꼭 전체적으로 파악할 필요가 있느냐 하는 의문도 들겠지만, 그렇게 온 하루를 쓰며 전체를 파악하면 현장의 깨달음이 강해진다.

안개 낀 새벽, 웅성웅성 깨어나는 아침, 바쁘게 출근하는 사람들, 통학길의 학생들, 점점 밝아지는 오전, 부산한 점심, 나른한 오후, 길어지는 그림자, 석양이 깔린 거리, 하나둘씩 켜지는 가로등, 거리 곳곳에서 피어나는 맛있는 냄새, 달밤, 별밤 그리고 한 잔의 술. 온갖 교통수단을 이용하고 다리를 쓰고 새벽부터 밤까지 도시를 주파해보자.

그렇다면 자신의 일에서 온전하게 하루를 쓴다는 의미는 무엇일까? 새벽부터 밤까지 일하고 야근이나 저녁 사교를 부지런히 하고 그것도 모자라 주말과 휴일까지 일과 관련한 사교에 시간을 쓰는 사람들이라면 한번 되돌아볼 필요가 있다. 도대체 무엇을 위해서 그렇게 많은 시간을 쓰는가? 일에 그렇게 많은 시간을 투자하면서도 왜 몰입이 안 되는가? 왜 소모당한다는 느낌에 자주 빠지는가? 공허하다는 느낌이 왜 자주 드는가?

이런 느낌에서 벗어나는 좋은 방법 중 하나가 자신이 계획을 세워 온전하게 하루를 써보는 것이다. 하루가 아니라 사흘이면 더 좋고 일주일, 한 달이라면 더 좋을 것이다. 온전히 스스로 하루 일정을 계획하기란 사실 그리 쉬운 일이 아니다. 아무리 바쁘게 시간을 보내는 사람이라 할지라도 남이 짜주는 스케줄, 남이 요구하는 일, 소화해야만 하는 일정에 익숙해진 수동형 사람들이 워낙 많다. 경력이 쌓일수록, 높은 자리에 올라갈수록 수동형이 되어버리는 것은 안타까운 일이다.

더욱 불행인 것은 그들 자신은 자신이 얼마나 수동형 인생을 살고 있는지 모르고 있다는 사실이다.

처음부터 끝까지 온전한 하루를 스스로 계획해보라. 그 하루는 온전히 자신을 위한 하루다. 이 세상에서 보내는 마지막 하루라 생각해보라. 마지막 하루라면 온전히 자신을 위해 써야 하지 않겠는가? 무엇을 할 것인가, 어디에 갈 것인가, 무엇을 볼 것인가, 누구와 함께할 것인가, 이 새벽을, 이 아침을, 이 점심을, 이 오후를, 이 저녁을, 이 밤을? 왜 나는 이러한 하루를 진작 보내지 못했던가? 온전한 하루를 보내고 나면 항상 쫓기는 느낌에서 자유로워질 것이다. 마감에 쫓기고 부탁에 쫓기고 남과의 관계에 쫓기며 사는 데에서 벗어난다는 것이 얼마나 자신의 영혼을 자유롭게 하는지 알게 될 것이다.

흥미로운 것은, 온전한 하루를 계획해보기만 해도 엄청난 도약을 할 수 있다는 것이다. 전체를 조망하고 균형을 갖춘 시각, 이른바 퍼스펙티브perspective를 갖게 된다. 한정된 시간 안에 자신을 밀도 있게 쏟으며 나오는 깨달음이다.

하루의 주제는 어떠한 것도 가능하다. 인생의 마지막 하루일 수도 있고, 내가 빈과 네덜란드 란트스타트에서 보냈듯 도시 주파일 수도 있고, 하루 24시간의 사진 찍기일 수도 있다. 평소 하지 못했던 그 어떤 것을 위하여 24시간을 써본다는 데 의미가 있다. 부디 당신의 온전한 하루를 당신의 계획대로 써보라.

눈을 감다

프랑크푸르트 + 피렌체 + 야나가와

"눈 감기란 당장의 자극에 거리를 둠으로써

심안心眼을 깨우는 행위다.

눈 감기란 당신의 다른 감각을 일깨우는 행위다."

"눈을 감고 포스를 느껴봐!" 영화 〈스타워즈〉에서 훈련하는 젊은 루크 스카이워커에게 제다이 마스터가 조언한다. 시력을 잃은 대신 다른 감각들이 초인적으로 발달하는 〈데어데블〉 같은 슈퍼히어로 영화도 있다. 정말 시각을 잃으면 다른 감각이 더 발달하나? 생명 세계에서는 시각이 퇴화한 생명체들이 다른 감각을 잘도 사용하며 살아간다.

하지만 인간의 일상에서 시각의 파워는 막강하다. '백문이 불여일견'이란 말처럼, 한 번 보면 즉각적으로 백 가지, 만 가지가 하나로 꿰어진다. 첫 30초에 상대의 모든 것을 인식해버린다고 하던가. 형상, 거동, 색깔, 표정, 농담濃淡, 명암, 음영, 배색, 배경 등을 한꺼번에 인지하는 것이다. 게다가 눈 감으면 코 베어 가는 세상에서 우리는 눈 번쩍 뜨고 살아야 한다. 시각 장애인이 겪는, 산지사방으로 위험이 도사리는 상태를 상상해보라. 시각을 잃으면 세상은 하루아침에 위험한 세상으로 돌변한다.

하지만 바로 이 시각이 가지는 막강한 파워 때문에 우리가 잃어버리는 것도 너무 많다. 시각에 비하여 청각, 후각, 미각, 촉각 같은 우리의 다른 감각이 현저하게 떨어져버리는 것이다. 그 외에 우리 모두 잠재적으로 갖고 있는 '육감'을 발동시키는 능력도 퇴화한다. 눈을 뜬다는 것은 머리가 돌고 있다는 뜻이다. 이성이 활발하게 작동하면 감성이 억제된다.

게다가 눈이란 참 속임수가 많다. 이미지 시대의 화려한 외양, 눈에 띄는 이채로운 포장 때문에 우리는 자칫 속고 산다. 본질의 아름다움 또는 추함, 본질의 향기 또는 악취를 감추는 외양 때문에 속아버린다. 그러니 눈을 한번 감아보라. 눈을 감으면 세상은 다시 태어난다. 눈을 감으면 세상은 그 본연의 모습을 다른 방식으로 보여준다.

조는 도시, 누운 도시, 눈 감은 자들의 도시

공원 벤치에 앉아 꾸벅꾸벅 조는 사람들이 있는 도시는 완벽하게 안전한 도시라 여겨도 좋다. 노숙자들이 아니라 보통 시민이 깜박깜박 졸고 있다면 말이다. 물론 노숙자가 홀로 길거리에서 잠에 폭 떨어져 있는 도시라면 완벽하게 안전한 도시라 여겨도 좋을 것이다. 보는 시민들도, 치안을 맡은 경찰도 그 단잠을 깨우려 들지 않는 배려의 마음이 있다는 증거일 터이고 그런 도시는 분명 따뜻한 도시일 터이다.

아예 대자로 드러누운 사람들을 볼 수 있다면 더욱 안심이 되는 도시다. 풀밭 깔린 공원이 아니라 도시 한가운데에서 이런 모습을 볼 수 있을까? 놀랍게도 베를린 한가운데에서 그런 장면을 만났다. 주택가 개울가에서 풀밭에 누워 자는 청년을 보니 갑자기 온 세상이 평안해지는 듯했다. 도시 한가운데에서 드러눕는 그 용기가 부러웠고, 그런 분위기를 만들어내는 도시가 부러웠다. 청년 옆에 던져져 있는 자전거와 펼쳐져 바람에 나풀대는 책갈피, 얼마나 좋은 도시인가.

1990년대 초 베이징에서 만난 어느 작은 저수지. 큰 강 없이 호수와 저수지를 많이 파서 물을 관리하는 베이징에서 물은 아주 귀하다. 그런데 그 저수지에, 비록 흙탕물이지만 물고기들도 놀고 연꽃도 피어 있는 물 한가운데 한 중년 남자가 눈을 감은 채 대자로 뻗고 드러누운 부동의 자세로 물 위를 떠돌고 있었다. 뭐라고 할까. 갑자기 아늑해지는 느낌이었다. 베이징이 사람 사는 도시로 느껴졌다고 할까. 1990년대 초라면 개방은 되었지만 아직 서슬 퍼런 체제의 중압감이 느껴질 때다. 그런데 그 한가운데에 홀로 금지된 물 위에 마치 신선처럼 드러누운 사람이 있다니, 눈을 감고 그 남자는 무엇을 느끼고 있었을까?

여행 중 눈을 감은 사람을 만나면 그렇게 마음이 편안해진다. 더 음미할 무언가가 있을 듯하고, 무엇이 저 사람을 사람 눈 많은 데에서 눈을 감게 만들었을까 궁금해진다. 사람은 언제 눈을 감는가. 몰입할 때다. 다른 감각을 발동할 때다. 사람은 키스할 때 저절로 눈을 감는다. 맛있는 음식이 입에 들어가면 눈을 감는다. 생각에 빠지면 눈을 감는다. 웅장한 자연 앞에 서면 저도 모르게 눈을 감고 숨을 깊이 들이마신다. 그 순간에 몰입하고 그 감각에 몰입하기 위해서다. 그런 눈 감는 순간을 도시에서 찾을 수 있다면 얼마나 좋을까?

피렌체, 프랑크푸르트 하늘 위에서 눈을 감다

나 역시 대부분의 사람들과 마찬가지로 눈 번쩍 뜨고 사는 사람이다. 남들에게 눈을 감아보라고 권하면서도 나 역시 쉽게 눈을 감지 못한다. 다만 나에게는 한 가지 재주가 있다. 낮잠에 빠져드는 재주다. 여행을 할 때면 새벽부터 일정을 잡는 습성이 있기도 하거니와 워낙 노동량이 많으므로 여행 중 낮잠은 필수다. 그 낮잠을 도시 속에서 눈 감아보는 최고의 순간으로 잡아보는 것이다. 차 안과 공항에서는 물론, 하물며 디즈니월드 풀밭 모퉁이에서 재킷을 둘러쓰고 노숙자처럼 20분 동안 낮잠을 잤던 여러 순간들이 있지만 그중 하늘 위에서 잠에 빠졌던 순간은 각별히 기억에 남는다. 프랑크푸르트와 피렌체에서였다.

프랑크푸르트는 모범도시라 할 만한 도시다. 세계에서 살고 싶은 도시 10위 안에도 꼽히고 세계에서 경쟁력 높은 도시 10위 안에도 꼽히는 도시이니, 삶의 질과 경쟁력이라는 두 마리 토끼를 다 잡았다. 도시권 인구가 800만이나 되는 대도시이자, 독일 도시들 중에서 가장 국제화되었고 가장 사업 지향적인 도시다. 모두 지정학적 위치 덕분이다. 프랑크푸르트공항은 세계 허브 공항 중 하나로 유럽의 관문이자 중동으로 통하는 환승 공항의 역할을 톡톡히 하고 있다. 덕분에

프랑크푸르트. 유럽에서 가장 고층 건물이 많은 도시인 프랑크푸르트는 항공 허브의 중심이자 국제금융, 컨벤션과 국제 전시의 중심도시다. 세계적으로 경쟁력 높은 도시면서 '살고 싶은 도시'로도 꼽히는 두 가지 축복을 받고 있는 모범도시 프랑크푸르트.

메세Messe 프랑크푸르트 컨벤션-엑스포 사업은 세계 굴지의 경쟁력을 갖고 있고 우리 사회에도 프랑크푸르트 도서박람회는 잘 알려져 있다. 메세 프랑크푸르트는 1150년부터, 도서박람회는 1478년부터 시작했다니 그 오랜 전통이 부러울 뿐이다.

프랑크푸르트는 역사적으로 교통의 요충지이자 서유럽, 동유럽, 중동, 아프리카, 아시아 등의 다문화의 교류가 일어나는 도시답게 역동적이다. 유럽 도시 중 고층 건물이 가장 많은 도시이기도 하고, 국제

금융지구가 가장 먼저 발달했고, 방문객이 많은 만큼 쇼핑 천국이기도 하다.

대표적인 쇼핑 거리가 차일Zeil이다. 1.2킬로미터 길이로 서울 명동길 비슷한 분위기인데, 다른 점은 일찍이 보행 전용으로 만들면서 플라타너스류의 풍성한 나무 그늘과 큼직큼직한 격자무늬 포장 디자인이 아주 심플하다는 것이다. 디자인이 심플할수록 사람과 상점과 상품 들이 더 살아나는 이치는 여기서도 마찬가지다. 이곳에 아주 특이한 쇼핑 갤러리가 하나 있다. 10층인데 경사로로 오르게 되어 있고 그 경사로를 따라 상점들이 배치된 차일갈레리Zeilgalerie다. 독일의 최첨단 유리와 금속 기술을 활용한 울트라모던 스타일이라 사람이 끊이지 않는다. 건물 옥상은 야외 데크다. 크기도 아주 작다. 그런데 이 모던한 건물에서 가장 아늑한 공간이다.

옥상 데크에서 햇볕 쏟아지는 오후에 나는 쏟아지는 잠을 못 이기고 그만 잠에 빠져버렸다. 얼마나 지났을까, 화들짝 놀라 일어난 나는 그제야 프랑크푸르트를 진짜 보는 것 같았다. 잠을 깨는 순간에 갑자기 차일 거리의 소리가 들려오던 것이다. 거리를 내려다보니 마치 소리가 피어오르는 게 눈으로 보이는 느낌이었다. 화사한 봄볕의 연한 녹색 사이로 정작 거리를 걸을 때는 의식하지 못했던 바닥의 격자 패턴이 선명하게 드러나는 것 아닌가. 잠결의 감각으로 느낀 차일 거리의 이미지는 그 후 자주 내 꿈에 나타난다.

그런가 하면 피렌체에서는 잠에 빠지던 순간이 절절하게 기억난다. 저절로 눈이 감긴다면 그런 도시만큼 근사한 도시도 없으련만 피렌체 두오모 꼭대기에서 마치 신의 보호를 받듯 잠에 빠진 것이다.

피렌체는 관광도시 그 이상이다. 르네상스 최고의 도시이자 국제적 기업가이자 권력가 메디치가의 도시였다. 물론 우리는 미켈란젤로의 도시, 정치사상가 마키아벨리의 도시로 기억한다. 아르노강의 폰테 베키오가 세계 유일의 건물 다리로 최고의 명소로 소개되곤 하지만, 역시 가장 인기 있는 명소는 우리에게 피렌체 두오모로 잘 알려진 산타마리아델피오레성당의 돔이다. 비슷한 높이의 로마의 판테온에서 영감을 받아 설계했다는 42미터 직경의 엄청난 돔이다. 비슷한 높이의 판테온은 멀리서 잘 안 보이지만, 피렌체 두오모는 도시 어디에서나 잘 보인다.

도시 조망은 강 너머 언덕 위에 있는 벨베데레요새에서 봐야 제격인데, 노란 샌드스톤 벽체와 벽돌색 기왓장으로 통일된 피렌체가 석양에 물들 때의 장면은 장관이다. 황금빛 도시 위에 우뚝 선 것은 탑 모양의 시청과 두오모의 돔, 딱 두 개다. 이 풍광에 유혹되어 나는 다음 날 기어코 그 돔에 오르고야 말았다. 르네상스의 탁월한 건축가 브루넬레스키가 15세기에 설계 경기를 통해 당선되면서 만들었던 돔의 나무 모형이 아직도 잘 보관되어 있음이 감격스러웠고, 돔을 가파른 계단으로 오를 수 있다는 것은 가서야 알았다. 463개의 계단이다. 헉헉대며 올라간 돔 꼭대기는 꼭 등대 같았다. 배낭여행자들이 벽에 등을 기대고 하염없이 앉아 있었다. 나도 앉아보고서야 알았다. 황금빛 도시 위에 올라선 이곳은 바로 천상이었다. 시간이 어떻게 흘러가는지 모른다. 눈은 자연스레 감겼다.

한낮에 눈을 감고 몰입할 때의 느낌은 독특하다. 주변이 아득하게 멀어지는 듯하고, 소리가 멀어지며 잦아들고, 눈앞이 빛으로 환해지면서 몸이 두둥실 뜨는 느낌, 드디어 몸의 구속을 벗어나는 순간이다. 모든 감각이 일제히 발동하다가 일순간 사라지는 느낌, 다시 눈을 뜰 때 사뿐히 돌아와 다시 자신의 몸을 입는 그 느낌은 황홀하다. 그런 느낌으로 도시 속에서, 도시와 함께 들숨과 날숨을 길게 쉬는 느낌이다. 그렇게 나는 두오모 위에서 피렌체와 하나가 되었다. 다시 눈을 떴을 때 펼쳐진 피렌체는 내 안에서 달라져 있었다.

야나가와, 사진 찍지 않는 여행

눈을 감으면 이렇게 색다른 체험을 할 수 있건만 눈을 감기란 그렇게 어렵다. 여행에서 눈 감는 좋은 비결 중 하나는 사진을 찍지 않는 것이다. 이른바 인증샷을 찍기 위해 얼마나 에너지를 소비하는가. 어디서 본 그 장면 앞에서 포즈를 담아야 한다는 이상한 의무감에 연연하면 다른 체험을 할 기회를 놓치게 된다.

이런 점에서 시각적 자극이 많지 않은 장소를 찾는 것도 한 방법이다. 인공적으로 가꾼 느낌이 짙지 않은 도시라면 사진을 찍어야 한다는 심리적 부담에서 벗어날 수 있다. 북유럽의 도시들은 이런 점에서 완벽하다. 자연 속에 묻어 있는 듯 자연스럽고 차분하다. 작은 도시들은 물론 헬싱키, 스톡홀름 같은 큰 도시들도 그 차분한 분위기 때문에 연신 셔터를 눌러대는 행동을 자제하게 만든다. 아마도 그래서 이 도시들이 살기 좋은 도시로 꼽히는 것 아닐까?

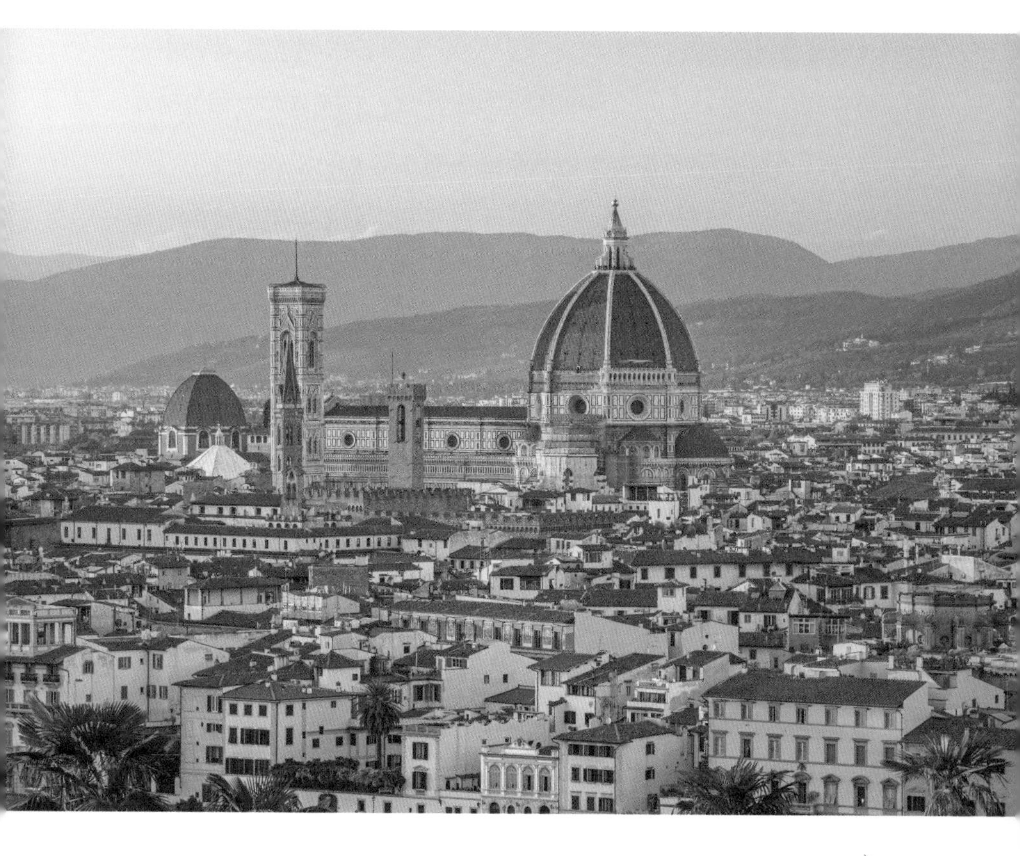

＼

피렌체의 산타마리아델피오레성당의 두오모와 탑.
건물의 샌드스톤을 물들인 석양의 황금빛 전경이 유명하다.

일본의 어느 소도시의 아름다운 뜻을 발견했던 체험은 각별하다. 인구 4만 정도 사는 야나가와라는 운하도시다. 16세기에 봉건영주가 바닷가 가까운 곳에 농작용 관개수로 목적으로 만든 운하가 450년이 지난 지금도 그대로 남아 있다. 공식 일정이었는데, 후쿠오카현이 애지중지하는 전통 운하도시인지라 요란하게 자랑하는 일정을 준비하지 않았을까 싶었는데 아주 소박한 일정이어서 오히려 인상적이었다. 일본 특유의 칼과 갑옷 문화를 전시하는 봉건영주의 옛집보다 더 사랑받는 곳은 이 도시에서 태어난 시인의 집이었다. 메이지시대에 동요 작가였다는데, 그 천진난만함의 맥이 살아남은 건지 이 도시는 운하 따라 시 읽기, 시 짓기 축제가 유명하다.

운하는 소박했다. 연장 470킬로미터에 달한다는 운하는 원래의 모습이 그대로 살아 있었다. 관개수로 용도답게 다리들이 높지 않다. 베네치아나 중국 쑤저우 운하도시에서 쉽게 볼 수 있는, 배가 지나가기 위해 만든 높은 아치형 다리와 대비된다. 때마침 3월, 겨울 동안 물을 뺐다가 다시 물을 채우고 있었는데, 다리 밑을 지나다닐 때는 몸을 숙이고 때로는 배에 드러누워야 할 정도였다. 아침 안개가 남아 있는 사이로 쪽빛 하늘, 검은 목조 주택의 테라스들, 파릇파릇한 나무들 사이를 지나는 배에 드러누워 눈을 감으니 살랑살랑 바람에 섞여 물 냄새, 풀 냄새가 피어올랐다. 눈을 감으니 코가 벌름벌름 움직였다.

톡톡 무언가 얼굴을 쳤다. 나무에서 떨어지는 작은 이파리들이었다. 그제야 나무에 시선이 갔다. 작은 물길 위에 울창하게 뻗친 나무, 그중에 인상적인 것이 휘영청 늘어진 버드나무들이었다. 야들야들한

버드나무 늘어선 작은 운하도시 야나가와.
야나가와라는 지명 자체에 버드나무와 물의 의미가 담겨 있다.

연두색 이파리와 새까만 줄기가 극적으로 대비되는 나무다. "버드나무가 참 많네요." 말을 던지니 뱃사공이 웃었다. "야나가와라는 이름이 버드나무 물길이라는 뜻이에요." 야나가와의 한자를 음독하면 유천柳川, 이름 그대로 버드나무와 물의 도시였던 것이다. 도시의 풍광에서 도시의 이름이 나오니 참 멋지지 않은가. 미술 작품과 상품에 버드나무를 모티브로 한 디자인이 많다 했더니 그런 연유였다. 물길과 함께 같이 심은 버드나무들이 살고 있는 작은 운하 도시, 야나가와에서 코를 흠흠거리며 물 냄새, 물오른 버드나무 냄새를 맡으니 눈은 자연히 감겼다. 사진을 찍을 필요가 없다.

* * *

눈을 감을 수 있다는 것은 축복이다. 눈을 활짝 뜨고 우리의 이성을 작동시켜야 하는 필요만큼이나 때때로 눈을 지긋하게 감고 우리의 감성을 깨어나게 만드는 것도 절대적으로 필요하다. 잠자고 있는 우리의 다른 감각들, 후각, 청각, 촉각, 미각 그리고 그 이상의 육감까지도 발동해보자. 눈을 감으면 비로소 그 이상이 보이는 것이다.

하지만 어떻게 눈을 감을 수 있을까? "눈 떠!", "눈 크게 떠!"가 대세인 세상에서 눈 감기란 실제로 너무나 어렵다. 아마 잠자리에 들 때나 낮에 졸음이 몰려올 때 외에는 거의 눈을 감아본 일이 없음을 깨닫고 깜짝 놀랄 사람들이 꽤 많을 것이다. 이 자체를 깨닫는 것만으로도 좋은 시작이다. 그런 뒤에 자신이 가장 자연스럽게 눈을 감을 수 있는 순간을 찾아내면 된다. 다른 힘을 빌려도 좋다. 음악의 힘은 가장 강력하다. 미묘한 음감을 잡아내기 위해 시각 기능을 꺼버리는 것은 자연스런 반응이다. 호흡의 힘도 좋다. 깊은 들숨과 날숨에 집중하면 눈은 자연스레 감긴다. 명상의 힘도 좋다. 무위의 경지에 도달하려면 시각은 한낱 방해물에 불과하다. 자연의 힘을 빌려도 좋다. 신선한 공기의 흐름 속에서는 눈이 자연스럽게 감기게 된다.

눈 감기란 당장의 자극에 거리를 둠으로써 심안心眼을 깨우는 행위다. 진실을 외면하는 눈 감기가 아니라 진실을 헤아리는 혜안慧眼을 자극하기 위한 행위다. 눈 감기란 당신의 다른 감각을 일깨우는 행위다. 마치 온몸에 촉수가 돋는 듯하고 소리에 예민해지고, 몸이 두둥실 뜨는 듯한 정도에 이르면 새 경지에 도달한 것이다. 꿈과 같은가? 하지만 가능한 일이다.

하루의 일상에서 눈 감을 수 있는 기회를 찾아낸 사람들, 분명 새로운 체험을 통해 더 높은 경지에 올라갈 수 있다. 눈을 감자, 눈에 보이는 그 이상을 보기 위해서.

먹어봐야 남는다

베네치아 + 광저우 + 시애틀

"맛은 스타일이며

맛은 소통이고

맛은 이야기다.

맛에서 당신의 스타일과 소통과 이야기를 건져 올려보라."

'먹는 게 남는 거다'라는 말을 만든 사람은 누구일까? 정말 맞는 말이다. 기억은 맛에 강하다. 다른 어느 감각보다도 맛이 기억에 남는다. 식도락을 위해서든 식신食神의 경지에 이르기 위한 것이든 식후경의 기쁨을 누리기 위해서든 먹기란 인간에게 가장 중요한 행위임에 틀림없다.

먹기란 도시를 움직이는 아주 중요한 원동력이다. 도시란 먹거리의 공간이고 먹거리의 천국이며 먹거리 공간이 도시의 구성을 좌우하기도 한다. 거리가 어떻게 만들어지느냐, 가게가 어떻게 들어서고 시장이 어떻게 형성되느냐, 동네가 어떻게 구성되느냐, 이 모든 것들이 먹거리와 연결된다. 각 도시의 기후 조건이 사람들의 외식 문화와 엮이면서 먹거리 문화는 흥미로운 공간들을 만들어내기도 한다. 당신이 먹은 그 도시의 음식은 바로 그 도시의 맛으로 남는다. 그러니 이왕이면 그 도시의 맛을 꼭 먹어보자. 도시의 맛이 어떻게 도시의 공간을 만들어내는지 궁금증을 가져보자.

도시의 맛만을 주제로 삼더라도 이 책이 모자랄 정도다. 그래서 내가 좋아하는 생선 요리에 얽힌 세 도시를 통해 도시의 맛 공간을 떠올려본다.

베네치아의 생선 발라주는 웨이터

여행이란 길거리 음식에 길들여지는 과정일 것이다. 아침은 빵과 커피로 때우고 점심은 길거리 샌드위치나 포장마차, 작은 가게의 쇼윈도 음식으로 때우는 게 여행의 정석이다. 여행에서 평소 입맛만 고집한다면 여행의 재미 중 90퍼센트는 잃어버린다. 안 먹어본 것, 뭔가 냄새가 이상한 것, 어쩐지 보기에 낯선 것을 끊임없이 먹어보는 게 여행의 재미다.

그러려면 관광객이 넘치는 동네는 피하는 것이 좋다. 뜨내기들이 많을 때 음식 맛이 떨어지는 현상은 동서고금의 진리이자 시장경제의 원리다. 더구나 프랜차이즈 가맹점이 많은 도시들은 '맛 꽝, 멋 꽝'이다. 뜨내기들이 패스트푸드를 재빨리 먹고 떠나게 만드는 프랜차이즈는 돈을 긁어모을지는 모르지만 지역 문화를 파괴하는 주범 중 하나다.

도시 여행을 제대로 하려면 제대로 된 식당에서 제대로 된 식사를 해봐야 한다는 게 내 소신이다. 아무래도 저녁 코스가 제격이다. 호텔

식당은 피하는 게 좋다. 아무리 괜찮은 호텔이라 하더라도 전문 식당보다 질과 격이 한층 떨어진다. '감기는 맛, 남는 맛, 독특한 분위기'가 없다. 좋기는 동네 신문에나 날 듯한 식당을 찾아내면 최고다. 그 도시 사람들이 자신들만을 위해 꽁꽁 숨겨놓은 듯한 식당을 찾아낸다면 천운이다.

베네치아에 가면 꼭 먹어보리라 다짐했던 요리가 있었다. 생선찜이다. 요리 자체보다, 영화에서 웨이터가 뼈를 발라주는 모습이 그렇게 신기해 보여서 꼭 한번 경험해보고 싶었다. 미국에는 아예 생선 요리 자체가 귀하고 기껏해야 필레(생선살) 요리뿐인 데다, 우리는 통째로 요리하지만 손으로 우적우적 뜯는지라 뼈 발라주는 예술의 재미가 덜하다. 유럽은 생선을 통째 먹는 맛도 알고 있고, 칼과 포크만으로 뼈를 발라주는 예술도 발달시켰다.

이탈리아는 그야말로 식당의 천국이다. 르네상스 시대에 다양한 도시국가들이 존재했고, 도시 간에 무역과 외교가 발달했고, 대량생산 산업보다 다품종 소량생산에 익숙한 산업 기조가 그러하다. 관광 천국이라는 점이 그 트렌드를 강화하는 데에 일조했음은 물론이며 무엇보다도 맑고 밝은 이탈리아 기후 조건에서 먹고 마시는 인생의 기쁨을 도저히 멀리하려야 할 수 없었으리라. 국토가 남북으로 길어 풍토가 다양한 덕분에 그에 따라 다채로운 와인과 치즈, 요리의 축복을 받은 나라가 이탈리아다.

이탈리아 식당은 이름도 종류가 많다. 리스토란테ristorànte는 고급 레스토랑, 트라토리아trattorìa는 주로 가족끼리 운영하는 경양식당, 오스테리아osteria는 작은 동네 식당, 피체리아pizzeria는 피자 전문점, 그 외에도 샌드위치집, 파스타집, 햄집, 치즈집, 빙과류집, 빵집, 과자집, 케이크집, 에스프레소집, 술집에 전부 고유의 이름이 있다. 이탈리아 여행을 하려면 이들 식당 이름에 익숙해지는 게 좋다. 아예 간판에 이름을 박아놓았기 때문에 무얼 파는 식당인지 감이 온다.

나는 트라토리아를 신뢰하는 편이다. 리스토란테는 비싸기도 하려니와 예약하지 않고 식사하기는 거의 불가능하며 코스가 길어 부담이 된다. 전문 음식을 개발해서 가족들이 명맥을 이어가는 트라토리

베네치아 골목골목에 숨어 있는 트라토리아.

아는 절대적으로 신뢰할 만하다. 우리식으로 얘기하자면 설렁탕집, 콩나물국밥집, 아구찜집 같은 곳인데, 지나치게 돈독이 오르지 않았고 오랜 전통에서 나오는 맛이 있다.

트라토리아는 관광 요지에는 감히 발을 붙이지 못한다. 워낙 가겟세가 비싸기 때문이다. 리스토란테는 간판이 크고, 가게 앞 테라스가 널찍하고, 야외 카페에서 와인과 커피를 즐기는 모습에 나무, 화초 들까지 곁들여져 귀티가 난다. 반면 트라토리아는 소박하다. 간판이 작고 야외 테이블이 없거나 두세 개뿐이다. 하지만 꽃이 활짝 핀 화분들은 꼭 있다. 트라토리아 전통은 사실 세계 어느 도시에나 있다. 아쉬운 점은 상업 자본들이 커지면서 가족식당 전통, 일품요리 전통이 자꾸 사라지는 것이다.

베네치아에서 기어코 나는 한 트라토리아를 찾아서 그 생선 요리를 먹고야 말았다. 소스 위에 파슬리를 뿌린 생선의 뼈를 발라내는 장면은 역시 근사했다. 영화에서처럼 흰 무명옷을 입은, 통통하게 살이 오르고 콧수염 턱수염 기른 웨이터 아저씨는 '이 바쁜 저녁에 웬 여자 혼자서 이렇게 손 많이 가는 요리를 시키는 거야' 하는 표정이었지만 중요한 사실은 내가 그 체험을 해봤다는 것이다. 이런 종류의 식당이 어디에 있는지, 동네 어떤 사람들이 오는지, 요리 전후로 느껴지는 동네 분위기, 사람 사는 분위기를 느낄 수 있었던 것이다.

그 트라토리아는 베네치아 기차역에서부터 산마르코광장까지 가는 길목에 있었다. 기차역에서 산마르코광장으로 가는 길은 운하 따라 때로는 운하를 건너 좁은 길로 이어지는데 걸어갈수록 기대가 점

\
베네치아 산마르코광장.

증한다. 그러다 좁은 골목을 통해 산마르코광장으로 들어가는 순간, 그야말로 엑스터시다. 내가 이런 느낌을 받은 곳은 딱 두 곳인데, 부석사 가는 길과 산마르코광장 가는 길이다. 부석사 가는 길은 차를 타고 굽이굽이 산속으로 들어갈 때부터 가슴이 점점 더 빨리 뛴다. 이윽고 부석사에 오르는 사과밭 길, 몇 개의 단을 오르는 길, 그러다 안양루를 바라보는 순간, 그리고 누각 밑 가파른 계단을 올라 무량수전 앞에서 몸을 뒤로 돌리는 순간, 그때 안양루를 끼고 소백산들이 펼쳐지는 순간, 엑스터시라고밖에 표현할 길이 없다.

산마르코광장 가는 길이 꼭 그렇다. 기대가 점증하고 가슴이 점점 더 빨리 뛴다. 그 길을 인도하는 것 중 하나가 길에 피어오르는 에스프레소 냄새다. 냄새에 끌려 잠깐 쉴 수도 있다. 카페와 리스토란테가 이어지는 운하 길가에 앉아보라. 그 길 바로 뒤에 동네가 있고, 관광객 발길이 약간 뜸해진다 싶은 그곳에 트라토리아가 있다. 말하자면 관광객의 공간과 베네치아 동네 주민 공간이 만나는 접점에 있는 식당이 트라토리아다. 주민의 삶과 여행객의 삶이 섞이는 공간에서 그 도시가 지니는 특유의 맛이 여행객에게 다가오는 것이다.

광저우 시장, 광저우 아케이드

중국 역시 식당의 천국이다. 왜 중국에 외식 문화가 그렇게 발달했는지 여러 문화적 요인을 짐작할 수 있으나 그래도 여전히 수수께끼처럼 보인다. 개방 이전에 나라 경제가 형편없고 폐쇄적인 사회 분위기 속에서도 먹거리 문화, 식당 문화만큼은 흔들림 없는 대국이었으니 말이다. 중국 도시 어디에서도 독특한 먹거리 문화를 발견할 수 있다. 땅이 넓은 만큼 맛도 다양하고 요리법도 다채로우며 최고급 코스 요리부터 즉석요리, 길거리 음식까지 종류가 다양하다. 사람들이 너무 많고 규모가 너무 크고 요리 종류가 너무 많아서 질리게 만들 정도다.

그중에서도 광저우 시장은 정말 내 눈을 믿기 어려울 정도였다. 현장에 충실한 여행 가이드로 신뢰도가 높은 『론리 플래닛 광저우 편』에 이런 구절이 있다. "다리 달린 것치고 책상과 의자 외에는 다 판다." 나도 건어물로 유명한 중부시장, 노량진수산시장, 포항 죽도시장, 부산 자갈치시장, 가락농수산물시장 등 시장에는 꽤 도가 트인 편이라 자부하는데 광저우 시장에는 두 손 두 발 다 들었다. 감히 먹을 수 있을까 의심스러운 모든 동물들을 생으로 또는 말려서 팔기 때문이다. 고양이, 뱀, 비둘기, 지네에 이르면 거의 '몬도가네' 수준이다. 같이 여행하던 미국 학생들은 완전히 질린 표정이었다. 혹시나 이상한 것을 밟지나 않을까, 건드리지나 않을까, 겁에 질린 표정들이 가관이었다. 생존을 위한 먹기에 쫓겨본 일이 없는 나라에서 온 사람들에겐 얼마나 큰 충격이었을까?

광저우에는 독특한 아케이드 문화가 있다. 20세기 초 동남아 이주민들이 물밀듯이 들어올 때 지은 아케이드 건물이다. 중국 스타일과 서구 스타일이 섞였는데, 1층을 따라 아케이드를 만든 것이다. 아예 보도를 덮은 아케이드는 좁은 데는 3미터, 넓은 데는 6미터쯤 되는데, 여기로 통행도 하고 물건도 쌓아두고 작업도 하고 야외 식탁도 놓고 아이들도 뛰어놀고 동네 사람들이 노닥이기도 하는 다목적 공간이다.

이런 아케이드 건물은 비가 많고 더우며 햇볕 뜨거운, 기후가 변덕스러운 지역에 곧잘 나타나는 스타일이다. 예컨대 미국 남부 뉴올리언스, 말레이시아 쿠알라룸푸르, 아테네에도 아케이드 건물이 꽤 많고 상하이에도 꽤 있는 편이다. 하지만 대도시의 도심 전체가 이렇게 아케이드 건축으로 지어진 경우는 처음 봤다. 광저우 시장에서 살아 있는 또 죽어 있는 동물들을 보고 난 후 다 같이 겁에 질린 표정으로 시장 근처 식당을 찾아 들어간 곳도 바로 이 아케이드에 있는 야외 식당이었다.

아케이드 밑은 무척 쾌적하다. 골목 바람이 불고 햇볕과 그늘이 공

광저우 시장.

존한다. 도시 길을 이렇게 아케이드로 연결하면 꽤 괜찮겠다는 생각이 들 정도다. 갑자기 비가 올 때는 그야말로 안성맞춤이다. 하지만 이런 아케이드가 제대로 작동하려면 전제 조건이 있다. 길거리 가게들이 생기발랄해야 한다는 점이다. 1층은 주거용으로는 적절치 않고 식당이나 작은 상점, 오피스로 쓰여야 아케이드에 경제 활력이 도는 도시경제구조를 유지할 수 있다.

우리는 여하튼 그 아케이드 식당에서 광둥식, 즉 캔터니즈 스타일 요리를 먹었는데, 일품은 뱀장어 요리였다. 정말 맛이 끝내준다. 마치 뱀처럼 온 몸통을 둘둘 말아놓고 머리를 세우고 있는 뱀장어 요리, 미국인 친구들이 뱀장어 머리가 자기 쪽으로 오지 않게 서로 돌려놓는 바람에 나는 뱀장어와 눈을 마주치며 식사를 해야 했다.

시애틀의 피시마켓, 파이크 플레이스 마켓

미국에도 통째 생선을 파는 시장이 있다. 미국에는 이제 거의 시장이 없어지고 슈퍼마켓이나 대형 마트로 대체되었는데, 남아 있는 게 노천 시장인 전통적 헤이마켓과 해안가의 피시마켓이다. 헤이마켓은 주로 농산물과 낙농품을 위주로 하고 피시마켓은 해산물 중심이다. 헤이마켓으로 가장 유명하다 할 보스턴 헤이마켓은 피시마켓 기능까지 같이 하고 있지만 대개는 나누어져 있다. 피시마켓의 백미는 시애틀의 파이크 플레이스다.

오랫동안 경영 분야 베스트셀러였던 『펄떡이는 물고기처럼』이라는 책이 바로 시애틀의 파이크 플레이스를 모델로 한 것이다. 어떻게

시애틀의 피시마켓, 파이크 플레이스.

그렇게 신나게 일할 수 있는지 그 비결을 파헤친 책 내용처럼, 파이크 플레이스는 일하는 사람도 고객도 참 신나는 공간이다. 시장 내부는 밝고 환하고, 생선들은 펄떡이고, 사람들은 흥에 겹다. 단순히 수산물뿐 아니라 같이 먹을 싱싱한 채소와 와인도 다루고 오래된 건물답게 여기저기 작은 공간들에 식당과 카페가 가득하다.

1970년대에 전통적인 수산시장이 낙후하면서 파이크 플레이스는 자칫 허물리고 팔려서 다른 고층 건물로 재건축될 위험에 놓여 있었다. 그때 상인들과 전문가들이 뭉쳐서 도시 역사 보전의 일환으로 10여 년간 시민운동과 공공 캠페인을 펼친 끝에 드디어 시의 협력을 얻어 새로 회사를 만들고 리노베이션을 한 것이다. 리노베이션은 그야말로 히트를 쳤다. 외관은 그대로 두고 내부를 완전히 신선하게 리노베이션하면서 판매와 먹기를 공존하게 만든 것이다. 건강식 붐이 일면서 파이크 플레이스는 시민들이 누구나 찾는 시장이 되었을 뿐 아니라 필수 관광 코스가 되었다. 파이크 플레이스는 이후 미국 여러 도시들이 기존 시장 건물들을 리노베이션해서 새로운 리테일 서비스를 만들어내게 하는 데 촉매 역할을 하기도 했다. 샌프란시스코의 피셔맨즈 워프Fisherman's Wharf, 보스턴의 퍼네일 홀Faneuil Hall, 샌디에이고의 호턴 플라자Horton Plaza 쇼핑센터가 그런 예로 전통과 새로운 서비스가 합해져서 사람 맛 나는 공간을 만들고 있다.

* * *

내가 생선 요리를 소재로 삼아 예로 든 도시의 먹거리 문화와 맛 공간은 빙산의 일각에 불과하다. 당신의 도시를 곰곰이 들여다보라. 당신의 동네를 곰곰이 들여다보라. 어디에 어떤 가게, 어떤 식당, 어떤 시장이 열리고 있는지, 장사는 잘되고 있는지, 어떤 사람들이 어떻게 꼬이고 있는지 또는 어떻게 파리만 날리고 있는지, 아니면 사라져가고 있는지 잘 들여다보라. 먹거리 공간에서는 사람 사는 사회의 역학이 잘 드러난다.

물론 먹기 자체를 즐기자. '먹는 게 남는 거다'라는 말 자체도 맞거니와 우리가 하는 모든 일이 먹고살기 위한 것이고 보면, 먹기만큼 중요한 게 있으랴. 지금 이 글을 쓰면서도 여러 도시에서 먹어본 독특한 맛들이 혀에 다시 감돈다. 그 도시의 맛 공간과 더불어서.

나는 맛과 공간을 엮어서 스토리를 읽어내지만, 누구나 맛과 자신의 일을 엮어서 스토리를 찾아낼 수 있다. 일상 중의 일상인 먹기 행위에서 자신만의 철학을 발견해보라. 맛과 먹기에 얽혀 있는 스토리는 무궁무진하다. 풍토, 환경은 물론이고 인간과 땅의 관계에 대해서, 인간과 동식물과의 관계에 대해서, 건강에 대해서, 시장과 유통과 위생과 보건 정책에 대해서, 광고에 대해서, 전기기기에 대해서, 먹기 주변에 얽힌 분위기에 대해서, '음飮'의 종류와 '식食'의 종류를 만들어낸 문화에 대해서, 요리 행태와 요리 문화에 대해서, 식당에 대해서, 그릇에 대해서, 식탁에 대해서, 부엌에 대해서, 가족을 향한 애틋함에 대해서, 고향을 그리워하는 향수에 대해서, 맛과 맛의 문화 혼합 또는 문화 충돌에 대해서, 스타일에 대해서, 고독에 대해서, 잔치에 대해서, 인륜대사에 대해서, 연애에 대해서, 친구에 대해서, 맛을 통해 교류하는 사람들에 대해서 수많은 이야기들을 찾아낼 수 있다. 이야기 생산의 매개체로서 맛과 먹기는 가장 풍성하고 가장 강력하다. 단순히 맛보기에 국한하기에는 너무 아까운 소재다. 일상 중의 일상인 먹기 행위에 담긴 수많은 의미를 재구성해보라.

어떤 사람들도 '맛' 이야기에 대해서는 대체로 잘 통한다. 비결을 뽐내고 싶어 하고 비장의 맛을 자랑하고 싶어 하며 자신의 독특한 체험을 같이하고 싶어 한다. 흥미로운 사실이라면 사람들은 맛과 함께 사람을 떠올린다는 점이다. 그 맛을 만든 사람, 그 맛으로 이끈 사람, 그 맛과 함께한 사람이 왜 안 떠오르겠는가. 맛은 스타일이며 맛은 소통이고 맛은 이야기다. 맛에서 당신의 스타일과 소통과 이야기를 건져 올려보라. 당신의 본성에 가장 충실한 가운데 무궁무진한 가능성이 떠오를 것이다.

사람 속에 풍덩 빠져라

거리의 마술 + 광장의 마법

"도시에서는 누구나 사교적일 수 있다.
서로 잘 모르는 사람들이기에
오히려 사람들과 스치는 그 순간을 최고로 만들 수 있다."

사람은 언제 어디서나 가장 중요하다. 당신에게 다시 한번 살아 있다는 기쁨을 주며, 당신에게 생기를 불어넣고, 다시 한번 최선을 다해 살아야겠다는 의욕을 불러일으킨다. 역시 구경 중에 제일 재미있는 구경은 사람 구경이다. 그래서 도시에 흠뻑 빠지려면 그 도시 사람들에게 흠뻑 빠져봐야 한다.

사람은 도시를 만들고 도시는 사람을 만든다. 도시마다 그 도시만의 특색이 있듯이 그 도시 사람 특유의 성격이 있다. 뭉뚱그려 보면 그게 문화다. 오랜 세월에 걸쳐 자신들의 문화를 만들었고 그를 표현하는 독특한 방식이 있기 마련이다.

도시는 하나의 커다란 사교장이라고 해도 좋다. 다른 사람들을 바라보고, 자신을 드러내고, 다른 사람에게 자신을 비추어보고, 사람들과 섞이면서 공감대를 만드는 아주 특별한 사교장이다. 어떻게 하면 도시에서 사람 속에 풍덩 빠져볼 수 있을까?

도시 속의 사람 구경

도시에서 사람 속에 빠져보기란 아주 쉽고 간단하다. 그저 밖에 나가보면 된다. 도시마다 사람들이 몰려드는 공간이 있기 마련이다. 서울이라면 명동, 인사동, 홍대 앞, 대학로, 압구정동, 강남역 등일 테고, 부산이라면 남포동과 광복동, 대구라면 동성로, 광주라면 도청 앞일 테다. 나는 사람 구경하러 백화점이나 쇼핑몰에 가지는 않는다. 비결은 일상적인 공간, 하늘로 열린 공간, 사람들이 스스로 몰려오는 공간에 가보는 것이다.

아시아 도시들은 특히 사람 구경하기에 완벽하다. 어디에나 사람들이 넘쳐나고, 놀랄 만한 인파가 몰리는 공간들이 많은 덕분이다. 처음 도쿄에 갔을 때 나는 너무 놀랐다. 우리 도시에도 사람이 무척 많다고 생각했는데 도쿄 길거리는 상상을 불허하게 바글바글했던 것이다. 특별한 날도 아니고 주말도 아닌데 왜 그렇게 거리에 사람이 많을까. 일본은 주택이 워낙 좁은 반면 공공 공간들은 훨씬 더 환경이 좋아서 사람들이 거리에 넘친다는 설도 있는데 그도 그럴듯하다.

그래도 인파로 따지면 중국을 못 따라간다. 매일매일 톈안먼광장을 메우는 그 수많은 까만 점들은 도대체 어디서 오는 것일까? 관광객만 있는 것도 아니고 일반 시민들까지 그리 많이 나오는 이유가 뭘까? 상하이의 오래된 역사적 명소인 번드 지역은 주말이면 강변뿐 아니라 전 구역이 보행자 전용 도로로 바뀌는데, 그 멋진 해방감을 즐기러 나온 남녀노소들로 말 그대로 인산인해다.

아시아 도시의 사람 구경에 비하면 서구 도시에서는 인산인해 개념 자체가 없을 듯하다. 축구장이나 야구장을 메우는 관중들 속에서나 느낄 수 있을까? 하지만 서구 도시에도 사람 구경하기에 그만인 공간이 있다. 바로 어느 도시에나 있는 광장이다. 거리는 한산하더라도 광장에 가면 어김없이 사람 구경을 할 수 있다. 서구 도시의 특징이다.

도시마다 있는 대표 광장들, 바티칸의 산피에트로광장, 로마의 나보나광장, 파리의 콩코르드광장, 런던의 트래펄가광장, 뉴욕의 타임스스퀘어, 모스크바의 붉은광장, 보스턴의 코플리스퀘어, 케임브리지의 하버드스퀘어, 베네치아의 산마르코광장, 밀라노의 두오모광장, 시에나의 캄포광장 등 광장 없는 서구 도시란 상상할 수 없다. 아무리 작은 도시에도 어김없이 시청 앞에 광장이 있고, 성당 앞에 광장이 있고, 동네 모퉁이에도 작은 광장이 있다. 이런 광장에 가면 영락없이 사람 구경을 실컷 할 수 있다.

길과 광장의 사람 만나기 요령

하지만 요령이 있다. 그저 가서 바라보기만 해도, 걷기만 해도, 잠깐 서성거리기만 해도 좋지만 길과 광장에서 사람에게 빠지는 맛을 음미하는 요령이 있다.

우선 길은 걸어야 한다. 마주치고 같이 걷는 사람들의 분위기에 젖어보는 자체가 즐거움이다. 옷차림 구경도 좋고, 소곤소곤 연인 구경도 좋고, 애정 표현이 넘치는 커플을 보는 재미도 있다. 하지만 더 나아가보자.

첫째, 길가에 앉으라. 벤치가 있으면 좋고 벤치가 없다 해도 어딘가 앉을 구석이 있을 것이다. 앉을 구석이 많은 길이라면 괜찮은 길이다. 건물에 기대앉을 데가 있으면 더 말할 나위 없이 좋다. 이른바 구식 건물이 좋은 이유는 기대앉을 데가 많기 때문이다. 이른바 신식 건물들은 기댈 데를 허용하지 않는 편인데, 이럴 때는 계단 한쪽에라도 주저앉아 볼 수밖에 없다.

둘째, 길에서 먹고 마시라. 남들의 눈총을 걱정할 필요는 없다. 먹기

파리의 노천카페.

라는 원초적 행위는 우리의 모든 감각을 생생하게 만든다. 길에서 먹는 사람이 많은 도시가 잘되는 도시라는 원칙은 이탈리아, 프랑스, 스페인 등 라틴문화가 세계에 기여한 선물이 아닐까? 길거리 카페의 작은 의자에 앉아 거리를 통해 세상을 보는, 간단하고도 의미심장한 행위다. 차이나타운은 대개 길로 구성되는데, 시드니의 차이나타운에서는 아예 길 전체를 야외 식당으로 만들어버린 모습을 보고 깜짝 놀랐다. 길에서 맘 편히 먹을 수 있는 절호의 찬스다. 이런 기회를 놓치지 말자.

셋째, 길에서 온갖 단서를 통해 당신 자신을, 또 당신의 관심을 표현하라. 옷차림, 배낭, 쇼핑백도 당신을 표현한다. 당신이 길거리에서 읽는 신문, 잡지, 전단지, 책도 당신을 표현한다. 당신이 먹고 마시는 음식도, 당신이 쓰는 핸드폰과 당신이 걸친 티셔츠도 당신을 표현하며 당신이 같이 다니는 사람들도 당신을 표현한다. 당신이 하는 이야기도 당신을 표현한다. 물론 당신 역시 다른 사람들을 볼 때 그 사람들이 표현하는 바를 포착하고 있을 테다.

인생에서 의외의 즐거움은 의외의 만남에서 온다. 그 의외의 만남이 길에서 이루어지기도 한다. 나는 두 가지 의외의 만남을 지금도 인상적으로 기억한다. 첫 번째는 유학 시절 보스턴 도심에서 몇 달 동안 일하던 시절의 일이다. 동료와 길거리에 앉아 커피를 홀짝이며 보스턴의 새 프로젝트에 관해서 얘기 중이었다. 홀로 신문을 보고 있던 옆 테이블 사람이 갑자기 말을 건넸다. 우리는 그 사람과 한 시간 넘게 토론을 했다. 길거리에서 만난 토론, 그것은 유쾌한 '서로에 대한 확인, 서로의 다름에 대한 확인, 서로의 성의에 대한 확인'이었다. 어떤 사람인지조차 모르지만, 조목조목 차근차근 얘기하던 그 멋진 사람은 역시 '보스토니언Bostonian'다웠다.

다른 하나는 뉴욕에서의 일이다. 뉴욕 거리에는 항상 뭔가를 나눠주는 사람들이 많다. 광고 전단지도 있고 캠페인도 있고 선거 많은 나라답게 선거운동도 있다. 엄청나게 추웠던 어느 겨울에 횡단보도 앞에 서 있으니 한 남자가 다가와 전단지를 건넸다. 하얀 와이셔츠, 넥타이, 검정 코트와 목도리로 둘러싼 전형적인 뉴요커였다. 이럴 때는 받아주는 게 성의다. 그런데 전단지를 건네주고 가던 그가 다시 돌아와서 말을 붙였다. "혹시 MIT에 있지 않았니? 나 하버드에서 공부했는데, 우리 워크숍 같이했잖아?" 정말 그 친구였다. 아니 어떻게 이 추운 날 길 한가운데에서 전단지를 나눠주는 신세가 되었나? 도시 정책을 공부하던 그 친구는 환경단체에서 일하며 공직 진출, 즉 선거 출마를 준비 중이라고 했다. 길에 서서 우리는 한동안 10년 전을 추억하며, 10년 후를 그리며 이야기꽃을 피웠다. 이 우연한 만남 후에 그 친구의 행로는 모르지만, 건투를 빈다. 길에서 만나는 모든 사람들에게는 이렇게 각자의 사연이 있다. 사연을 소통할 수 있는 길에서의 만남, 가능성은 무한하다.

광장에서 사람 구경하는 요령은 조금 다르다. 사람들이 무작정 걷는 것이 아니라 머무는 공간이기 때문이다. 대강 서성거려봤으면 다음과 같이 해보자.

첫째, 둥그렇게 모인 사람들 사이에 섞이라. 광장이라면 어디에나

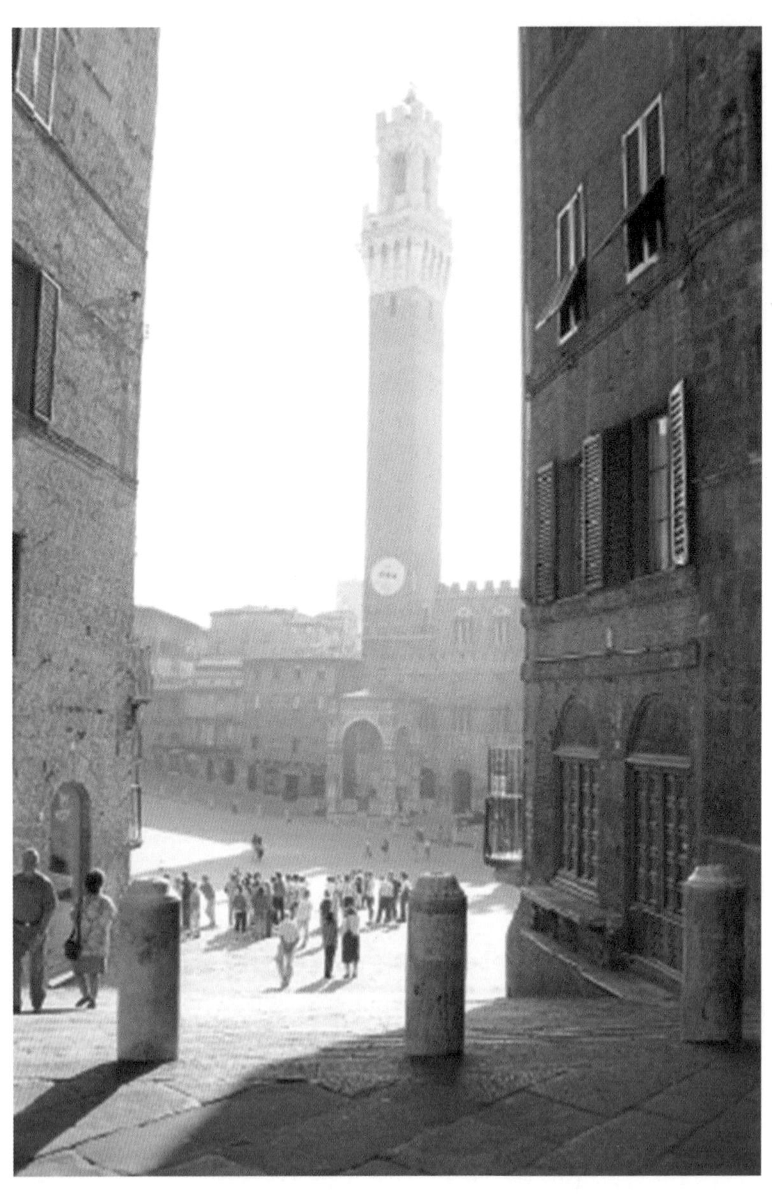

시에나 캄포광장의 이른 아침. ©김진애

꼭 그런 사람들이 있다. '약장수' 같은 사람도 있고, 캠페인을 벌이는 사람도 있고, 팻말 들고 시위하는 사람도 있고, 퍼포먼스를 선보이는 사람도 있다. 그 이벤트 사이에 섞이면 흥이 난다. 같이 웃고, 같이 박수쳐 주고, 같이 야유하면서 사람의 기를 느끼게 된다. 말을 못 알아들어도 분위기는 전달되기 마련이다. 사람 사이에 통하는 기란 굉장한 것이다.

둘째, 광장 바닥에 앉아보라. 서구 도시에서는 사람들이 광장 바닥에 참 잘 앉는다. 가장 근사한 공간이라면 이탈리아의 작은 도시 시에나의 캄포광장인데, 조개 모양 광장 전체가 약간 비스듬하게 경사져 있어 앉으면 풍광이 달라 보인다. 캄포광장을 본떠 파리 퐁피두센터 앞 광장 역시 약간 경사지게 설계되었는데, 광장 전체가 무대이자 공연장처럼 연출되는 효과가 기막히다.

셋째, 약간 높은 곳에 올라 광장을 조망해보라. 사람들이 어떻게 모이고 어떻게 흩어지는지 구경하는 맛이 좋다. 대체로 어느 광장에나 분수나 탑이 있는데 그 몇 단 위에만 올라가도 광장이 달리 보인다. 주변 건물에 올라가봐도 좋다. 시청 앞이나 성당 앞에 있는 광장이라면 대개 시청과 성당 건물 옥상이나 탑에 있는 전망대를 활용하기가 좋다. 밀라노 두오모광장에 있는 산타마리아델레그라치에성당 지붕은 돔이 아니라 사람들이 거닐 수 있는 공간인데 여기서 조각 탑들 사이로 도시를 내려다보는 재미는 정말 근사하다. 도시를 감상하는 시점이 완전히 달라진다.

파리 퐁피두센터 광장. 경사진 시에나 캄포광장을 모델로 삼았다.

그 도시 사람의 성격

그 도시에 빠져본다는 것은 그 도시의 일상사에 빠져본다는 뜻이다. 그 도시의 일상사는 그 도시 사람들이 만들어내는 매일매일의 드라마다. 그 도시 사람은 어떤 특성이 있을까?

그 도시 사람을 지칭하는 고유어가 붙은 도시라면 성격이 확실한 도시라 할 만하다. 그중 가장 자주 언급되는 명칭이 뉴요커New Yorker다. 도시 중의 도시, 뉴욕이라는 자부심만큼이나 뉴요커에 대한 자부심 역시 높다. 뉴요커는 어떤 사람들일까? 월스트리트 사람, 코즈모폴리턴, 출세주의자나 출세지향가, 정장을 즐기는 사람, 능력 있는 친구들, 깍쟁이들 같은 다소 경원시하는 이미지가 있는가 하면, 리버럴한 사람, 세련된 사람, 예의 바른 사람, 개성을 중시하는 사람, 편견이 덜하고 개방적인 사람이라는 긍정적 의미도 있다. 드라마 〈프렌즈〉나 〈섹스 앤 더 시티〉에 나오는 사람들이 바로 그 전형적인 뉴요커들이다.

그런데 나는 이렇게 뉴요커를 정의한다. 세상일에 일가견이 있는 사람, 세상일에 참견하기 좋아하는 사람, 세상일을 자기 스타일로 재단하는 사람, 세상일을 자기 뜻대로 끌고 가려는 사람, 세상일을 유머로 해석하려는 사람, 자신도 유머의 소재로 삼기 좋아하는 사람. 정의가 어떤가? 부정적인 의미도, 긍정적인 의미도 같이 포함하는 정의다. 실제 뉴요커라는 말은 1925년부터 발행되고 있는 잡지 《뉴요커》가 나온 후에 대중화됐는데, 지금도 영향력을 발휘하는 이 잡지가 바로 내가 정의하는 뉴요커의 성격을 그대로 보여주지 않나 하고 생각한다.

미국의 도시 사람들 중에는 인생을 한가하고 여유롭게 즐기고자 하는 로스앤젤리노Los Angelino도 이미지가 뚜렷한 편이고, 내가 길거리에서 만난 사람처럼 꼬치꼬치 격식 갖춰 잘 따지는 보스토니언도 있다. 그런가 하면 유럽에는 그 유명한 파리지앵Parisien, 파리지앤느Parisienne가 있다. 한마디로 하면 삶을 즐길 줄 아는 사람, 스타일이 있는 사람, 매력적인 사람이라는 의미를 담고 있으니 파리는 복 받은 도시라 할 만하다. 수많은 여행객들이 자신의 도시를 휘두르고 다니든 말든 자신의 삶 스타일에 충실한 그 도시 사람이다. 반면에 런더너 Londoner는 보수적이고 침착하고 느릿느릿 말하고 엄격하게 절제하고 어딘가 엄숙해서 가까이하기에 좀 어려운 성격의 사람을 말하기도 한다. 그렇다면 베를리너Berliner, 비에니즈Viennese, 밀라니즈Milanese 들은 각기 어떤 성격일까?

우리에게는 그 도시 사람이라는 표현이 있을까? 물론이다. 고유용어를 쓰지 않을 뿐, 서울 사람(영어로는 Seoulite라 표현한다) 하면 깍쟁이, 잇속 빠른 사람, 화끈한 사람, 잘 따지는 사람이라는 이미지가 있듯이, 부산 사람, 광주 사람, 대구 사람, 진주 사람, 인천 사람, 수원 사람, 제주 사람 등 각기 특색이 있다. 일본 도시에서도 마찬가지로 도쿄 사람, 오사카 사람, 교토 사람, 후쿠오카 사람 등 각기 특색이 있다. 땅 넓은 중국에서는 대표적으로 상하이, 광저우의 남부 사람과 베이징 중심의 북부 사람으로 뭉뚱그려 나누지만 속을 들여다보면 훨씬 더 다양한 성격이 있다. 언어까지 다를 만큼 넓은 나라인데 어떻게 사람들의 성격이 다르지 않겠는가. 국토가 남북으로 길기로 유명한 베트남은 북쪽 하노이 사람과 남쪽 호치민 사람들의 성격이 얼마나 다른지 모른다. 사람이란 얼마나 기후와 역사에 영향을 많이 받는가?

거리의 마법, 광장의 마술을 만드는 재능

도시에서 사람에게 빠진다는 것은 그 도시 사람들이 즐겨 찾는 거리와 광장에 빠져본다는 뜻이기도 하다. 그 도시 사람들과 그 도시의 거리와 광장은 항상 기억에 같이 남는다.

우리 도시 문화 특성상 거리에 빠지기는 아주 쉽다. 워낙 도시가 거리를 중심으로 발달한 덕분이다. 중국, 일본과 함께 동아시아 문화의 특색이기도 하다. 예로부터 광장보다는 거리를 더 편하게 여기고 광장보다는 작은 마당 같은 공간을 더 선호했다. 광장이라는 공간이 본격적으로 들어온 때는 근대 이후이고, 몇 년 전부터는 광장 만들기가 일종의 붐을 이룰 정도로 관심이 커졌다.

우리나라 사람들에게는 아주 특별한 재능이 있다. 거리를 순식간에 광장으로 만들어버리는 재능이다. 이 재능은 2002년 월드컵 거리 응원에서 완벽하게 발휘되었다. 정말 마술과도 같은 장면이었다. 광장에서 시작된 것이 아니라 거리에서 시작되었고 급기야 거리를 광장으로 만든 마술이었다. 독자들은 그때 장면만 떠올려도 가슴이 뛸 것이다. "이런 장면 본 적이 없습니다"라고 외신들이 연이어 보도하던 그대로다. 아침이면 빨간 점점의 사람들이 나타나서 거리 모퉁이를 장식하다가 드디어 풍선처럼 부풀어 오르며 인도를 잔뜩 메우고 드디어 차도에까지 부풀어 거리 전체가 광장이 되어버리는 모습. 그 자발적인 모임에서 사람들은 자신도 모르는 사이에 하나의 점으로 시작해서 전체를 물들여버리는 마술을 만들어낸 것이다.

사람들이 이끌어낸 흥분과 열광의 도가니에 완전히 빠져버렸던 그 체험은 그야말로 마술 같은 체험이었다. 만들어진 공간, 만들어진 행사에서 느끼기 어려운 마법이다. 그때를 다시 떠올리면 가슴이 다시 펄떡펄떡 뛴다. 수많은 사람들과 한데 얽혀서 하나가 될 수 있다는 것이 어찌나 신기했던지 모른다.

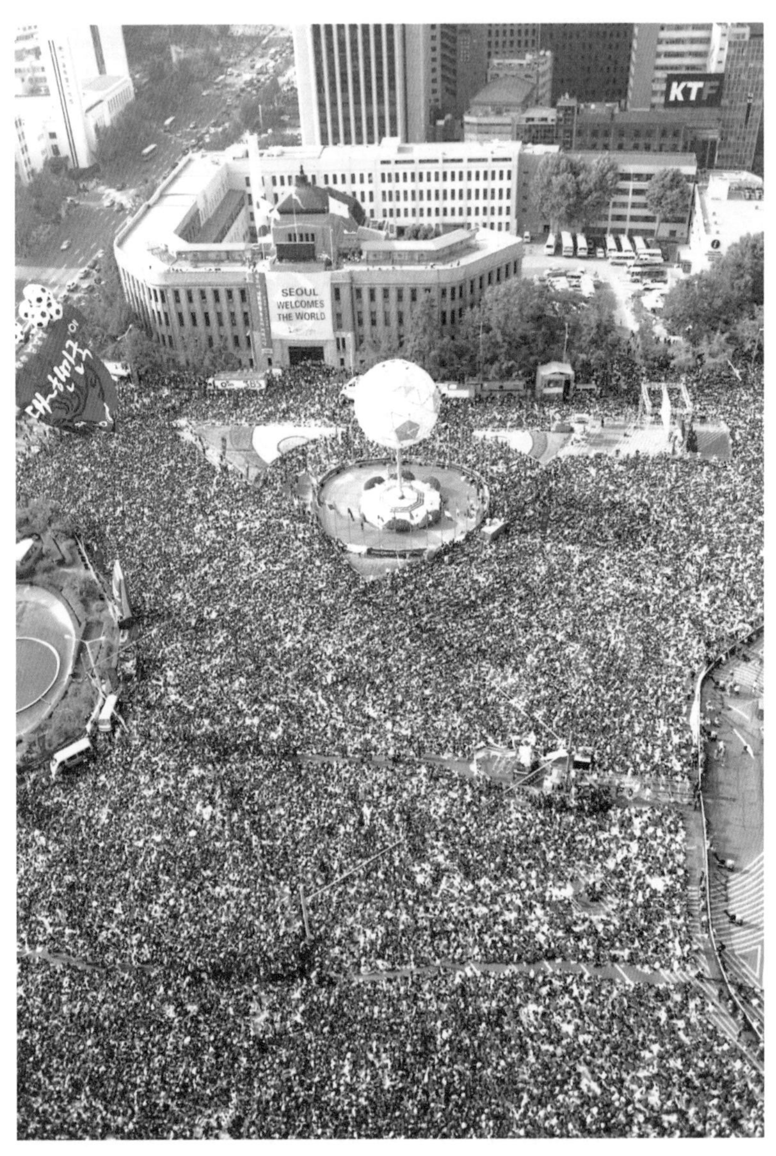

2002년 월드컵 거리 응원. 서울 시청 앞.
환희의 순간을 광장에서 같이했던 최초의 경험. 이후 광장 열풍을 불게 만들었다.

그런데 일상으로 돌아온 우리들의 특색은 무엇일까? 여전히 거리형이 우세할까 아니면 광장형을 은근히 그리워하고 있을까? 예컨대 뉴요커 하면 당장 타임스스퀘어가 떠오르며 그 자유분방한 사람들과 그 시끌벅적한 공간이 같이 떠오르듯, 서울 사람 하면 어떤 공간과 어떤 스타일의 사람이 떠오를까? 나에게 여전히 가장 강력한 이미지는 붉은 악마 티셔츠를 입고 환한 미소와 열정 가득한 몸짓으로 광화문 네거리와 시청 앞 광장을 물들였던, 모두 다 젊은이였던 그 순간이 떠오른다.

광장의 마술적 순간을 체험한 사람들은 그 이후에 실제 광장을 만들기도 했고 수많은 또 다른 순간들을 만들기도 했다. 사회적으로 굵직굵직한 이슈들만 보더라도 2004년 노무현 대통령 탄핵 반대 촛불집회, 2008년 이명박 정부 당시 미국산 소고기 수입 반대 집회, 2014년 세월호 참사 이후 진상 규명 촉구와 추모 집회, 2016년 박근혜 대통령 탄핵 촛불집회 등이 있다. 지금도 서로 다른 정치적인 견해로, 사회 부정을 고발하기 위해, 소외된 현실을 호소하기 위해 수많은 집회들이 거리와 광장에 넘쳐난다. 생각이 달라서 눈살이 찌푸려지기도 하고 일상이 불편해지기도 하지만 그렇게 많은 사람들이 다른 방식으로 자기의 의사를 표현하는 자유를 누리게 되었다는 점으로 미루어 우리 도시들은 또 다른 단계로 진화하고 있는 것 아닐까?

* * *

도시란 그렇게 사람을 이모저모 발견할 수 있는 공간이다. 흔히 도시를 '익명 사회'라고 일컫는다. 시골이나 작은 동네처럼 서로 알고 지내고 집안 내력까지 꿰면서 끈끈하고 정답게 지내는 '실명 공동체'에 비해서 서로에게 관심 없는, 각박하고 메마른 사회라는 비판의 꼬리표가 붙어 있는 말이다. 하지만 뒤집어 생각해보자. 서로 잘 모르는 익명 사회가 가질 수 있는 독특한 이점이 있다. 자유롭고, 공존을 위해 서로 예의를 지켜야 하며, 같이할 그 무엇을 만들어내야 한다는 이점이다. 말하자면 익명의 도시는 '공공성의 도시'가 될 수 있는 전제 조건인 것이다. 다시 말하면 도시의 근본 속성은 '익명의 공공체'인 것이다.

현대사회의 어떤 조직이든 도시의 이러한 속성을 가지고 있다. 익명 사회로서 자칫 각박하고 메마른 조직이 되어버릴 위험이 있지만, 어떻게 조율하느냐에 따라 익명의 공공체로서 자유롭게 교류할 수 있고, 대신 서로 예의를 지켜야 하며, 같이하는 그 어떤 목표를 공유하는 사회가 될 수 있는 것이다. 공동체까지 이루지는 못하더라도 공공체의 근본이 튼실한 사회에서 사람과 사람 사이의 신뢰 관계를 바탕으로 적절한 거리와 적절한 가까움을 넘나들 수 있다는 이점이 있다.

우리 자신이 이렇게 공공체의 일원으로서 한 사람의 역할을 제대로 하고 있는지, 또한 그 이점을 충분히 만끽하고 있는지 돌아볼 만하다. 가족이나 친우처럼 의무로 묶이는 관계가 아니기에 오히려 자유롭게 다양한 사람들과 다양한 관계를 맺으며 살 수 있는 이점을 우리는 충분히 즐기고 있는가?

사람에게 빠질 수 있는 능력은 가장 범상하면서도 아주 특출한 능

2016년 광화문광장 촛불집회. 우리의 광장은 진화하고 있다. ⓒ연합뉴스

력이다. 우리 모두에게 내재하는 능력이지만 또 자칫 숨어버리는 능력이다. 자신을 비사교적이라고 생각하지 말라. 도시에서는 누구나 사교적일 수 있다. 서로 잘 모르는 사람들이기에 오히려 사람들과 스치는 그 순간을 최고로 만들 수 있다.

우리는 누구나 수줍음도 많고 낯가림도 심하고 두려움도 많다는 사실을 인정해보자. 그것을 인정하면 다른 사람들과 기꺼이 눈을 마주치고 다른 사람들에게 말을 건네고 서로의 다름과 같음을 축복할 수 있다. 결국 도시 구경의 진수인 사람 구경이란, 당신 속에 있는 사람의 본성을 꺼내는 행위다. 다른 어떤 기쁨보다 생생한 기쁨이다.

살아보면 최고다

세계의 살고 싶은 도시 + 쿠알라룸푸르

"살고 싶은 도시를 꿈꾼다는 것은
아직 우리가 희망을 버리지 않고 있다는 증거다."

시인 반칠환이 한번은 나에게 물었다. "어떤 도시가 가장 좋으냐?" 나는 이렇게 대답했다. "지금 살고 있는 도시가 최고의 도시다." 그 시인은 나중에 인터뷰 기사에 이렇게 적었다. "갑자기 쿵, 지팡이를 내려치는 것 같았다."

내가 별 특별한 말을 한 게 아니다. 다만 사람들이 평소 잊고 사는 점을 얘기했을 뿐이다. 많은 사람들이 자기가 살고 있는 도시에 대해서 불만을 토로한다. 완벽한 도시가 없는 만큼 불만이 없을 수야 없지만, 다른 편에는 좋은 점들도 많건만 그 좋은 점들을 음미하며 살아야 좀 더 행복하게 살 수 있지 않을까? 이른바 긍정의 힘이 필요한 것이다.

그런데 사람들은 도대체 어떤 도시에서 살고 싶어 하기에 그렇게 자신이 사는 도시에 불만이 많은 것일까? 살고 싶은 도시란 어떤 도시일까?

세계의 살고 싶은 도시

글로벌 컨설팅 회사 머서Mercer에서는 매년 살고 싶은 도시 순위를 발표한다. 전 세계 약 500개 도시를 대상으로 하는데, 상위 10위 안에 어김없이 들어가는 도시들이 있다. 오스트리아 빈이 10년째 1위를 지키고 있고 스위스 취리히, 제네바도 항상 순위에 있다. 2019년 리스트를 한번 보자.

1위. 빈(오스트리아)
2위. 취리히(스위스)
3위. 밴쿠버(캐나다)
3위. 뮌헨(독일)
5위. 오클랜드(뉴질랜드)
6위. 뒤셀도르프(독일)
7위. 프랑크푸르트(독일)
8위. 코펜하겐(덴마크)
9위. 제네바(스위스)
10위. 바젤(스위스)

스위스와 독일은 세 도시씩 올라 있으니 굉장하다. 덴마크와 뉴질랜드도 하나씩 올렸으니 상당한 성과다.

그렇다면 어디 20위까지의 순서를 보자. 공동 11위를 차지한 시드니(오스트레일리아)와 암스테르담(네덜란드), 13위 베를린(독일), 14위 베른(스위스), 15위 웰링턴(뉴질랜드), 16위 토론토(캐나다), 17위 멜버른(오스트레일리아), 18위 룩셈부르크(룩셈부르크), 19위 오타와(캐나다), 19위 함부르크(독일)다. 다시 캐나다가 두 개 도시, 독일이 두 개 도시, 오스트레일리아가 두 개 도시, 뉴질랜드가 한 개 도시를 추가했으니 놀라운 성적이다.

그런데 정작 우리가 관심을 가져야 할 것은 무엇을 기준으로 살기 좋은 도시를 평가하느냐일 것이다. 머서의 경우 다음의 10개 카테고리, 39개 항목을 기준으로 평가한다고 한다.

- 정치사회 환경: 정치적 안정도, 범죄율, 치안 등
- 경제 환경: 외환 거래 규제 정도, 금융 서비스 등
- 사회 문화 환경: 검열, 개인 자유 제약 등
- 건강 위생: 병원 서비스, 전염병, 하수 정화 시설, 공해 등
- 학교 및 교육: 국제 학교의 수준 및 이용 편의성 등
- 공공시설 및 교통: 전기, 상수, 공공 교통수단, 교통 혼잡도 등
- 레크리에이션: 식당, 공연장, 영화관, 스포츠 레저 시설 등
- 소비 수준: 식자재 및 일상 용품 가격 및 편의성, 차량 편의성 등
- 주거 수준: 주택 비용, 주거 용품, 가구, 관리 서비스 등
- 자연 환경: 기후 온화도, 자연재해 기록 등

도시 평가에는 살고 싶은 도시에 대한 평가만 있는 게 아니라 '세계의 경제 대도시' 평가도 있다. 경제지 《포브스》가 시행해오고 있는데, 2019년 리스트를 보면 1위 뉴욕, 2위 홍콩, 3위 모스크바, 4위 베이징, 5위 런던, 6위 상하이, 7위 샌프란시스코, 8위 선전, 9위 서울, 10위 뭄바이다.

서울이 10년째 10위권 내에 있다는 게 놀랍기도 하려니와, 베이징, 상하이, 선전, 홍콩 네 개의 중국 도시가 올라 있고 인도의 뭄바이가 급상승한 것도 큰 변화다. 한동안 런던이 1위를 차지했었는데, 브렉시트 이후에 불안정한 상황으로 드디어 뉴욕이 1위를 탈환했다. 2019년 영국의 ZYen그룹연구소에서 시행한 세계 금융도시 경쟁력 평가에서 서울은 36위, 런던은 2위를 차지했다.

세계 경제 대도시 평가에는 어떤 기준을 적용했을까? 한 가지는 구매력 평가를 통한 대도시의 GDP 측정과 향후 10년 동안의 성장률 예측이고, 다른 한 가지는 마스터카드 회사에서 비즈니스 친화 도시, 법률적 정치적 구조, 경제 안정성, 정보 유통과 편의성, 자금의 흐름을 기준으로 만든 세계경제도시지수Worldwide Centers of Commerce Index라 한다.

살고 싶은 도시의 평가 기준이나 세계 경제 대도시 평가 기준들은 전체적으로는 그럴듯해 보인다. 환경, 자유, 안전, 물가, 편리성 등의 기준은 수긍할 만하다. 하지만 이 기준들을 잘 들여다보면 역시 세계화, 구체적으로는 외국인들이 이용하기 편리한지, 특히 세계 자본에 우호적인지에 대한 기준들이 중시되고 있음을 알 수 있다. 그만큼 서구 중심의 기준인 것이다.

이 평가들에 두 가지 흥미로운 현상이 있다. 첫째는 살고 싶은 도시 10위 안에 든 도시들은 모두 기대 수명이 80세 이상이라는 사실이다. 살고 싶은 도시에서는 장수한다는 공통점이 있는 것이다. 노년층이 즐거이 살면 살기 좋은 도시라는 평가를 내릴 수도 있겠다. 그런데 머서에서는 세계 순위를 발표하면서도 살고 싶은 도시가 곧 흥미진진한 도시는 아닐 수 있다는 해석을 단다. 재미없는 천국, 재미있는 지옥이라는 속설이 떠오르지 않는가? 왜 살고 싶은 도시가 흥미진진한 도시가 아니라고 하는 걸까?

둘째는 살고 싶은 도시나 세계 경제 대도시 평가에서 공히 뉴욕을 기준으로 평가한다는 사실이다. 말하자면 뉴욕을 100점으로 놓고 이에 따라 다른 도시 점수를 매기는 것이다. 도대체 뉴욕이 무엇이기에 뉴욕을 기준으로 세계 도시들을 평가할까? 세계 금융의 중심 도시라서? 천국과 지옥을 오가는 도시라서? 도시 중의 도시라서? 여하튼 뉴욕은 '문제 도시'다.

하지만 '삶의 질'과 '경제 활력'이라는 두 마리 토끼를 다 가질 수도 있을 것이다. '살고 싶은 도시 7위'에 꼽히고 2017년에 '세계 경제 대도시 14위'에 꼽힌 독일의 프랑크푸르트가 있으니 말이다. 실제 프랑크푸르트는 살기 좋은 도시면서도 세계시장에서 경쟁력이 뛰어난 도시라는 두 모습이 너무도 평화롭게 공존한다. 강변과 옛 동네는 너무나 평온하게 느껴지고 도심의 금융센터 건물들도 그리 위압적인 느낌이 없으며 세계 최고라는 메세 전시장들도 규모만 큰 게 아니라 인간 친화적이고 자연친화적인 느낌이 돋보인다.

세계의 살고 싶은 도시 최하위로 꼽힌 도시는 바그다드라고 한다. 뉴욕 100점 대비 13.5점이니 불명예스럽다고 할 만하다. 이라크 전쟁의 영향도 있을 것이다. 하지만 바그다드 시민들이 꼭 다른 도시들과 비교해서 자신의 도시를 평가할까? 이러한 의문은 다른 의문으로 번진다. 삶의 질에 대해서 비교의 덫에 빠진다면 더욱 피곤한 삶이 되는 것 아닐까? 오히려 자신이 처한 현재 환경에서 최선의 삶을 사는 것이 삶의 본질 아닐까?

노후 인생 시나리오

평생을 한 도시에서만 살아간다는 것은 아쉬운 일이다. 여행을 통해 다른 도시들을 볼 수 있기는 하지만 여행하는 것과 살아보는 것은 완전히 다르다. 살아본다는 것은 일상의 자질구레한 모든 것들을 꾸리며 생활한다는 의미인데, 귀찮기도 하지만 그게 삶의 재미고 그러면서 비로소 그 도시의 진짜 속살을 파악할 수 있다.

나의 노후 인생 시나리오 중 하나는 2년씩 우리나라 지방 도시를 돌아가며 살아보는 것이다. 계획이란 말을 차마 못 붙이고 시나리오라 일컫는 이유는 실천할 수 있을지 확신이 잘 안 서기 때문이다. 기간으로 2년을 잡아본 것은 그래야 여러 도시에서 살아볼 수 있겠고, 사계절 두 번은 겪어봐야 첫해에 못 해본 일을 이듬해에 맛볼 수 있겠다 싶어서다. 가능하면 크지 않은 도시에 살아보고 싶고, 가능하면 옛동네 속 옛집에서 살아보고 싶다. 전주, 공주, 강릉, 부여, 경주, 순천,

통영, 서귀포 등이 떠오르는 것을 보면 옛 흔적이 살아 있고 지나친 개발 열풍에 휩쓸리지 않았으며 걷고 싶고 살고 싶은 동네가 있고 바닷가와 멀지 않은 도시를 꿈꾸는 듯하다.

나와 같은 시나리오는 아니더라도 많은 사람들이 노후 또는 제2의, 제3의 인생을 현재 사는 도시가 아닌 다른 데서 살아보는 상상을 한다. 낙향을 꿈꾸기도 하고 전원생활을 꿈꾸기도 한다. 실현하기 쉽지는 않겠지만 꿈을 꿀 가치는 충분하다. 만약 나의 시나리오대로 2년씩 돌아가며 여러 도시에서 산다면 서로 집을 바꿔서 살아보는 것도 충분히 가능하지 않을까?

대개 이런 시나리오에서는 큰 도시가 아니라 작은 도시를 꿈꾸고 건물보다는 초록빛이 많은 환경을 선호하게 되는데, 대도시의 삭막함과 살벌함을 벗어나고 싶은 원초적 바람이 깔려 있다. 세계의 살고 싶은 도시의 상위권 도시들은 대개 규모가 크지 않고 자연과 인공이 조화롭게 공존하는, 이른바 자연친화적인 도시라는 공통점이 있다. 이들 도시 시민들의 기대 수명이 높다는 것은 그만큼 노년층이 많이 살고 있다는 뜻일 터이니, 정말 괜찮은 도시들이 아닌가. 이른바 선진사회라는 나라들의 특징 중 하나가 규모가 크지 않은 작은 도시, 작은 마을이 살아남고 때로 번성하기까지 하는 것인데, 그 비결은 정말 배울 필요가 있다.

작은 도시들이 살아남고 번성하게 하려면 우리 사회도 근본적인 산업구조, 경제 기회 구조, 교육 체계, 유통 구조를 더욱 다양한 네트워크 체계로 만들어야 한다. 상당한 시간이 걸리겠지만, 작은 도시들이 발달한 유럽의 여러 나라와 일본을 모델 삼아 아낌없는 투자를 할 필요가 있다. 그렇게 되었을 때 작은 도시들이 비록 인구가 적더라도 자신의 향토 브랜드 산업을 정착시키고 젊은이들이 일정한 교육을 마친 후에는 다시 자신의 고향 도시로 돌아가 정착하는 선순환 구조가 자리 잡을 것이다.

쿠알라룸푸르, 살고 싶어지던 도시

이상하게도 외국 도시에서 살아보고 싶다는 생각은 한 번도 해보지 않았다. 아마 유학하는 동안 항상 우리나라를 그리며 떠나 살았던 개인적 체험이 작용할 테다. 가끔 누가 물으면 뉴욕 맨해튼에서 한 6개월 살아보고 싶다고 말하기는 한다. 하지만 이건 꿈에서나 가능한 일이다. 맨해튼의 그 비싼 주거비와 생활비를 감당하기란 불가능하다. 맨해튼에서 잠깐 남의 아파트에서 얹혀 있어봤는데, 바로 내려가서 걷기만 하면 되고, 정말 찾아볼 곳과 산책할 곳이 넘쳐나고, 눈요깃감이 많으며, 세일이 풍성하기 짝이 없어서 '이래서 뉴욕이 재미있다는 거구나' 하고 감탄했다. 그래도 살아보고 싶다는 생각은 별로 안 든다.

그런데 드디어 살아보고 싶은 도시가 생겼다. 말레이시아의 쿠알라룸푸르다. 왜 살아보고 싶어졌을까 나는 곰곰 생각해봤다. 유럽 도시들은 참 부럽지만 어쩐지 내가 들어갈 틈새가 마땅치 않다는 느낌이 짙다. 관광객으로서는 더없이 환영받지만 그 문화에 들어가기가 쉽지 않다는 느낌이 드는 것이다. 유럽 중심주의의 뿌리 깊은 자부심에 지

＼

쿠알라룸푸르.
그 유명한 초고층 페트로나스트윈타워 바로 옆에 소박한 동네가 공존한다. ©김진애

레 겁을 먹는지도 모르지만, 뿌리 깊은 문화 안에 들어가기란 역시 쉽지 않을 듯하다. 미국 문화권이 그래도 살기에 낫다고 생각하는 이유는 워낙 복합 문화권인지라 아무리 고질적인 인종차별이 있다 하더라도 각 문화가 나름의 커뮤니티를 형성하고 있고, 나름 공적 세계의 공정함을 신뢰하기 때문이다. 아시아 도시와 중남미 도시에서는 어딘가 우리 문화와 비슷한 유전자를 느끼기 때문에 평소에도 좀 더 가깝게 느끼게 된다. 그래도 살고 싶은 마음이 들었던 도시는 쿠알라룸푸

르가 유일하다. 왜 그랬을까?

쿠알라룸푸르는 초록 도시다. 하늘에서 봐도 푸르고 길에서 봐도 푸르다. 아열대성 기후 덕분도 있겠지만 일단 인구 밀도가 그리 높지 않다. 243제곱킬로미터 면적에 173만(2016년 기준)이 사니 밀도가 서울의 절반에도 훨씬 못 미친다. 당연히 도시가 여유롭다. 대도시권의 인구까지 합쳐 900만이 사는 도시가 온통 초록인 도시다. 하늘에서 보든 땅에서 보든 건물보다 초록이 먼저 눈에 들어온다.

직접 이용해보지는 못했지만 공공서비스가 그렇게 좋단다. 병원과 학교는 공짜라고 한다. 공부하려는 의지, 공부할 능력만 되면 정부에서 지원한다니 그렇게 치열하게 경쟁적이지 않은 문화를 부러워해야 할까? 공공 골프장 역시 거의 공짜 수준이라는 귀띔도 들었다.

쿠알라룸푸르에는 다문화의 다양성이 살아 있다. 중화권, 말레이권, 힌두권 세 문화 사이의 균형을 어떻게 맞출 것이냐에 머리를 싸매고 정치 권력을 잡고 있는 말레이권과 경제 세력을 장악한 중화권 사이에서 끊임없는 갈등이 발생하고 마이너리티 힌두권의 불만이 표출되지만 일상에서는 다문화의 풍성한 콘텐츠가 느껴진다. 먹거리에서도, 길거리 문화에서도, 의상에서도, 상품에서도, 축제에서도, 언어에서도 매혹적인 다양성이 배어난다.

사실 내가 쿠알라룸푸르에 혹하게 된 이유는 우연히 마주친 어느 동네에서 겪었던 체험 때문이다. 말레이시아의 그 유명한 랜드마크인 페트로나스트윈타워 옆의 한 평범한 동네였다. 중국 문화, 이슬람 문화, 힌두 문화가 엿보이는 독특한 장식들과 스타일이 말레이시아 문화의 다양성을 그대로 보여주는 동네였다. 호기심에 여러 골목을 탐험하고 있었는데, 길 한편 풀밭에서 동네 사람들 10여 명이 모여 닭을 튀겨 먹고 있었다. 그들은 동네를 기웃거리는 우리 일행을 보더니 선뜻 같이 먹자고 초청을 했다. 조금 더 걸어가 보니 길 한복판에 하얀 천막이 쳐져 있고 꽃 장식이 화려했다. 결혼식이란다. 차도를 막고 천막 치고 결혼식을 하는 도시라니 얼마나 근사한가. 이 동네는 보전 대상 지역이라고 한다. 세계 첨단을 달리는 페트로나스트윈타워와 화려한 쇼핑센터 바로 옆에 이런 동네가 공존하다니 너무 멋지지 않은가? 그 너그러움과 여유에 외국인인 나도 반할 만했다.

말레이시아에는 실제 외국인들이 많이 산다. 영어에 익숙한 관광지

쿠알라룸푸르에서 한번 살아보고 싶다. ⓒ김진애

이기 때문이기도 하고, 국제 업무가 활발한 덕분도 있지만, 외국인들이 휴양 주거를 많이 분양받아 산다. 정책적으로 촉진하기도 한다. 아열대기후의 초록, 다문화의 다양성, 개방성과 관대함에 반해 외국인들이 머물고 싶어 하는 것이리라. 실제 내가 그중 한 사람이 될 것 같지는 않지만, 이국인이 잠깐 방문해보는 것만으로도 살아보고 싶은 도시의 인상을 받도록 하는 힘이 얼마나 부러운가.

* * *

살고 싶은 도시를 꿈꾼다는 것은 아직 우리가 희망을 버리지 않고 있다는 증거다. 사실은 지금 살고 있는 도시에 대한 희망을 아직도 갖고 있다는 증거다. 지금 살고 있는 도시에서 도망가고 싶지만은 않은 것이다. 아직도 살고 싶은 도시를 열심히 꿈꾸어보라. 왜 그 도시에 살고 싶어 하는가 잘 들여다보자. 그리고 지금 살고 있는 도시를 살고 싶은 도시로 만들어보자. 이러한 꿈이 있는 한, 우리 도시에는 아직 희망이 있다.

사람에게 아직 '하고 싶은' 게 있다는 것은 꿈이 살아 있다는 증거이며 아직 포기하지 않았다는 청신호다. 아예 꿈이 없어진다면 희망 자체가 꺼진 것이다. 희망이 발동하지 않으면 마음이 움직이지 않고 어떤 행동도 굼떠질 수밖에 없다. 다만 꿈이 지나쳐 현실과 동떨어진 환상에 빠지지는 말자. 이 세상 어디에도 완벽한 도시, 완벽한 나라, 완벽한 사회, 완벽한 기업, 완벽한 조직은 없다. 그 문제들 속에서도 살아 있음의 의미, 존재의 뜻, 세상의 아름다움, 사람과의 관계를 느끼며 사는 세상을 꿈꾼다는 것은 희망을 그리는 중요한 행위다.

내 본성상, 나의 직능상 나는 항상 꿈꾸며 희망을 그리는 입장에 있다. 우리 도시들이 살고 싶은 도시에 대거 오를 수 있도록, 또한 사람들이 살고 싶은 도시를 꿈꾸는 데 그치지 않고 자기가 사는 도시를 살고 싶은 도시로 느끼도록 만들고 싶다. 내게 '하고 싶은' 리스트가 그치지 않는 이유이기도 하다. 우리, 기껍게 우리의 희망을 그려보자.

4부

시공간을 넘나들며 상상하라

도시는 오래가는 유기체다.
사람은 기껏 100년을 살지만
도시는 인류 역사와 함께 생명을 이어갈 것이다.

인류 역사상 수많은 도시들이 태어나고 스러졌고,
흥망성쇠를 거듭했고,
지금도 새로운 변화를 꿈꾼다.

역사가 남긴 흔적은 항상 새로운 통찰력을 던져주며
미래를 궁리함으로써 또 다른 통찰력을 얻기도 한다.

지난 시간과 앞으로 올 시간 사이를 연결해보고
동과 서를 뛰어넘는 시공간을 넘나들면서,
인류가 만든 도시가 파멸에 이르지 않기를,
도시가 인류를 구원하기를 바라면서
상상의 나래를 펼쳐보자.

도시에 창조적 파괴란 없다

폼페이 + 뉴올리언스, 그리고...

"불행하게도 또는 당연하게도,
인류 역사에서는 자연재해로 없어진 도시보다
인간이 스스로 파괴한 도시가 훨씬 더 많다."

46억 년 된 지구 행성에 현대 인류의 원조가 나타난 것이 불과 20만 년 전이다. 인류 문명에 도시가 등장한 시점은 불과 5000~6000년 전이다.

도시의 원조가 서구라 생각하고 그리스 도시국가들을 도시 문명의 원조라 착각하는 사람들이 많은데, 그렇지 않다. 이른바 세계 4대 문명으로 일컬어지는 인더스, 황허, 메소포타미아, 이집트 문명의 도시들이 훨씬 더 앞선다. 계획도시를 기준으로 하면 더욱 그렇다. 인더스 문명의 모헨조다로는 최초의 격자도시 모델로 기록되는데, 기원전 2600년이다. 중국은 3000년 전 주나라 시대에 도시계획 이론서라 할 수 있는, 특히 행정도시의 모형을 제시한 『주례周禮』「고공기考工記」를 문서화했고, 중국 도시에는 물론 우리나라와 일본의 도시에도 많은 영향을 미쳤다.

도시 역사의 이 '짧은' 기간에도 불구하고 인류 문명사를 돌아보면 사라진 도시들이 꽤 많다. 어떻게 사람들이 사는 도시가 갑자기 사라질 수 있을까? 어떻게 몇천 년 동안 잊혀질 수 있을까? 우리가 지금 절대적으로 의지하고 있는 도시 역시 언젠가 사라질 수도 있나? 아니 그 언젠가가 갑자기 다가올지도 모른다. 재앙이란 소리 소문 없이 다가오니 말이다. 우리는 과연 그 위험, 그 재앙을 피할 수 있을까? 충분히 대비하고는 있나?

폼페이 폐허 앞에서

폐허의 도시 앞에 서면 인간이 얼마나 작은지, 인간의 힘이 얼마나 미약한지 새삼 느끼게 된다. 자연의 힘, 시간의 힘 앞에 무릎을 꿇은 인간을 보면서 다시 겸허해지는 것이다. 폼페이에 서면 그렇다. 폼페이는 1700년 동안 화산재에 파묻혀 있다가 다시 발견된 도시 유적이다. 대개 폼페이를 작은 마을로 생각하는데, 2000년 전에 인구 2만이면 상당한 규모의 도시다. 발굴한 유적 중 원형극장은 8000명 규모니 대단하다고 할 수밖에 없다.

끔찍한 재앙이 다가올지도 모르고 폼페이의 영화에 공들인 흔적들을 보면 참으로 무상하다. 도시의 모든 길들은 자연석으로 포장되어 있고, 그 돌에 깊은 바퀴 자국이 파이도록 오랜 세월 동안 썼던 흔적이 확연하다. 집들의 규모가 꽤 크고 식당, 빵집, 푸줏간 등 기능까지 나누어져 있는 데다가 심지어 유곽 거리도 별도로 있을 정도니 번창

했던 도시였음에 분명하다. 로마시대의 영화를 보여주는 공공 건축물이 목욕탕인데, 돌과 벽돌로 지은 뼈대만 남아 있고 간혹 화려한 타일 모자이크의 잔재만 보이지만, 그 규모가 작지 않다. 한때 시장으로 벅적댔을 폼페이 도심의 포럼(고대 로마시대의 광장)에 남아 있는 기둥들 사이로 베수비오 화산만이 2000년 선 모습 그대로 보일 뿐이다.

나폴리 근처 휴양도시로 명성을 날렸던 폼페이가 79년에 베수비오 화산 폭발로 파괴되고 화산재에 묻힌 사건은 로마 기록에 남아 있는데, 이 유적을 발견한 시점이 1748년이다. 안타까운 사실은, 62년에 이미 위력적인 화산 폭발로 폼페이의 상당 부분이 파괴되었는데 그때 폼페이를 재건하러 돌아와 일하던 사람들이 17년 후 더욱 위력적인 화산 폭발에 희생되었다는 것이다. 재앙 예측 기술이 미약했던 시절에 일어난 비극이다.

기술이 일층 발전한 지금도 자연재해는 계속된다. 2009년 4월 이탈리아 북부 산악 지역에 있는 중세도시 라퀼라가 파괴되었는데, 지진학자가 사전에 경고했음에도 불구하고 당국이 무시한 탓에 피해가 더 커졌다니 2000년 전이나 지금이나 인간의 어리석음은 마찬가지라고 할까. 2008년 5월에는 약 7만 명이 사망하고 37만 중상자에 2만여 명이 실종된 중국 쓰촨성대지진에서 역시 사전 예보의 취약성이 드러났다. 설마설마하다가 피해가 눈덩이처럼 불어난 것이다. 지금도 그 후폭풍이 계속되고 있는 2011년 3월 일본 도호쿠 지역을 강타한 동일본대지진은 일본에서 발생한 지진 중 가장 강한 지진이자 20세기 이후 세계에서 발생한 지진 중 네 번째로 강한 지진으로, 도시를 삼켜

버리는 쓰나미 영상이 충격적이었다. 이 쓰나미가 후쿠시마원전 사고로 이어진 것은 더 큰 충격이었다. 위력적인 자연재해 앞에 인공 기술이 얼마나 더 큰 재앙을 초래하는지, 후쿠시마원전 사고가 남긴 교훈이다.

우리가 기대 살고 있는 지구가 얼마나 위험한지, 지구의 표피가 얼마나 연약한지, 그 위에 기초를 놓고 구조물을 세워 살고 있는 도시가 얼마나 취약한지, 지구라는 생명체를 제대로 이해하지 못하면서 인간은 얼마나 기고만장하게 자신이 만든 세계에 취해 사는가? 폼페이에서 가장 인상적인 것은 말할 것도 없이 공포에 사로잡힌 채 화산재에 덮여 화석이 되어버린 인간 군상의 모습이다. 그 참혹한 공포의 표정, 그 끔찍한 두려움의 몸짓이 인간의 연약한 본질인 것이다.

물에 잠긴 뉴올리언스

2005년 허리케인 카트리나가 일으킨 뉴올리언스의 홍수는 충격적이었다. 몬순기후 특유의 태풍으로 동북아와 동남아 여러 나라가 매년 홍수 피해를 입고, 알프스 산맥의 해빙으로 봄철마다 유럽에 홍수가 나고, 걸프만의 허리케인으로 미국 동남부에 잦은 홍수 피해가 나는 재앙은 주기적으로 찾아오기 때문에 항상 예견되어왔다. 하지만 뉴올리언스라는, 미국이라는 선진국에서 규모 있는 도시의 80퍼센트가 물에 잠기리라고는 감히 누구도 상상하지 못했기에 충격이었다. 어쩌다 도시 전체가 잠기는, 참담하고 황당하기조차 한 상황이 벌어졌을까?

물에 잠긴 뉴올리언스.
2005년 허리케인 카트리나로 강둑이 무너지며 도시의 80퍼센트가 물에 잠겼다.

뉴올리언스는 가장 독특한 미국 도시라는 애칭이 붙어 있는 도시다. 그 역사가 워낙 사연이 복잡한 데다가 다양한 문화가 섞여 있기 때문이다. 프랑스 식민도시로 시작해서 지금도 프렌치쿼터라는 독특한 동네가 유산으로 남아 있고, 1764년 스페인으로 넘어갔지만 1815년까지도 영국과의 분쟁이 끊이지 않던 도시다. 루이지애나주의 대표 도시일 뿐 아니라 19세기에는 미국에서 세 번째로 큰 도시였다. 미시시피강을 이용한 물류 중심도시에 최대 규모의 노예시장이 섰던 것은 수치스런 역사이지만, 흑인 문화의 중심 도시답게 재즈가 탄생했고 그 유명한 루이 암스트롱도 뉴올리언스에서 활약했다. 미국이 뉴올리언스를 독특하게 느끼는 이유 중 하나는 신비스러운 부두교가 도시 문화에 깊숙이 배어 있기 때문일 것이다. 점성술과 부적과 저주의 굿판이 자연스럽게 벌어지는 유일한 미국 도시라 해도 과언이 아니다.

이런 독특함 때문인지 뉴올리언스는 영화에도 자주 등장한다. 케네디 대통령 암살 이후 암살 음모에 대한 유일한 소송 사건을 그린 〈JFK〉, 환경 파괴에 대한 헌법재판소 판결과 대선 자금을 둘러싼 음모를 그린 〈펠리칸 브리프〉, 악마의 주술적 유혹을 그린 〈엔젤 하트〉, 밤이면 표범으로 변신해 인간을 잡아먹는 〈캣 피플〉 등 독특한 분위기의 영화들이 뉴올리언스를 무대로 만들어졌다. 이 영화들에서 자주 등장하는 동네가 프렌치쿼터인데, 프랑스에도 없는 독특한 스타일의 전통 건물이 이색적인 동네다. 1층은 아케이드, 2층에는 테라스가 이어지는데 가느다란 기둥과 레이스 같은 장식을 철제로 만든 독특한 스타일이다. 축제 때면 화려한 꽃들이 테라스와 아케이드를 장식하며 재즈의 흥에 맞춰 사람들이 몰려들면서 아주 독특한 분위기를 자아낸다.

'프렌치쿼터도 홍수에 잠겼을까?' 카트리나 재앙이 났을 때 내 머리에 떠오른 의문이었다. 다행히, 또한 당연하게도 물에 잠기지 않았다. 뉴올리언스 초기에는 오랜 세월 동안 퇴적된 강둑 고지대에 도시를 만들었던 것이다. 높은 지대라 봤자 강 수위보다 3~5미터 높은 정도지만 늪과 습지로 가득한 도시에서는 가히 명당이다. 이런 명당에 자리 잡은 프렌치쿼터는 홍수에도 끄떡없었다. 그런데 경악스러운 것은 현재의 뉴올리언스는 전체 지역의 80퍼센트의 지표면 높이가 강의 높이보다 낮다는 사실이다. 무려 3미터나 낮은 곳도 있으니 강둑이 무너지면 다 잠길 수밖에 없는 것이다.

뉴올리언스는 한편에는 구불구불한 미시시피강이 흐르고, 다른 쪽은 큰 호수에 접하는 시형이다. 양쪽 물가를 따라 높은 인공 강둑을 쌓고 그 사이의 저지대에 무리하게 도시를 확장한 것이다. 설상가상으로 1960년대 이후부터 홍수를 방지하기 위해 새로 만든 강둑들이 오히려 재앙의 근원이 되어버렸다. 무려 50여 군데가 한꺼번에

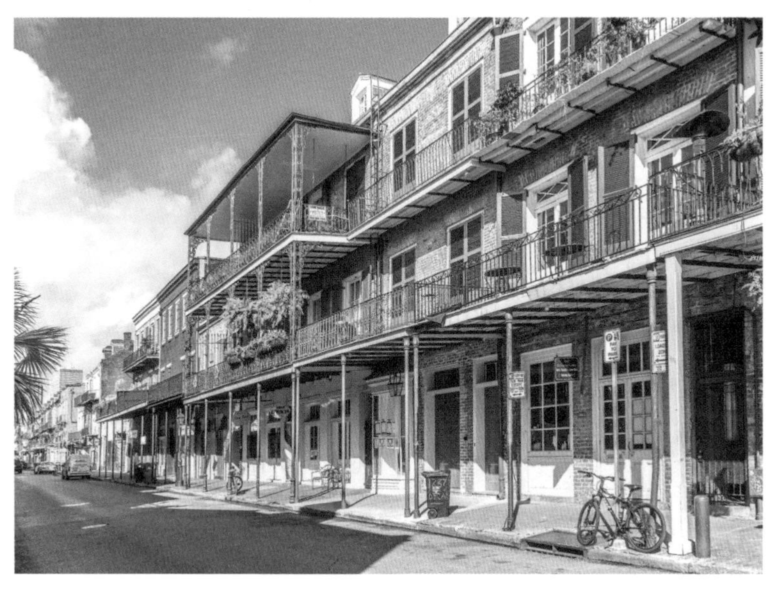

뉴올리언스 프렌치쿼터 동네의 독특한 테라스 빌딩.

무너져 내린 것이다. 허리케인 카트리나가 올 때 뉴올리언스 도시 전역에 대피령이 내려졌는데, 도시 대피령이 내린 미국 최초의 사건이다. 3년 후 2008년 허리케인 구스타브가 올 때 다시 한번 대피령이 내려졌고 이번에는 시민들이 겁에 질려 순순히 대피 행렬에 따랐었는데 다행히 큰 피해는 없었다.

재앙의 씨앗을 안고 있는 뉴올리언스는 이후 어떻게 했을까? 기후변화에 따라 허리케인의 강도와 향방이 점점 더 예측하기 어려워지는 상황에서 차제에 아예 도시를 다른 안전한 곳으로 이전해야 한다는

뉴올리언스 위성 사진. 호수와 미시시피강 사이에 강수위보다 낮은 인공제방 도시. 홍수 재앙을 안고 사는 도시다.

논의가 있었는가 하면, 습지와 늪을 훼손하고 인공 강둑을 쌓는 기존 홍수 방재 시스템을 전면적으로 바꿔야 한다는 논의도 있었다. 건물 1층을 필로티로 띄워서 100년 주기의 재해에 대비해야 한다는 제안도 있었다. 고민은 계속되었지만 원천적인 액션은 유보되고 땜질 토목 사업은 계속되고 그런 사이에 한동안 줄어들었던 뉴올리언즈의 인구도 허리케인 카트리나 재해 전의 80퍼센트를 회복했다. 마치 아무 일 없던 듯이 도시는 또 굴러가고 있다. 인간의 어리석음의 한계다.

뉴올리언스가 물에 잠긴 모습이 충격적이었던 이유는 기후변화에 따른 해수면 상승으로 해안가 도시들이 물에 잠길지도 모른다는 미래의 재앙을 연상시켰기 때문이다. 해수면이 상승한다면 런던, 뉴욕, 보스턴, 볼티모어가 악몽의 재난도시가 되리라는 시나리오가 그동안 끊임없이 제기되어왔다. 우리는 이미 베네치아에서 주기적으로 침수되는 도시를 보았고 몰디브 등 섬나라들이 위협당하는 것을 보아왔다. 최근 인도네시아가 수도 이전을 결심한 데에는 균형 발전과 같은 국가적 목표도 있지만 자카르타의 과밀 개발과 지하수 남용으로 지반 침하 현상이 심각하기 때문이다. 자카르타는 도시의 40퍼센트 땅이 이미 해수면보다 낮아져 있다.

『눈먼 자들의 도시』

그런데 불행하게도 또는 당연하게도, 인류 역사에서는 자연재해로 없어진 도시보다 인간이 스스로 파괴한 도시가 훨씬 더 많다. 무상한 권력 투쟁, 무상한 권력 변화에 도시는 자칫 유령도시가 되었다가 폐허로 변했다.

한니발의 세 번에 걸친 로마 침공에 한이 맺혀 로마는 승전 후 방화, 약탈 정도가 아니라 아예 카르타고 땅에 소금까지 뿌려 못 쓰게 만들었다는 역사도 있다. 봉건시대에는 전쟁에서 이기면 패자의 도시에 불을 질러 완전히 없애는 것을 전통으로 삼았다. 유럽이나 아시아나 마찬가지다. 근대 이후의 전쟁에 발발한 폭탄 세례로 도시를 완전 파괴해버리기 일쑤였으니 전쟁의 야만성은 더 끔찍해진 셈이다. 세계의 도시들 중 전쟁 폐해를 겪지 않은 도시들이 거의 없다. 유일하게 북미 대륙의 도시 정도일까? 물론 이들도 내전과 독립전쟁을 겪었지만 국가 간 침략 전쟁이나 세계대전을 겪지는 않았다. 뉴욕 9.11테러가 그렇게 충격적이었던 것도 미국인들은 미국 본토에 대한 공격이라고는 감히 상상조차 해보지 못했기 때문일 것이다.

전쟁으로 잿더미가 된 도시의 사진들은 참혹하다 못해 허탈하다. 도대체 무엇을 위한 파괴인가, 누구를 위한 파괴인가? 이른바 방어를 위한 공격이라는 파괴도 참혹하기는 마찬가지다. 일본에 떨어진 핵폭탄 때문에 파괴당한 히로시마, 나가사키의 참혹함, 지금도 진행되는 예루살렘 가자지구의 참혹함, 이라크의 고대 문화 유적까지 초토화한 미국의 폭탄 세례로 파괴된 바그다드의 참혹함에는 원죄와 복수의 사이클이 어지러울 뿐이다. 인간의 어리석음의 끝은 어디까지일까?

만약 지금 우리가 사는 도시가 폐허가 되어버린다면 어떤 모습일까? 어떤 과정을 밟게 될까? 자연재해 때문에 폐허가 될까, 인공 재앙 때문에 폐허가 될까?

과거의 도시 폐허는 그나마 유적으로 남아 있다. 세월의 풍상에도 견뎌온 돌과 흙의 폐허다. 아테네의 파르테논신전과 아크로폴리스 언덕, 로마제국의 포로로마노와 콜로세움, 페루의 산상 도시 마추픽추, 캄보디아 밀림 속 도시 앙코르와트, 이집트의 영원의 도시 피라미드 등 이들 유적에 들어가면 그 원초적 아름다움이 인류 문명의 역사라기보다는 자연의 역사로 느껴질 정도다. 흙에서 나서 흙으로 돌아가는 인간과 마찬가지로 흙에서 나서 흙으로 남은 도시라고 할까. 앙코르와트 유적 중에서도 신비스러운 타프롬사원에서 돌의 유적과 거대한 나무뿌리가 장대하게 엉켜 있는 장면을 보면 폐허에서도 생명이 돋는 엄청난 힘을 느끼며 자연의 힘과 아름다움 앞에 경건해진다.

＼

앙코르와트 타프롬사원. 도시의 폐허 위에 자연은 다시 뿌리를 내린다. ©김진애

하지만 우리가 지금 살고 있는 도시가 폐허가 된다면 과연 이런 모습일까? 주제 사라마구의 소설 『눈먼 자들의 도시』에서 사람들은 갑자기 눈이 머는 전염병에 걸려 격리 수용된다. 그 수용소에서도 어김없이 벌어지는 약육강식과 권력 다툼, 거짓과 위선, 줄 세우기와 줄서기, 음모와 은폐와 조작과 착취, 잔인한 폭력이 벌어진다. 수용소에서 탈출해 돌아온 도시는 눈먼 자들의 도시가 되어 있었다. 쓰레기만 나뒹구는 도시는 기본 작동조차 불가능하다. 창문 유리 파편이 사방에 날리고 페인트가 벗겨진 건물은 이제 자재들이 떨어져 나간다. 에너지가 끊기고 모든 생산과 공급이 멈춘 도시는 앞으로 어떻게 될까?

그 이후의 도시는 코맥 매카시의 『로드』라는 소설에 등장한다. 소설에서는 멸망 원인이 나오지 않는다. 핵전쟁 때문인지, 지구 오염 때문인지, 대홍수 이후인지, 지진과 해일이 휩쓸고 가버렸는지, 하늘에서 떨어진 운석 때문인지 모른다. 다만 인간 문명이 멸망한 이후 지구 상황이다. 이미 상당한 인류는 사라진 것 같다. 사람은 사람에게 적이거나 먹잇감일 뿐이다. 사람을 그렇게 따르는 개들도 늑대의 본성으로 돌아가버렸다. 종잡을 수 없는 파멸의 현장에서 도시는 재활용이 불가능한 쓰레기일 뿐이다. 이 절망의 한가운데에서 길을 찾아 떠나는 마지막 인간의 종착지는 어디인가?

도시에 창조적 파괴란 없다

우리는 창조적 파괴라는 말을 흔히 쓴다. 새로운 것을 창조하려면 서슴없이 기존의 것을 파괴하는 용기를 가져야 한다는 뜻이다. 좋다.

그런 경우도 있을 것이다. 하지만 도시를 대상으로 창조적 파괴라는 말을 쓸 수는 없다. 도시는 단순한 물적 토대가 아니라 사람을 담은 공간이기 때문이다.

짧다면 짧고 길다면 긴 도시의 역사를 통해 배우는 한 가지 확실한 교훈이라면, 사람이 살면 도시가 살아나고 사람이 떠나면 도시가 사라진다는 사실이다. 기나긴 지구의 역사를 통해 배우는 한 가지 확실한 교훈이라면, 지구 역시 하나의 유기체로서 연약한 존재라는 사실이다.

도시를 파괴에서 구하려면 사람을 살리는 도시를 만들어야 하고, 지구를 파괴에서 구하려면 지구라는 유기체의 메커니즘을 존중하는 것 외에 방법이 없다. 지금이 바로 그런 시대다. 인류의 기고만장함은 정점을 향해 치달리는 형국이다. 물질적 욕망만 키우는 도시를 만들자고 사람이 살고 있는 도시를 파괴하는 일이 비일비재하고, 인공의 기술이 자연의 힘 앞에 얼마나 무력한지 모르고 알량한 기술의 힘을 운운하는 일들이 빈번하게 일어난다.

확실히 이 시대는 도시에 대해서 다시 한번 발상의 전환을 해야 하는 시대다. 산업혁명 이후 치달아온 극단의 인공 기술이 과연 현명한 도시를 만들었느냐 하는 의문에 부닥치고 있는 것이다.

* * *

영화에 나오는 드라마틱한 재앙 스토리는 여하튼 지구를 구하고 인류가 살아남는 해피엔딩인 경우가 많다. 하지만 과연 그런 해피엔

딩이 현실에서도 가능할지는 아무도 모른다.

어쩔 수 없는 재앙도 있지만 어떻게든 대처할 수 있는 재앙도 있다. 재앙에 대한 상상은 그 재앙에 대해 구체적이고 현실적으로 대비할 수 있는 대책이 무엇이냐, 실천할 수 있는 방법은 무엇이냐 고민하는 데 있다. 우리 인간이 살면서 최대한 위험 예측과 위험 관리를 하고 만약의 경우를 대비해서 각종 보험에 들듯이, 도시 역시 위험 예측과 위험 관리가 필수적이다.

위기관리Risk Management는 크게는 지구에서부터 국가, 도시, 정부, 기업, 단체, 가족, 개인에게 모두 적용된다. 작금의 딜레마는 위기 예측이 훨씬 더 복잡하다는 데 있고, 더욱 어려운 문제는 위기관리를 위한 의사결정 과정이 한층 더 복잡해져서 적시에 제대로 대응하기 어렵다는 데 있다. 예컨대 이상기후나 환경오염은 불과 반세기 전까지만 하더라도 국지적인 관리 대상으로 여겨졌지만 지금은 국경을 넘어 발생하는 경우가 다반사라 국가 간 협력이 절대적으로 필요하게 되었다. 세계금융위기로 시작된 경제 위기는 어느 한 나라의 문제가 아니라 물고 물리는 세계 경제화에 따라 어디에서 위기가 터질지 모른다. 중국에서 나비가 날갯짓을 하면 카리브해에 폭풍이 분다는 카오스 이론이 그야말로 들어맞고 있는 것이다.

하물며 한 개인의 입장에서도 통념적이고 정규적인 인생 계획 자체가 힘든 형국이다. '교육, 커리어, 결혼, 출산, 양육, 건강, 노후, 죽음'에 대해서 자신이 속한 사회뿐 아니라 세계 여러 사회들의 변수까지도 작용하니 우리는 그야말로 불확정성, 비예측성의 사회를 살고 있다.

이러한 세상이니, "모험하라! 개척하라! 도전하라!"라는 조언 자체가 위험해 보일 지경이다. "안전을 최우선으로, 안정을 최우선으로! 생존과 지속 가능성을 최고로!"라는 말이 훨씬 더 설득력 높게 들린다. 하지만 생각을 뒤집어보자. 지금 시대는 안전성, 안정성, 생존, 지속 가능성을 사회의 시스템으로 정착시키기 위해서 모험과 개척과 도전이 필요한 시대인 것이다. 이것은 개인의 과제이기도 하지만 분명 사회에 주어진 시대적 과제다. 말하자면 안전망, 안전 네트워크, 안전 인프라를 제대로 깔아야 하고, 개별적으로 일어나는 단속적인 번영의 가치보다 사회 전체로 지속 가능한 생존의 가치를 더 중시해야 하는 시대다.

부디 당신 개인, 가족, 기업, 단체, 도시, 국가의 지속 가능성을 위해서 가상 위기에 대한 상상력을 발휘해보자. 위험을 예측하고, 재난을 그려보고, 재앙을 상상하는 일은 우리의 근간을 튼튼하게 만들어주기 때문이다.

동서고금과 대화하라

『보이지 않는 도시들』+ 유토피아

"하나의 도시는 우리가 도시에 대해서 상상할 수 있는 그 모든 것을 담고 있다. 이것이 유토피아의 본질이다."

인류 역사에서 기껏 6000여 년에 불과한 도시 문명이지만 일어난 일들은 파란만장하다. 도시들의 흥망성쇠, 성공과 실패, 실험과 모방 그리고 그 안에 수많은 인간 스토리들이 쌓였고 우리가 아직 모르는 것, 막연히 아는 것, 이해하지 못하는 것들 역시 수두룩하다.

점점 더 좁아지는 지구 안에서 다른 나라, 다른 도시에서 일어나는 일들이 우리에게도 금방 전달된다. 세계를 종횡무진 넘나드는 자본들이 우리가 사는 도시에서도 맹활약을 하며 일상에 영향을 주기도 한다. 서로 배경이 다르고 상황이 다르고 문제도 다르지만, 다른 도시들의 사례들이 우리에게 직간접적으로 영향을 미치기도 한다.

현재의 내 존재가 결코 홀로 독립체가 아니듯, 도시 역시 수많은 세월, 수많은 경험의 총체다. 우리는 그 세월과 경험에서 영감을 얻고,

교훈을 얻고, 규범을 찾고, 원칙을 배울 수 있다. 동서고금을 넘나들며 우리가 지향하고 원하는 도시를 끊임없이 상상하는 과정에서, 우리의 고유성이 드러나고 당장의 현실을 넘어서는 그 어떤 상상의 영감이 번득일 수 있다. 상상은 자유다.

유토피아는 『보이지 않는 도시들』?

도시를 주제로 한 헤아릴 수 없이 많은 저작들 중에서 내가 가장 높이 평가하는 저작은 이탈리아 작가 이탈로 칼비노가 쓴 『보이지 않는 도시들』이라는 책이다. 도시를 만들거나 운영하는 일에 대한 전문성이라고는 전혀 없는 작가가 쓴, 그리 길지 않은 산문이다. 장르가 소설로 분류되어 있긴 하지만 시인지 소설인지 명상록인지 대화록인지 아니면 그 모든 장르인지 정의하기 어려울 정도로 참으로 독창적인 작품이다.

책은 서너 쪽의 짧은 글들로 이어지는데 소제목들이 심상찮다. 도시와 기억, 도시와 욕망, 도시와 기호들, 섬세한 도시들, 도시와 교환, 도시와 눈들, 도시와 이름, 도시와 죽은 자들, 도시와 하늘, 지속되는 도시들, 숨겨진 도시들 등 이 간단한 제목들이 1, 2, 3, 4로 반복되면서 다른 시각의 이야기들이 첨가된다.

이야기는 쿠빌라이 칸과 마르코 폴로가 대화하는 형식으로 전개된다. 동양의 황제와 서양의 탐험가가 동서고금의 도시에 관해서 대화하는 형식이 기발하지 않은가? 천하를 수중에 쥐고 세계를 담대하게 바꾸려는 황제 쿠빌라이 칸은 세속의 인간을 대변하고, 세계 곳곳을 탐험하고 여전히 호기심 어린 상상력을 펼치는 탐험가 마르코 폴로는 이상의 인간을 대표한다. 질문하는 사람은 보이는 현실을 두고 질문하고, 답하는 사람은 보이지 않는 이상을 이야기한다. '보이는 도시'와 '보이지 않는 도시' 사이의 긴장감이 묘하게 교차한다.

쿠빌라이 칸 황제가 손에 쥔 아틀라스 지도에는 새로 정복해야 할 약속의 땅들이 적혀 있다. 뉴 아틀란티스, 유토피아, 태양의 도시, 오세아나, 타모에, 뉴 하모니, 뉴 라나크, 아이카리아. 황제는 그들을 찾아 손아귀에 넣으려는 야심으로 가득하다. 그런가 하면 황제는 에노크, 비빌롱, 야후랜드, 부튜아, 브레이브 뉴월드 같은 악몽의 도시들을 어떻게 강력하게 통제할지를 고민한다.

반면 탐험가 마르코 폴로가 섬세하고 상징적으로 묘사하는 도시들의 이름은 아르밀라, 올린다, 아르지아, 테클라, 모리아나, 조바이데, 레오니아, 트루데, 프로코피아, 베레니스 등 하나같이 여성스러운 이름인데, 그 안에 마르코 폴로가 꿈꾸는 도시에 대한 모든 이상향이 들어 있다.

책의 저자 이탈로 칼비노는 이렇게 회고한다. "나는 이 책을 한 번에 몇 줄씩, 마치 시를 쓰듯 여러 가지 영감에 따라 썼다. 어떨 때는 슬픈 도시들만이, 어떨 때는 행복한 도시들만이 머리에 떠올랐다. 하늘에 든 별과 황도십이궁을 도시와 비교해보는 시기도 있었고, 매일 자신의 공간을 넓혀가는 도시의 쓰레기들을 이야기해야겠다고 생각한 시기도 있었다. 이 책은 내 기분과 사색에 따라 조금씩 기록해가는 일기 같은 것이 되었다."

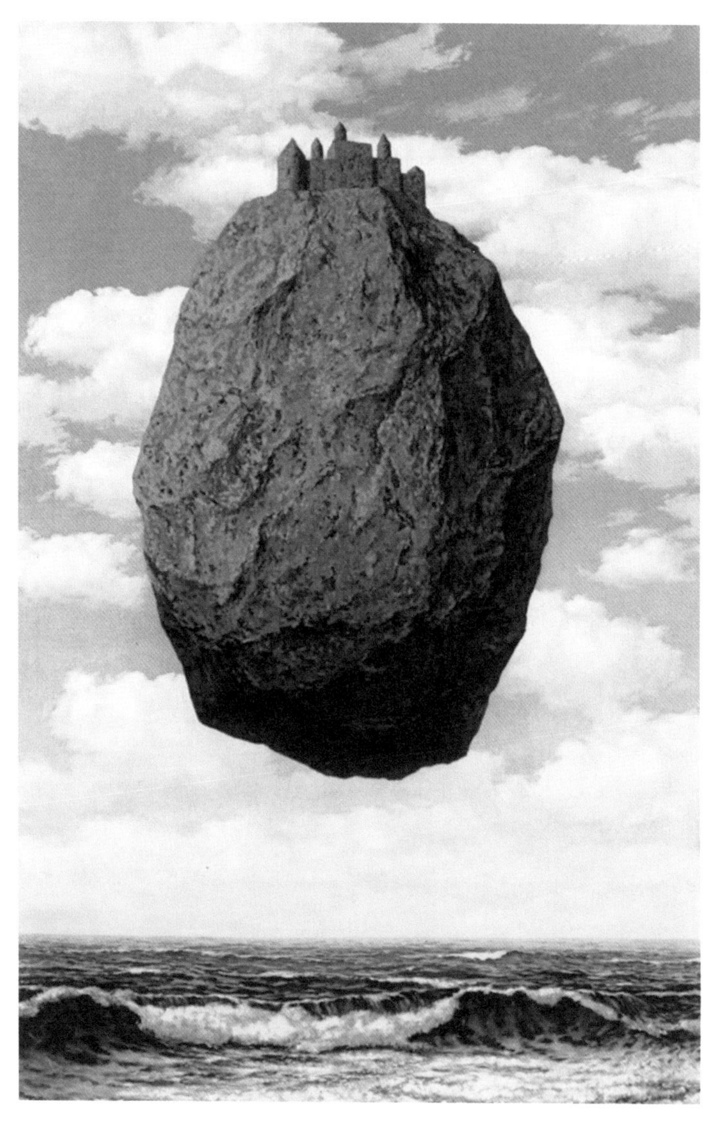

르네 마그리트, 〈피레네의 성〉, 1959.
이탈로 칼비노의 책 『보이지 않는 도시들』의 이탈리아 원서 표지를 장식했다.
너무 잘 어울린다. 보이지 않는 도시는 우리 상상 속에 있다.

이탈로 칼비노처럼 서정적이고 시적이고 성찰 가득한 도시 명상을 쓰지는 못하더라도 우리 역시 도시에 관한 수많은 이야기를 안고 있다. 우리 역시 도시에 관해서 매일매일 기록하는 일기 같은 것이 있다. 다만 구태여 의식하지 않고 살 뿐, 우리 역시 보이는 도시 속에서 보이지 않는 도시를 찾고, 보이지 않는 도시를 그리며 보이는 도시를 탐험하고 있는 중이다.

가장 완벽한 도시, 유토피아Utopia는 보이지 않는 도시일지도 모른다. 유토피아는 그리스어 ou(없는)와 toppos(장소)를 합성한 단어로, 그 어디에도 없는 장소를 말한다. 그 어디에도 없기에 유토피아는 바로 이곳일 수도 있는 것이다. 책의 한 대목은 의미심장하다. 마르코 폴로가 자신의 고향인 위대한 도시 베네치아에 대해서 전혀 거론하지 않자 쿠빌라이 칸이 지적하는 대목이다.

> "당신이 전혀 이야기하지 않은 도시가 하나 있소."
>
> 마르코 폴로는 그윽이 고개를 숙였다.
>
> "베네치아요."
>
> 칸이 말했다.
>
> 마르코는 미소를 지었다.
>
> "제가 이야기드리지 않은 어떤 게 있었는지요?"
>
> 황제는 눈썹 하나 까딱하지 않고 말했다.
>
> "당신은 그 이름을 언급하지 않았잖소?"
>
> 마르코 폴로가 말했다.

"어떤 도시 하나를 묘사할 때마다 베네치아의 그 어떤 것에 대해서 말하고 있답니다."

마르코 폴로의 지적에 귀 기울일 만하다. 하나의 도시는 우리가 도시에 대해서 상상할 수 있는 그 모든 것을 담고 있다. 이것이 유토피아의 본질이다. 사람의 삶을 담는 도시는 어떤 도시라 하더라도 유토피아에 대한 그 모든 것을 담고 있다.

온전한 도시 유적을 발견하는 꿈

유토피아는 내 의식에도 있지만 나의 무의식에도 자주 찾아온다. 꿈의 형식을 빌려서, 사람마다 자주 꾸는 꿈이 있다고 한다. 잠재의식의 흐름이 나타나거나 평상시에 하던 생각이 꿈속으로 이어지기 때문이라고 한다. 내게 자주 나타나는 꿈 중 하나는 온전하게 남아 있는 도시 유적을 발견하는 꿈이다. 마치 안데스산맥의 마추픽추처럼, 마치 캄보디아 정글 속의 앙코르와트처럼, 화산재를 뒤집어 쓴 폼페이처럼 스러지기는 했지만 도시의 모습이 고스란히 남아 있는 유적을 발견했으니, 얼마나 설레겠는가?

꿈에서는 옛 서울, 한양의 사대문 안 모습이 고스란히 남아 있기도 했고, 경주 반월성의 옛 모습이 나타나기도 했으며, 인구 20여 만이 고래 등 같은 기와집에서 살았다는 옛 경주의 모습이 그대로 나타나기도 했다. 우리나라 근대 최초의 계획 신도시인 수원 화성이 화성 축조 기록물인 『화성성역의궤』에 그려져 있는 모습 그대로 등장하는가

＼

안토니오 카날레토가 18세기 베네치아를 그린 〈베네치아에 도착한 프랑스 대사 환영식〉.
베네치아는 마르코 폴로의 '보이지 않는 도시'의 모델이다.

하면, 개성의 개울가 한옥들이 그대로 남아 있기도 했고, 먼 발해 영토 안의 고구려 국내성이 그대로 보전되어 있다는 반가운 뉴스를 보기도 했다.

왜 이런 꿈을 꿀까? 이 꿈을 처음 꾸었을 때는 유학 중이었다. 온 세계 학생들이 모인 환경에서 여러 도시들의 역사가 강의에서 사례로 거론되고, 도시의 역사 보전과 문화 복원을 체계적으로 추진하는 도시 보전에 대한 열기가 뜨거웠다. 이런 분위기 속에서 우리 문화에서도 전체가 잘 보전된 도시 유적이 홀연히 발견된다면 얼마나 좋을까 하는 무의식적 바람이 꿈에 나타났던 듯하다.

꿈에 나타난 이 이미지들은 나의 상상인가, 바람인가, 아니면 알고 있고 유추하던 자료들이 마치 컴퓨터 그래픽처럼 조합되어 그림으로 나타나는 것인가? 여하튼 꿈에서는 이들 도시들이 유적으로만 나타나는 것이 아니라 사람들이 활동하는 살아 있는 도시의 모습으로 그려졌으니 마치 타임머신을 타고 예전 그 시대로 돌아간 듯했다. 나의 노스탤지어와 나의 역사의식과 나의 유토피아가 버무려져 있는 꿈이다.

현실에서도 가끔 부질없는 상상을 해본다. 광복 이후 서울 사대문 안이 그대로 보전되었더라면 지금 서울의 모습은 어떻게 되었을까 하는 상상이다. 서울은 지금과 같은 모습이 되지 않을 수도 있었다. 적어도 세 번의 기회가 있었다.

첫 번째는 옛 한양을 만들 때다. 당시 북악산을 주산으로 하지 않고 인왕산을 주산으로 하여 현재의 서대문, 은평, 화곡 쪽으로 한양을 앉히는 방식도 고려했다고 한다. 이렇게 되었더라면 현재 사대문 안쪽 영역보다 훨씬 더 평평하고 너른 영역의 도시를 갖게 되었을 터이다. 그랬더라면 내사산으로 둘러싸인 방어적 성격보다 훨씬 더 개방적 성격이 강조되지 않았을까? 역사의 상상이다.

두 번째는 광복 이후다. 1945년 무렵 서울 인구는 100만이었다. 한양 인구 20만에서 다섯 배로 팽창한 것이다. 일제강점기에 일제는 한양의 성을 허물고 창덕궁과 종묘 사이에 길을 냈고(현재의 율곡로), 남산에 거대한 신사를 지어 참배를 강요했고, 사대문 안에 동서남북 직선 길을 뚫었다. 특히 광화문과 숭례문을 잇는 남북 직통길을 내면서 광화문 자리에 조선총독부를 지었고 덕수궁 앞에는 경성부청(현 서울시청)을 짓고 숭례문 코앞에 서울역을 지어 식민 통치의 위용을 과시했다. 저항 거센 북촌을 장악하지 못하는 대신, 남촌을 장악하고 명동에 황금정 상업지구를, 소공동과 태평로에 식민 자본 축적을 목적으로 금융가를 조성했다. 또한 용산에 군사 시설을 배치하고, 노량진을 건너 인천으로 철도와 도로를 이어 제국의 물류 길을 열었다. 기존 한양의 도시 틀을 식민도시의 틀로 바꾸어버린 것이다.

광복 이후에 식민도시의 틀을 극복할 여유조차 없었다는 논리도 충분히 이해할 수 있지만, 총독부 건물에 대한민국정부가 그대로 들어서고 여전히 소공동과 태평로에 새로운 자본이 집중되었던 점은 아쉽기도 하다. 더욱이 한국전쟁 이후에는 서울이 상당히 파괴된 상태에서 새로운 출발을 할 수도 있었으련만, 피폐한 국가 역량의 상황과 몰려드는 피난민의 민생 문제에 허덕이고 정국의 불안이 계속된

시대인지라 감히 새로운 틀을 생각해볼 여지조차 없었던 것이다.

세 번째 기회는 1960년대다. 『서울은 만원이다』라는 소설이 나왔던 때가 1966년이다. 서울의 미래에 대한 폭넓은 구상이 펼쳐지던 시대이자 여의도, 강남으로 도시를 확장하는 계획이 본격적으로 구상되던 시대다. 만약 이 당시에 서울의 총괄적인 도시 구조 조정이 일어났으면 어땠을까? 안타깝게도 강남으로의 확대는 토지구획정리사업과 아파트 단지와 주택 공급이라는 소극적인 확장에 불과했다. 대도시 팽창기의 런던이나 파리가 그랬듯이 당시 과감하게 공공기관을 이전하고 언론·금융기관의 이전을 촉진해서 서울에 다양한 핵심들을 만들었더라면, 현재의 사대문 안의 성격도 좀 더 역사 중심적인 성격을 지키고 서울 도시 전체에 좀 더 활력 있고 균형적인 공공성을 불어넣는 틀을 짤 수 있지 않았을까?

'그때 그렇게 했더라면' 하고 아쉬워하는 바람은 참으로 많다. 역사에 대한 부질없는 상상이라 볼 수도 있지만, 이런 상상을 통해 앞으로 또 지금 무엇을 해야 하느냐에 대한 자극과 또 다른 상상을 펼쳐보는 계기가 될 수도 있을 것이다.

동서고금의 성공과 실패

우리가 동서고금의 여러 도시들을 찾아보고, 그 역사를 공부하고, 그 성공담과 실패담에 귀를 기울이는 이유는 도시 상상을 좀 더 풍요롭게 하기 위해서다. 이 책에서 여러 도시들을 주제에 따라 대비하기도 하고 같은 선상에 놓고 들여다본 이유도 마찬가지다. 우리의 상상력을 풍요롭게 하고 이왕이면 지적 상상의 궤도를 한 차원 올려보기 위해서다.

동서고금의 도시들을 넘나들어보는 것은 결코 무작정 따라 하기 위해서는 아니다. 다른 사람의 성공이 나 자신의 성공이 되지 않듯이, 다른 도시의 성공이 곧 우리 도시의 성공으로 이어지지는 않는다. 사람 각자의 성격, 특색, 성향, 바람, 정서, 역량이 본질적으로 다르듯, 도시도 각기 본질이 다르다. 도시의 경우에는 기후와 풍토, 사회체제, 법제도 체계, 경제 시스템, 역사, 사회적 정서 등 더욱 본질적으로 다른 경우가 많다.

최근 들어 도시에 벤치마킹이라는 말이 자주 등장한다. 이 말 앞에는 어김없이 선진 사례라는 말이 붙는다. 선진 사례를 벤치마킹하여 잘나가는 외국 도시 어디처럼 우리도 해보자는 뜻이다. 물론 선진 사례에서 좋은 점을 배우는 태도는 필요하다. 다만 그것을 외형이나 규모를 닮은 특정한 정책이나 프로젝트를 추진하기 위한 사탕발림으로 쓰지는 않아야 한다. 세계화된 사회에서 무차별한 따라 하기, 선진국 따라 하기, 선진 도시 따라 하기는 오히려 우리 도시의 미래에 치명적인 악영향을 미치기 십상이기 때문이다.

동서고금의 도시를 깊이 들여다보며, 우리도 『보이지 않는 도시들』을 쓴 이탈로 칼비노가 그랬듯이 우리가 원하는 유토피아의 도시가 어떤 속성을 가지는가에 대해서 생각해볼 필요가 있다. 도시는 우리에게 무엇인가, 도시는 왜 필요한가, 도시는 어떻게 지속 가능한가, 도시에 사는 사람들은 어떻게 행복감을 느끼나, 도시의 안정을 망치는 요인은 무엇인가, 도시의 의미를 느끼게 해주는 것들은 무엇인가, 우리는 도시의 필요악을 어떻게 다스릴 것이며 어떻게 선순환의 사이클을 만들 수 있을 것인가, 우리의 유토피아는 어떠한 것인가 등.

이것은 동서고금의 거울에 비추어 우리 자신의 고유성을 발견하는 작업이다. "너 자신을 알라"는 말은 도시에 대해서도 마찬가지다. "당신의 도시를 알라! 당신의 도시는 이 세상에 단 하나다."

* * *

동서고금東西古今이 언제부터 나온 말인지는 잘 모르겠다. 아마도 실크로드와 더불어 생긴 말 아닐까. 그렇다면 적어도 2000년은 된 말이다. 그런데 이 말이 주로 '동서고금을 막론하고', '동서고금을 통틀어', '동서고금을 통하여' 등의 문맥으로 쓰이는 것을 보면 시간과 공간을 관통하는 그 어떤 본질이 있음을 뜻하고자 할 때 사용하는 말이다.

그렇게 동서고금은 항상 놀라운 깨달음, 새로운 통찰을 우리에게 선사한다. 들여다보면 볼수록, 시대와 공간 무대에 따라 기술과 규모와 제도와 체제는 다르지만 인간은 그때나 지금이나 동쪽에서나 서쪽에서나 본질적으로 다르지 않은 것이다. 인간이 펼치는 드라마의 무대인 도시도 마찬가지다. 동서고금을 막론하고 통하는 그 어떤 본질이 있다. 그 본질을 찾아내고 현실에서 만들어내는 일은 인간이 풀어나가야 할 영원한 과제다.

어느 도시에나 한 도시 이야기가 있다. 그 한 도시 이야기에는 모든 도시의 이야기가 담겨 있다. 어디에도 없는 유토피아, 하지만 바로 여기에 있을지 모를 유토피아를 바로 그 한 도시에 담아볼 수 있을 것이다. 한 도시는 이 세상의 모든 도시다.

사람도 마찬가지다. 한 사람은 이 세상의 모든 사람이다. 동서고금을 막론하고 사람에게 통하는 본질을 우리는 갖고 있다. 우리는 종종 동서고금의 인물들을 위대한 인물로, 멘토로, 또는 반면교사로 보며 그들의 일대기, 유산 그리고 역사적인 선택이 일어난 순간 그들의 행위와 선택의 동기를 들여다보면서 그 무엇인가를 깨닫고자 노력한다. 동서고금의 거울에 비추어볼수록 나의 본질, 나의 존재의 의미, 내가 나아갈 행로의 나침반이 선명해진다.

동서고금을 막론하고 이 세상의 모든 사람들이 나름의 유토피아를 꿈꾸며 마르코 폴로처럼 신세계를 탐험하고자 하고, 자신의 유토피아를 구현하기 위해 쿠빌라이 칸처럼 현자에게서 지혜를 구하고자 한다. 사람들은 대개 쿠빌라이 칸처럼 욕망과 야심으로 똘똘 뭉쳐 있고 문제를 해결할 간단명료한 해법을 구하려 하며 더 나은 유토피아를 찾아서 이 자리에 적용하면 된다고 생각하는 편이다. 그러나 현자 마르코 폴로는 그 단순한 질문에 동서고금의 도시와 그 안의 삶을 다양하게 펼치면서 동서고금을 꿰뚫는 본질을 전하고자 한다.

지혜는 있다. 다만 우리에게 그 지혜를 구할 진정성이 있다면, 동서고금을 보고 듣되 그를 관통하는 본질을 직면할 용기가 있다면, 우리가 너무 성급해하지만 않는다면, 너무 레디메이드 해법만을 구하려 들지 않는다면 말이다. 너 자신을 알라. 동서고금에 비추어서.

미래와 교감하라

〈매트릭스〉+〈블레이드 러너〉+〈마이너리티 리포트〉

"우리의 현재가 우리의 과거에 맞닿아 있듯이
우리의 미래는 우리의 현재와 맞닿아 있다."

20세기 말, 사람들은 21세기와 함께 신세계가 오리라는 환상에 빠졌었다. 밀레니엄 버그 소동이 벌어졌을 때에는 종말론을 연상하면서 컴퓨터 네트워크 붕괴와 함께 세계가 몰락할 것이라는 허무맹랑한 상상도 벌어졌다. '세기말Fin de Siècle' 현상이 19세기 말 세계를 사로잡았듯이 20세기 말에도 마찬가지였던 것이다. 19세기 말의 세기말 현상이 제국주의 끝자락의 비극을 향해 달려가는 불안정한 세계 정황 속에 퍼진 극심한 불안 심리였다면, 20세기 말의 세기말 현상은 혼미하지만 그래도 장밋빛 미래가 곁들여진 복합 심리 상태였다.

21세기가 되어도 세상은 매양 굴러간다. 여전히 인간은 인간이며, 인간들의 삶은 고통과 환희를 넘나들고, 여전히 인간의 욕망은 하늘 높은 줄 모르고 솟아오른다. 하지만 확실히 다르다. 새로운 불안이 엄습하고 있다. 다행히 밀레니엄 버그 소동은 말 그대로 소동으로 그쳤지만, 2001년에 세계화를 상징하던 뉴욕 월드트레이드센터를 두 대의 비행기로 들이받은 9.11테러라는 충격적 사건이 세기 초를 열고야 말았다. 과연 어떠한 21세기가 될 것인가? 희망 이상으로 불안 또한 커지는 지구는 어떤 미래를 열어갈 것인가?

불안정한 세계화, 점증하는 양극화, 예측 불가한 재앙을 잉태하고 있는 기후변화, 고갈되는 에너지와 심각해지는 식량위기, 잠재우기 어려운 세계 분쟁, 새로운 국제적 패권 경쟁, 미국 트럼프 대통령의 보호무역주의, 흔들리는 유럽연합 등 결코 희망을 이야기하기 어려운 거대 변수들이 21세기 초를 휩싸고 있다. 다른 한편, 세계를 하나로 엮는 인터넷 네트워크, 신의 경지까지 넘보는 생명과학, 비약적인 도약을 거듭하는 인공지능과 로봇과 나노 기술 등 다채로운 첨단 기술 혁명조차도 자칫 인간이 컨트롤하기 어려운 새로운 재앙의 씨앗이 되지 않을까 하는 불안을 자아낸다. 낙관과 비관이 엇갈리는 미래에 도시는 어떤 모습이 될 것인가?

왜 SF 영화에서는 우울한 미래도시가 대세일까?

SF 소설과 SF 영화는 미래와 통하는 상상으로 우리를 매료한다. 사이언스 픽션Science Fiction이라는 말의 뜻처럼 독특한 상상에서 출발하는, 상상력 가득한 호기심에서 비롯한 과학적 허구를 말한다. 바로 그래서 SF는 언제나 새로운 자극을 던져준다.

SF 영화가 우울한 미래를 그리는 것은 필연일지도 모른다. 미래에 대한 희망은 막연하지만 미래에 대한 불안은 오히려 구체적으로 다가오기 때문일 것이다. 유토피아보다는 디스토피아에서 일어나는 갈등을 그리는 이야기가 훨씬 더 흥미로운 이유도 작용할 것이다. 하지만 역시 가장 큰 이유는, 미래의 불안을 자아내는 변수들이 그리 낙관적이지 않기 때문일 것이다.

SF 영화의 효시로 기록되는 영화의 제목이 〈메트로폴리스〉라는 사실은 흥미롭다. 1927년, 독일 바이마르공화국의 문화 전성기 시절에 프리츠 랑 감독이 만든 무성영화로 지금도 수많은 SF 영화에 영감을 주고 있다. 영화는 메트로폴리스, 즉 대도시를 우울한 미래의 요람으로 그린다. 영화 제작 시점으로부터 딱 100년 후, 2027년의 메트로폴리스는 디스토피아다. 하늘로 우뚝 선 바벨탑에서 세상을 컨트롤하는 냉혹하고 무자비한 오너 기업가와 그들이 만들어놓은 쳇바퀴 속에서 노동을 제공하는 도구일 뿐 어떤 인간성이나 자유를 허용받지 못한 노동자 사이에서 혁명적 충돌이 벌어진다. 영화에는 공룡 같은 마천루, 시간을 통제하는 시계, 로봇 인간 등 요즘의 SF 코드들이 빠지지 않고 나온다. 제국주의 국가들과 제국주의적 기업가들이 세계를 향해 펼치던 탐욕적 작태와 프롤레타리아 혁명의 열기가 휩쓸었던 1920년대다운 문제의식이다.

〈메트로폴리스〉가 던진 이슈는 흥미롭게도 그 이후에 나온 SF 소설과 영화에서도 끊임없이 나타난다. 새로운 기술을 장악한 세력의 극단적인 사회통제, 인간의 자유의지 말살과 자유 회복을 위한 처절한 투쟁, 인간성에 대한 의문, 슈퍼 기업의 세계적 또는 우주적 제국

영화 〈메트로폴리스〉 중 한 장면. 프리츠 랑 감독이 상상한 미래도시다.
이 장면은 〈블레이드 러너〉 등 수많은 SF 영화에 영감을 주었다.

주의, 기술의 약탈성, 생명계의 충격적 변화로 일어나는 디스토피아다. 도시라는 코드는 그 통제성과 자유, 번영과 퇴락, 약탈과 투쟁의 양극이 일어나는 디스토피아적 공간으로 나타나는 것이다.

SF 영화라면 거의 빼놓지 않고 보는 나는 그 많은 SF 영화 중에서도 〈블레이드 러너〉, 〈매트릭스〉, 〈마이너리티 리포트〉 세 편을 가장 탁월한 작품으로 꼽는다. 완성도가 높은 것은 말할 것도 없고, 도시라는 환경과 사회시스템에 대한 예측, 도시의 컨트롤 시스템, 정교한 기술 예측, 또한 인간 존재의 본질에 대한 철학적 의문까지 담아낸다.

인조인간은 인조 양의 꿈을 꾸는가?

〈블레이드 러너〉는 인조인간의 자의식과 생명이라는 화두, 기억이 만드는 인간성에 대한 의문을 역동적이면서도 처절하게 그려냈다. 가장 〈메트로폴리스〉적인 작품이라고도 할 수 있을 만큼, 이미지와 주제가 겹친다. 그러면서도 독창적이다.

1982년에 개봉한 이 영화의 설정 시기는 겨우 2019년일 뿐이다. 무슨 환경 재앙이 일어났는지 도시에는 끊임없이 비가 내린다. 산성비로 질척거리는 도시는 희뿌연 하늘에 해가 뜰까 말까 항상 석양이 짙게 깔린 듯한 풍경이다. 자동차가 하늘을 날아다니는 로스앤젤레스에는 타이렐 코퍼레이션이라는 거대 기업의 슈퍼 구조물로 된 기업도시와 나머지 슬럼도시가 있을 뿐이다. 슬럼도시는 차이나타운이나 홍등가처럼 구질구질하고 쓰레기가 굴러다니며 포장마차나 노점상 천지에 텅텅 빈 건물들은 마치 유령도시 같다.

딱 4년만 살도록 설계된 리플리컨트replicant(인조인간)의 임무는 우주자원개발이며 지구에 얼씬대면 사형이다. 지구에 잠입한 인조인간들을 사냥하는 경찰이 블레이드 러너다. 인조인간들의 비극은 스스로 자신을 인간이라 여기게 설계되었다는 사실이다. 스스로 인간이라 여겨야 동기부여가 되어 일을 더 잘한단다. 미래판 신격 인간 타이렐의 설계다. 어떻게 가능할까? 어린 시절의 기억장치를 주입하는 것이다. 가슴 절절하게 떠오르는 어린 시절의 기억 때문에 인조인간은 자신을 인간이라 여긴다.

더욱 큰 비극은 그 블레이드 러너 경찰마저 인조인간일지도 모른다는 사실이다. 원작자인 필립 K. 딕의 소설 원제가 『안드로이드는 전기양의 꿈을 꾸는가?』이다. 타이렐 회장의 최신 작품으로 홍보직을 맡고 있는 레이첼은 자신이 인조인간이라는 걸 알고 절망에 빠지며, 블레이드 러너와 사랑에 빠진다. "인조인간은 인조인간과 사랑에 빠지나?"라고 되물을 수 있는 상황이다.

당신은 당신이 인조인간이 아니라고 어떻게 확신할 수 있나? 당신은 당신이 진짜 인간이라고 어떻게 확신하나? 당신은 무엇으로 당신의 인간성을 증명할 수 있나?

2018년에 속편 〈블레이드 러너 2049〉가 나왔다. 디스토피아는 더 끔찍해졌다. 인공지능으로 패권을 잡았던 타이렐 회장 대신에 이번엔 바이오 혁명으로 패권을 쥔 월레스 회장이 등장한다. 인조인간과 인

영화 〈블레이드 러너 2049〉 중 한 장면. 황폐해진 도시의 모습을 그리고 있다.

간이 뒤섞여 사는 이 미래에, 인조인간은 번식 능력을 갖추는 등 생물화하며 인간보다 더 인간다운 인조인간으로서 새로운 혁명을 꿈꾼다. 인공지능과 바이오 기술이 결합된 인조인간이 우리에게 무엇이 인간다움이냐를 묻는다.

우리는 매트릭스에서 살고 있나?

〈매트릭스〉는 한 술 더 뜬다. 지금 우리가 살고 있는 이 세계가 가상의 사이버 세계라는 것이다. 인간의 몸은 인공지능이 창조한 머신시티의 인간 농장 인큐베이터에서 사육되고 있다. 머신시티의 에너지 생산 원자재로 인간의 몸을 쓰기 위해서 인간 농장을 운영하는 것이다. 인간의 몸이 제대로 성장하려면 정신이 작동해야 하는데 그 목적으로 인공지능은 디지털 세계를 만들었고 그 안에 현재 우리가 살고 있을 뿐이다. 우리가 먹고, 마시고, 일하고, 고민하고, 사랑하고, 미워하고, 돈을 벌고, 정치를 하는 모든 활동이 인공지능이 조종하는 디지털 신호가 만들어낸 환각일 뿐이라는 거다. 어떤가? 이쯤 되면 인간의 실존이 무엇인가에 대한 회의는 극에 달한다.

〈매트릭스〉가 설정한 현재 시점은 20세기 말 1999년이다. 사실인즉슨 언제라도 상관없다. 가상의 세계이니 타임머신을 탄 것처럼 어느 시점도 가능하다. 인간 농장에서 탈출하여 매트릭스의 해커로 활동하는 세 주인공, 네오, 모피어스, 트리니티가 자신의 몸으로 활동하는 시점은 21세기 말쯤 된다고 하는데 정확한 것은 모른단다. 인간의 역사가 지워졌기 때문이다.

〈매트릭스〉에는 세 개의 도시가 나온다. 첫째 도시, '현재의 도시'는 그냥 보통 도시다. 영화가 제작된 오스트레일리아 멜버른이 배경인데, 세계 어디에나 있는 도시일 뿐이다. CIA 비슷한 특수요원들이 마천루를 장악한 세상이다. 디지털 가상 세계일 뿐인 이 도시의 실체는 핵전쟁으로 파괴되어버린 음울한 도시다. 하늘은 시커멓고 천둥번개의 굉음이 천지를 휩싸며, 마천루들은 엿가락처럼 휘어져 있고 생명체라고는 하나도 없다.

둘째 도시, 머신시티는 시리즈 3편에 이르러서야 그 전모가 나오는데, 그야말로 불의 도시다. 점멸하는 붉은 불빛으로 인지되는 도시, 마치 마천루로 가득 찬 홍콩의 야경 같다. 모든 것이 기계고 동물과 곤충조차도 기계로 재창조되었다. 이 머신시티 안에 인간 농장이 있고, 하수구와 온갖 설비들이 들어찬 거대한 지하 세계에서 네브카드네자르라는 이름의 전투기 안에 숨어서 매트릭스를 해킹하는 저항군이 활약한다.

셋째 도시, '자이온Zion(구약성서의 시온성이 모델이다)'은 파괴된 지상을 피해 아직 따뜻한 땅속에 숨어 있는 인간의 마지막 도시다. 하나의 거대한 구조물 안에 에너지 생산, 식량 생산, 사령탑, 국방, 거주 등 모든 기능이 공존한다. 자이온 안에서 흥미로운 공간은 성소의 존재다. 자이온의 모든 시민들이 모여 아직 살아 있음을 축복하며 미래의 희망을 기원하는 의식을 드린다. 성소는 지하 동굴의 이미지다. 마치 원시시대로 다시 돌아간 듯, 가장 원초적 공간에서 미래에 대한 희망의 불꽃을 피워 올리는 것이다.

영화 〈매트릭스〉 중 깊은 지하의 마지막 인간 도시 '자이온'.
하나의 거대 구조물 속에 모든 기능이 담긴다.

시리즈 2편에서 메시아 격인 '그 사람The One'으로 떠오른 네오가 이 모든 세계를 설계한 아키텍트The Architect(신)를 만나는 장면이 있다. 아키텍트는 지구와 인류 창조, 갈등과 파괴 그리고 새로운 창조로 이어지는 사이클이 결코 이번이 처음이 아니라 일곱 번째 사이클이라는 이야기를 한다. 우리 인간은 자유의지를 가진 독립체라 생각하며 죽을 둥 살 둥 아등바등하며 살지만, 인간의 자유의지란 우리가 모르는 거대한 수레바퀴 안에서의 환상에 불과한 것인가? 인간의 운명이란 정해져 있는 것인가?

운명을 바꾸려는 인간의 욕망은 어디까지 가능한가? 미래 예측이란 인간에게 가능한 일인가? 인간은 신의 영역을 넘볼 수 있는가? 〈마이너리티 리포트〉는 살인 예측이 가능한 예지자 인간Pre-Cog을 통해 인간세계를 컨트롤하는 거대한 계획 시스템의 함정을 그린다.

배경은 2054년이다. 〈마이너리티 리포트〉에서 그리는 미래는 예측할 만한 미래이고 그나마 유토피아적인 미래라고도 할 수 있다. 영화의 배경 도시인 워싱턴 D.C.의 대부분은 여전히 잘 보존되어 있고, 동네들은 지금과 별다를 것 없이 타운하우스와 놀이터가 있는 가족적인 분위기다. 대신에 기존 도시와 완전히 다른 시스템을 갖춘 새로운 도시를 외곽에 만들었다.

하늘을 나는 자동차가 아니라 궤도 자동차로 수직 이동까지 가능하고 고층 건물에 있는 자기 아파트에 바로 주차할 수 있는 새로운 프리웨이 시스템이 작동한다. 거리에는 온갖 영상 정보가 넘치고, 쇼핑센터에서는 고객 맞춤형 정보로 구매를 유혹하며, 홍채 인식으로 신원을 확인하고, 3차원 영상 재생이 일상화되었고, VR게임방 같은 환상오락센터도 상업화되었다.

스티븐 스필버그 감독은 영화 제작 초기에 미래학자, 생명공학자, 디지털공학자, 인공지능학자, 미디어학자, 디자이너, 건축학자들과 함께 반세기 이후 실현 가능한 미래에 대한 브레인스토밍 회의를 통해 이 미래도시를 구상했다고 한다. 실제 영화에 나온 기술들 중 일부는 이미 출시되었고, 많은 기술 아이템들 또한 개발되고 있으니 영화 속의 미래 상상은 기술 현실화에 촉매 역할을 하는 셈이다.

〈마이너리티 리포트〉는 인간 개조, 사회 개조에 대한 오래된 통제 욕망을 표현한다. 살인 없는 세상, 약물 중독자를 치유하는 약물 치료, 잠재적 범죄자의 격리 감옥 등 언뜻 보자면 바른 사회의 구현, 희생자 없는 사회의 구현이다. 하지만 바로 그 약물 치료가 또 다른 돌연변이를 만들어내고 죄악 없는 세상으로 컨트롤하기 위하여 공권력을 남용하는 세력이 또 나타난다. 영화 제목 그대로 소수자의 의견이 무시되는 사회가 되어버리는 것이다.

이 영화에는 있음 직해서 더 경악할 만한 공간들이 많이 나오는데, 그중에서도 살인을 예측해서 사전 검거한 예비 범죄자를 한 명씩 캡슐에 넣어 수감하는 캡슐 감옥은 가장 드라마틱하다. 누가 당신을 잠재적 범죄자라고 지목한다면 당신도 그 캡슐 안에 갇힐 수 있는 것이다. 한편 약물에 중독된 반수면 상태에서 살인 예측만을 하도록 갇혀 있던 세 남매 예지자들이 드디어 자유를 얻어 정착한 곳은 막막하게 아름다운 자연 속 통나무집이다. 자연과 도시의 대립 구도, 선과 악의 구도는 여전하다.

SF 영화의 경고와 도시 영감

이 탁월한 세 편의 영화 외에도 수없이 많은 SF 영화들이 디스토피아의 악몽에 빠진 도시를 그린다. 유토피아를 이루려다 못 이룬 디스토피아, 유토피아라고 착각하지만 결국은 디스토피아로 전락해버린 도시, 디스토피아를 피하려고 인공적으로 만든 소수만의 유토피아 같은 것이다. 미래의 인간세계는 운명적인 자연재해를 피하지 못하거나, 탐욕의 극한을 추구하다가 결국은 환경 재앙을 일으키거나, 첨단 기술로 생명 창조라는 신의 영역을 넘보다가 자율적 생명계의 보복을 당한다. 위험천만한 상황에서 첨단 기술을 독점한 소수 세력들이 극단의 사회통제를 하는 디스토피아로 빠져버리고 마니 인간의 미래는 영 침울하기 짝이 없다.

흥미롭게도 이들 SF 영화는 현실 도시에 디스토피아의 모습을 겹쳐 그린다. 히틀러가 만들었던 나치즘의 도시와 무솔리니가 만든 파시즘 도시, 스탈린의 숨 막히는 공산 독재의 통제 도시는 인간을 통제하는 미래 사회의 배경 도시로 자주 등장한다. 하늘로 불빛이 뻗어 올라가고 거대한 깃발이 나부끼며 매스게임 하듯이 정렬된 도시, 사람들의 감성을 억누르는 도시들은 대표적으로 〈이퀼리브리엄〉, 〈브이 포 벤데타〉, 〈사구〉 등 영화에서 무섭도록 강렬하게 묘사된다.

1920년대에 지어진 엠파이어스테이트빌딩과 크라이슬러빌딩으로 마천루 도시 탄생의 서곡을 알린 뉴욕은 영화 〈메트로폴리스〉와 〈블레이드 러너〉의 미래도시에 영감을 주었을 뿐 아니라 다른 미래도시들의 기본 개념 중 하나다. 마천루를 추구하다 못해 바벨탑처럼 거대한 메가시티를 구상하고 실현하는 세력은 기술과 자본과 시장을 통제할 수 있는 무한 권력을 손에 쥔 자들이다.

하물며 현실 도시 공간들이 미래도시의 통제된 인간성을 보여주는 무대로 그려지기도 한다. 〈아이, 로봇〉에 나오는 거대한 광장 몰은 파리의 라데팡스 광장 몰을 연상시키고, 로봇 관리의 사령탑인 마천루는 최근 라데팡스나 두바이에 지어진 신기한 모양의 초고층 건물을 연상시킨다. 우생 유전자 인간만 살아남게 하는 종족 말살의 미래를 그린 〈가타카〉는 미국의 대표 건축가인 프랭크 로이드 라이트가 1950년대 설계한 시빅센터를 무대로 했고, 인간의 생식 능력이 퇴화하며 복제 인간이 대를 잇게 되는 미래를 그린 〈이온 플럭스〉에서는 베를린의 1960년대 모더니즘의 정수라 일컬어지는 바우하우스 기록보관소 건물이 무대로 나오기도 했다. 세련되고 장식을 제거하며 순수한 기하학을 추구하는 '미니멀리즘 모던 건축물'들이 인간의 체취가 사라지고 극한적 위생주의가 지배하는 미래도시의 무대로 그려지는 현상이 그리 반갑지 않다. 지금 우리 도시에서도 이른바 사람 냄새 잘 안 나는 공간들이 쿨한 건축으로 그려지고 있지 않은가?

영화 속 미래도시에는 극도의 양극화, 이른바 상층 권력의 기업도시와 나머지 슬럼도시의 구도가 자주 나온다. 극한의 생존경쟁에서 낙오한 사람들, 사회시스템에서 보호받지 못하는 사람들이 슬럼처럼 퇴락한 도시에 남고, 상부 권력층은 하늘 위 공간에서 모든 보호를 누리며 성을 쌓고 사는 모습은 마치 중세 시대로 되돌아간 듯한 모습이다. 성채 속의 권력 영주와 성 밖의 버려진 민중의 대비는 비단 중세 시대의 현상뿐 아니라 현재의 도시개발에서 이미 일어나고 있다. 미래도시에서 더 극단적인 현상으로 증폭되리라는 영화의 예측이 현실화될 수 있다. 세계 자본화된 도시에서 특권층이 자신만의 보호된 성역을 쌓는 것은 최근 도시개발에서 우려할 정도로 심화되는 현상이니 말이다.

미래도시의 모습이 현재 도시의 모습에 겹치는 것은 자연스럽다. 현재와 단절된 미래란 존재하지 않기 때문이다. 그렇다면 SF 영화는 우리에게 끊임없이 경고를 보내고 있는 것이다. SF 소설이나 SF 영화가 도시에 영감을 주는 것은, 그것이 단순히 공간이나 시설에 대한 환상을 보여줄 뿐 아니라 도시라는 인간 최고의 문명을 만드는 수많은 의문들에 대한 성찰을 바탕으로 하기 때문이다. 그 의문들을 곱씹어보자.

- 지구는 어떤 상황에 놓여 있는가?
- 자연의 조건은 어떤 것인가?
- 환경 재앙과 기후 파괴는 어떤 요인에 영향을 받으며 어떤 상황으로 진전하나?
- 어떤 사회체제인가? 어떤 의사결정 구조인가?
- 누가 권력을 잡고 있는가?
- 어떤 사회 컨트롤 시스템인가?
- '시민'의 권익과 책임의 균형이 어떻게 이루어지나?
- 에너지, 식량, 의약, 교육 시스템은 어떠한 것인가?
- 사람들은 어떤 거주 공간에서 사는가?
- 어떤 기술이 사회를 변혁하고 있나?
- 인간은 어떤 심리에서 일하고 살아가는가?
- 공간은 어떠한 삶을 담고 있는가?
- 진실은 사람들에게 알려지고 있는가?

- 충돌은 어떻게 일어나고 전개되는가?
- 파국을 막을 방법은 무엇인가?
- 그 속에서 사람들은 어떻게 인간성을 지키는가?
- 여전히 사람을 사람답게 하는 것은 무엇인가?

* * *

내가 탁월한 SF 소설과 SF 영화에 매혹되는 이유는 바로 이런 현실 인식과 존재 의식을 묻는 의문들이 문학적 상상력과 이미지 상상력을 통해 전개되기 때문이다. '그럴 법하다, 정말 그렇게 될까, 과연 그럴 수 있을까, 그럴 수밖에 없지, 그렇게 돼서는 안 되지, 다른 시나리오는 없을까' 하는 생각이 쉴 새 없이 머리를 오간다. 구체적인 기술 아이템에 호기심이 나고, 구체적인 공간들을 주목하게 되고, 그들을 만드는 배경의 사회시스템을 분석하게 되고, 그 안에 사는 사람들의 심리가 어떨까 상상하게 된다. 나의 미래를 같이 그려보는 것이다.

도시 만들기란 근본적으로 미래를 구상하고 미래를 만드는 작업이다. 도시에서 일어나는 어떤 액션도 미래에 대한 잠정적 가정 없이는 일어날 수 없다. 당면한 문제를 해결하는 것만이 아니라 5년 후, 10년 후, 20년 후 인간의 삶의 모습을 상상하며 도시 공간을 그려내는 작업인 것이다. 인간의 욕구 변화, 인간 사회의 구조적 변화, 기술의 변화, 기후 환경의 변화, 사회경제 구조의 변화, 시민사회의 변화, 사회 거버넌스governance의 변화를 전제하여 도시의 미래를 그려내는 것이다. 인간의 본질, 인간 사회의 본질은 동서고금을 통해 유구하더라도 그를 둘러싼 상황은 끊임없이 다른 모습으로 전개되기에 항상 변화를 감지하고 예측하고 가능한 한 바람직한 미래를 그려내고자 하는 것이다.

동서고금의 인류 문명사를 통해 모든 도시들이 그러했듯이 미래의 도시란 장밋빛 미래만도, 잿빛 미래만도 아니다. 선과 악으로 확연히 구분하기도 어렵다. 인간이 인류 문명사를 통해 그래 왔듯이, 선과 악이 공존하고 장밋빛과 잿빛이 섞여 있는 실체가 도시다. 다만, 도시는 인간의 맹목적 탐욕 때문에 자칫 악순환으로 치달을 위험이 높은 공간일 뿐이다. 도시가 파국의 상황으로 전개되지 않도록, 불확실한 위험을 충분히 인지하고 현재의 선택에 신중을 기해야 할 것이다. SF 영화의 암울한 미래도시 시나리오에 빠지지 않도록 위기 징후를 사전에 감지하고 좋은 도시의 근간을 세워야 한다.

동서고금의 인류 문명사를 통해 모든 인간들의 삶이 그러했듯이 미래의 인간에게 장밋빛 미래의 삶이나 잿빛 미래의 삶만이 있는 것도 아니다. 선과 악으로 확연히 구분할 수도 없다. 다만 우리의 삶이 맹목적 탐욕 때문에 자칫 악순환으로 치닫지 않도록 우리의 지혜를 가동해야 한다. 인간의 지식은 놀랍도록 발달해왔고 더 빠른 속도로 발달하면서 새로운 변수를 만들어내고 있다. 그러한 지식이 지혜롭게 쓰이느냐 아니냐는 우리에게 달려 있다.

우리의 현재가 우리의 과거에 맞닿아 있듯이 우리의 미래는 우리의 현재와 맞닿아 있다. 인류의 미래에 축복이 있기를, 인류가 스스로 우울한 미래를 향해 치닫지 않기를, 도시가 인류를 파멸로 몰고 가지 않기를, 우리의 도시가 인류를 구원하기를 기원한다.

도판 출처

45쪽	Ralf Roletschek/Wikimedia Commons.
59쪽	Nono vlf/Wikimedia Commons.
86쪽	위 Pline/Wikimedia Commons.
89쪽	Markus Trienke/Wikimedia Commons.
153쪽	King of Hearts/Wikimedia Commons.
180쪽	Nicor/Wikimedia Commons.
183쪽	Mark Fosh/Wikimedia Commons.
260쪽	Daniel Schwen/Wikimedia Commons.
315쪽	© René Magritte / ADAGP, Paris – SACK, Seoul, 2019

성장하고 기뻐하고 상상하라

도시의 숲에서 인간을 발견하다

초판 1쇄 발행 2009년 7월 30일
초판 3쇄 발행 2009년 11월 25일

개정판 1쇄 인쇄 2019년 11월 8일
개정판 1쇄 발행 2019년 11월 18일

지은이 김진애
펴낸이 김선식

경영총괄 김은영
책임편집 임경진, 임소연 **디자인** 황정민 **크로스교정** 조세현 **책임마케터** 박태준
콘텐츠개발4팀장 윤성훈 **콘텐츠개발4팀** 황정민, 임경진, 김대한, 임소연
마케팅본부 이주화, 정명찬, 최혜령, 권장규, 이고은, 허지호, 김은지, 박태준, 배시영, 기명리, 박지수
저작권팀 한승빈, 이시은
경영관리본부 허대우, 하미선, 박상민, 윤이경, 권송이, 김재경, 최완규, 이우철
외부스태프 교정교열 신혜진 본문디자인 DESIGN MOMENT

펴낸곳 다산북스 **출판등록** 2005년 12월 23일 제313-2005-00277호
주소 경기도 파주시 회동길 357 3층
전화 02-702-1724 **팩스** 02-703-2219 **이메일** dasanbooks@dasanbooks.com
홈페이지 www.dasanbooks.com **블로그** blog.naver.com/dasan_books
종이 (주)한솔피앤에스 **출력 · 제본** 갑우문화사

ISBN 979-11-306-2693-2(04540)
979-11-306-2691-8(04540) (세트)

• 이 도서의 국립중앙도서관 출판시도서목록(CIP)은 서지정보유통지원시스템 홈페이지(http://seoji.nl.go.kr)와 국가자료공동목록시스템(http://www.nl.go.kr/kolisnet)에서 이용하실 수 있습니다. (CIP제어번호 : CIP2019041853)